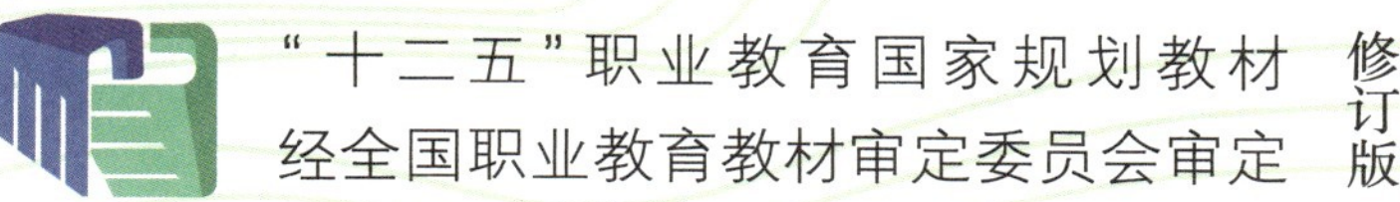

景观规划设计

第3版

主　编　胡先祥　文　雅
副主编　李宏星　岳　丹
参　编　张永敢　秦金捷　刘正方　郑　伟　武秋霞

机械工业出版社

本书是“十二五”职业教育国家规划教材修订版。本书分为 8 个项目，详细介绍了景观的空间与环境设计、景观的生态与美学设计、景观元素的规划设计、城市道路景观规划设计、城市广场景观规划设计、滨水景观规划设计、居住区景观规划设计、公园景观规划设计。个别项目还设置“相关链接”。

本书可作为高职高专建筑设计、环境艺术设计、风景园林设计、园林技术、城乡规划、室内艺术设计等专业教学用书，也可作为相关行业从业人员的阅读参考用书。

图书在版编目（CIP）数据

景观规划设计/胡先祥，文雅主编. —3 版. —北京：机械工业出版社，2023. 12

“十二五”职业教育国家规划教材：修订版

ISBN 978-7-111-74187-9

Ⅰ. ①景…　Ⅱ. ①胡…　②文…　Ⅲ. ①景观规划-景观设计-职业教育-教材　Ⅳ. ①TU986. 2

中国国家版本馆 CIP 数据核字（2023）第 210469 号

机械工业出版社（北京市百万庄大街 22 号　邮政编码 100037）

策划编辑：王靖辉　　责任编辑：王靖辉　陈紫青

责任校对：张婉茹　李　杉　　责任印制：李　昂

北京捷迅佳彩印刷有限公司印刷

2024 年 3 月第 3 版第 1 次印刷

210mm×285mm · 13. 25 印张 · 376 千字

标准书号：ISBN 978-7-111-74187-9

定价：59. 00 元

电话服务　　网络服务

客服电话：010-88361066　　机　工　官　网：www. cmpbook. com

010-88379833　　机　工　官　博：weibo. com/cmp1952

010-68326294　　金　书　网：www. golden-book. com

机工教育服务网：www. cmpedu. com

前　言

景观规划设计是一门建立在广泛的自然科学和人文艺术科学基础上的应用学科。它与建筑学、城市规划、环境艺术、市政工程设计等学科有密切的联系。景观设计学在各国有不同的观点，但其基本的表达是：强调土地设计，即通过对土地及一切人类户外空间的问题进行科学理性的分析，设计问题的解决方案和解决途径，并监理设计的实现。因此，它要求从事景观设计的人要有宽广的专业知识和较强的实际设计能力，包括草图绘制、计算机软件的使用等技能。

正是基于此，景观设计行业发展的好坏在很大程度上要依靠专业教育。尽管社会需求量大，但我国景观设计专业教育的发展仍有很多不足之处。一个很重要的问题是，许多学生毕业后，进入设计公司或者设计院工作，对于设计任务往往感到无从下手、不得要领。究其原因，主要在于学校专业教材一般偏重理论性和历史性，设计类教材与社会上景观工程的实际需求脱节，相关知识点不明确，从而造成学生不能迅速承担设计任务的现象。为了在高职高专这个层面培养更多的景观设计师（员），繁荣我国的景观设计（环境艺术设计）事业，我们编写了本书，为我国的景观设计（环境艺术设计）事业的发展尽绵薄之力。

本书第 3 版沿袭了第 2 版的优点，编写突出以就业为导向，以能力为本位的特色，针对职业岗位或岗位群的需要，以综合职业能力培养为中心，将思政元素融入书中，以工作任务模块为中心构建体系。本书的编写采取校企合作、行业指导的形式，更好地对接企业、岗位的需求。本书立足于园林技术专业群，编制主要是从职业院校学生技能的培养出发，将知识点转化为技能点，加大案例教学比重，图文并茂，以案例、图片、视频等形式直观地表现学生需要掌握的知识。本书以工作任务模块为中心构建体系，以 8 个项目为基础，围绕项目完成的需要来选择和组织内容，突出工作任务与知识的联系，每个任务侧重加强实践环节，设置“实例解析”环节，学习目标明确，学习思路清晰，学习内容细致，能立足教学特点，解决实际工作中的具体问题，满足不同层次和水平的教学要求。同时，本书配套任务点的教学视频（详见微课视频清单）、在线习题库等数字资源，可供教师、学生或读者学习、参考，为进一步学习相关内容奠定基础。

本书由湖北生态工程职业技术学院胡先祥、文雅任主编，由湖北生态工程职业技术学院李宏星、岳丹任副主编。具体编写分工如下：胡先祥编写项目 3；文雅编写项目 7、项目 8，并负责整理部分资料、绘制部分插图；李宏星编写项目 6，并负责校对全书；岳丹编写项目 4 和项目 5 的任务 1、任务 2；湖北生态工程职业技术学院张永敢、湖北省太子山林管理局刘正方编写项目 1；湖北省种苗管理总站秦金捷、湖北生态工程职业技术学院郑伟编写项目 2；湖北生态工程职业技术学院武秋霞编写项目 5 的任务 3。

本书配有相关配套资源，凡使用本书作为教材的教师可登录机械工业出版社教育服务网 www.cmpedu.com 下载。

我们在编写过程中参考了国内外的相关文献和资料，引用了部分设计成果，由于篇幅限制，没能在书中一一注明，在此谨向上述人员和有关作者表示衷心的感谢！

由于编者水平有限，书中难免存在不足之处，望诸位专家、学者和同行不吝指正，并且将使用意见反馈给我们，以便今后修订，使之进一步完善。

编　者

微课视频清单

序号	名称	图形	序号	名称	图形
1	[1.1] 景观的空间设计		9	[3.4] 水景设计	
2	[1.2] 景观的环境设计		10	[3.5] 景观建筑设计	
3	[2.1] 景观的生态设计		11	[3.6] 景观设施与小品设计	
4	[2.2] 景观的美学设计		12	[4.1] 城市道路断面及线形设计	
5	[3.1] 地形设计		13	[4.2] 城市道路节点设计	
6	[3.2.1] 植物的类型及特点		14	[4.3] 城市道路绿地景观设计	
7	[3.2.2] 景观植物设计方法		15	[5.1] 城市广场功能设计	
8	[3.3] 地面铺装设计		16	[5.2] 城市广场空间设计	

（续）

序号	名称	图形	序号	名称	图形
17	［5.3］城市广场景观设计		24	［7.4.1］居住区道路交通设计	
18	［6.1］滨水景观生态设计		25	［7.4.2］居住区停车场景观设计	
19	［6.2］滨水景观文化设计		26	［7.5］居住区各类绿地景观设计	
20	［6.4.1］滨水景观元素设计——水景、绿化、建筑设计		27	［8.1］综合公园规划设计	
21	［6.4.2］滨水景观元素设计——驳岸设计		28	［8.4.1］植物园景观规划设计	
22	［7.1］居住区景观设计原则与步骤		29	［8.4.2］动物园景观规划设计	
23	［7.2］居住小区空间布局		30	［8.4.3］湿地公园景观规划设计	

目　录

前言

微课视频清单

项目 1　景观的空间与环境设计 …… 1

任务 1　景观的空间设计 …… 2

任务 2　景观的环境设计 …… 4

项目 2　景观的生态与美学设计 …… 8

任务 1　景观的生态设计 …… 9

任务 2　景观的美学设计 …… 14

项目 3　景观元素的规划设计 …… 22

任务 1　地形设计 …… 24

任务 2　景观植物设计 …… 28

任务 3　地面铺装设计 …… 37

任务 4　水景设计 …… 42

任务 5　景观建筑设计 …… 48

任务 6　景观设施与小品设计 …… 54

相关链接 …… 61

项目 4　城市道路景观规划设计 …… 69

任务 1　城市道路断面及线形设计 …… 70

任务 2　城市道路节点设计 …… 74

任务 3　城市道路绿地景观规划设计 …… 81

项目 5　城市广场景观规划设计 …… 88

任务 1　城市广场功能设计 …… 89

任务 2　城市广场空间设计 …… 94

任务 3　城市广场景观设计 …… 100

相关链接 …… 109

项目 6　滨水景观规划设计 …… 114

任务 1　滨水景观生态设计 …… 115

任务 2　滨水景观文化设计 …… 119

任务 3　滨水景观亲水设计 …… 120

任务 4　滨水景观元素设计 …… 121

相关链接 …… 130

项目 7　居住区景观规划设计 …… 136

任务 1　居住区规划设计的要求与原则 …… 138

任务 2　居住小区的空间布局 …… 145

任务 3　居住小区公共服务设施规划设计 …… 149

任务 4　居住小区道路、停车设施设计 …… 151

任务 5　居住区绿地景观规划设计 …… 156

相关链接 …… 166

项目 8　公园景观规划设计 …… 173

任务 1　公园出入口设计 …… 175

任务 2　公园分区规划 …… 176

任务 3　公园中景观要素设计 …… 178

任务 4　各类公园景观规划设计 …… 184

相关链接 …… 197

参考文献 …… 205

项目 1 景观的空间与环境设计

项目导言与学习目标

项目导言

人与景观空间之间存在着复杂的双向关系，人在空间中起主导作用，空间环境的设计与创造都是为人服务的，满足人们多样化的需求，但同时环境又会影响、限定人的行为与思想。景观的空间与环境设计涉及各种尺度的环境场所、人的群体心理及社会行为现象之间的关系和互动。

知识目标

1. 了解景观空间、场所、领域的特点。
2. 掌握景观空间的设计手法。
3. 掌握景观环境的设计手法。

能力目标

1. 能合理分析某景观中空间的设计手法。
2. 能合理分析某景观中环境的设计手法。

素质目标

1. 通过某景观空间、环境设计实地考察，提高学生团队合作精神，培养学生分析问题和解决问题的能力。

2. 通过撰写城市某景观空间、环境设计实地考察报告，培养学生独立思考、分析总结和解决问题的能力。

任务1 景观的空间设计

景观的空间设计

任务描述：通过任务的完成，能合理分析景观中空间的设计手法。

任务目标：能合理分析景观中空间的设计手法，能合理设计景观中的空间。

【工作任务】

参观某处景观，对其中空间的设计手法加以分析，能合理设计景观中的空间。

【理论知识】

1. 基本概念

（1）空间　空间是由三维尺度数据限定出来的实体。一般认为，20~25m的视距，是创造景观“空间感”的最佳尺度。在此空间内，人们可以比较亲切地交流，清楚地辨认出对方的脸部表情和细微声音。0.45~1.3m是一种比较亲昵的个人距离空间；3~3.75m为社交距离，是朋友、同事之间一般性谈话的距离；3.75~8m为公共距离；大于30m为隔绝距离。

（2）场所　场所是有明显特征的空间。一般认为，场所的三维尺度限定比空间要模糊一些，通常没有顶面或底面，它依据中心和包围它的边界两个要素而成立，强调一种内在的心理力度，吸引和支持人的活动。一般人的肉眼，超出110m视距，就只能辨认大略的人形和动作，这个110m就是广场尺度，即超过110m之后的视距空间才能产生广阔的感觉，构成景观的“场所”感。

（3）领域　领域的空间界定比场所更为松散，这个概念最早出现在生物学中，是指某个生物体的活动影响范围，后来引入到心理学中，是指人类的行为具有某种类似动物的特性，这些特性称为人类的领域性。视力为1.5的肉眼，辨识物体的最大视距为390m，这个尺度就是形成景观“领域感”的尺度。

对应人类的景观感觉而言，空间是通过生理感受界定的，场所是通过心理感受界定的，领域则是基于精神方面的量度。所以，建筑设计的工作边界多以空间为基准，而景观规划设计的边界要以场所和领域为基准。从“空间”到“场所”再到“领域”，是一个从明确实体的有形限定到非实体无形化的转换过程。

2. 景观空间的类型

（1）按构成形式分　按构成形式分，景观空间分为点状景观、线状景观和面状景观。

1）点状景观（点景）是相对于整个环境而言的，其特点是景观空间的尺度较小且主体元素突出，易被人感知与把握。一般包括住宅的小花园、街头小绿地、小品、雕塑、十字路口、各种特色出入口。

2）线状景观主要包括城市交通干道、步行街道及沿水岸的滨水休闲绿地。

3）面状景观主要指尺度较大、空间形态较丰富的景观类型。从城市公园、广场到部分城区，甚至整个城市都可作为一个整体面状景观进行综合设计。

（2）按活动性质分　按活动性质分，景观空间分为休闲空间和功能空间。

1）休闲空间是指供大家休息、放松的环境空间，如公园、居住区广场、游乐场、步行街等。

2）功能空间是指具有不同使用功能的公共场所，如交通广场、纪念性广场、高速公路等。

（3）按人际关系分　按人际关系分，景观空间分为公共性空间、半公共性空间、半私密性空间和私密性空间。

1）公共性空间是指尺度较大、开放性强、人们可以自由出入、周边有较完善的服务设施的空间，人们可以在其中进行各种休闲和娱乐活动，因此又被形象地称为“城市的客厅”。

2）半公共性空间有空间领域感，对空间的使用有一定的限定。

3）半私密性空间的领域感更强，尺度相对较小，围合感较强，人在其中对空间有一定的控制和支配能力，如门前开敞式花园、宅间空地、安静的小亭等地方。

4）私密性空间是四种空间中个体领域感最强且对外开放性最小的空间，一般多是围合感强、尺度小的空间，有时又是专门为特定人群服务的空间环境，如住宅庭院、公园里偏僻幽深的小亭等。

（4）按空间的行为性质分　按空间的行为性质分，景观空间分为内向聚集空间、外向离散空间、静态空间和动态空间。

1）内向聚集空间中的行为是内向聚集的。

2）外向离散空间中的行为是外向离散的。

3）静态空间中的行为是静态的。

4）动态空间中的行为是动态的。

3. 空间设计手法

空间是一种存在，它没有确定的大小、形状、色彩和质感，完全是人类根据自身的发展和审美的需要而规划限定出来的，可以通过围合、分隔及多个空间组合的方法组织空间来达到目的。

（1）空间的对比与变化　两个毗邻的空间，如果在某一方面呈现出明显的差异，借这种差异性的对比作用，将可以反衬出各自的特点，从而使人们从这一空间进入另一空间时产生情绪上的突变与快感。空间的差异性和对比作用通常表现在四个方面：高大与低矮之间；开敞与封闭之间；不同形状之间；不同方向之间。

（2）空间的重复与再现　同一种形式的空间，如果连续多次或有规律地重复出现，可以形成一种韵律节奏感。但这种重复运用并非是要形成一个统一的大空间，而是与其他形式的空间互相交替、穿插而组合成为整体，人们在连续的行进过程中，通过回忆可以感受到由于某一形式空间的重复出现或重复与变化的交替出现而产生的一种节奏感。

（3）空间的衔接与过渡　两个大空间如果以简单化的方法使之直接连通，常常会使人感到单薄或突然，不能给人留下深刻的印象。这时就需要发挥过渡性空间的作用，使得人们从一个大空间走到另一个大空间时必须经历由大到小再由小到大，由高到低再由低到高，由亮到暗再由暗到亮这样一个过程。

（4）空间的引导与暗示　在空间处理过程中，有时需要采取措施对人流加以引导或暗示，使人们按照设计师的意图循着一定的途径达到预期的目标。这种处理方法要自然、巧妙、含蓄，可以使人处于不经意之中沿着一定的方向或路线从一个空间依次走向另一个空间。

【实例解析】

［例 1］　商业区下沉式广场空间就是一个内向聚集的行为空间，如图 1-1 所示。

［例 2］　东湖风景区樱园湖畔就是一个外向离散的行为空间，如图 1-2 所示。

图 1-1　内向聚集的行为空间

图 1-2　外向离散的行为空间

任务2 景观的环境设计

景观的环境设计

任务描述：通过任务的完成，能合理分析景观中环境的设计手法。
任务目标：能合理分析景观中环境的设计手法，能合理设计景观中的环境。

【工作任务】

参观某处景观，对其中的环境设计手法加以分析，能合理设计景观中的环境。

【理论知识】

人类的户外行为规律及其需求是景观规划设计的根本依据。一个景观规划设计的成败，归根结底就看它在多大程度上满足了人类户外环境活动的需要。因此，研究景观中的人类群体行为和大众思想，是景观规划设计前的重要工作。

1. 人的行为需求理论

研究景观中的人类行为，就不能不考虑人类行为最基本的规律。这方面的心理学研究很多，其中比较著名的是心理学家罗伯特·斯腾伯格（Robert J. Sternberg）和亚伯拉罕·马斯洛（Abraham Maslow）的观点。前者认为人类表现出的各种行为可归纳为三类最基本的要求，即安全、刺激与认同。这三类要求是融合在一起的，并且无先后次序。后者的理论也是大众最为熟悉的一种，这种理论把需求分成生理需求、安全需求、社交需求、尊重需求和自我实现需求五类，依次由较低层次到较高层次。马斯洛需求层次理论假定，人们被激励起来去满足一项或多项在他们一生中很重要的需求。更进一步地说，任何一种特定需求的强烈程度取决于它在需求层次中的地位，以及它和所有其他更低层次需求的满足程度。

2. 人类在景观中的三种基本活动

景观规划设计强调开放空间，我们关注的行为也是人在户外开放空间中的行为，诸如人在街道中、公园里、广场上、学校大门口的活动等。我们可以将这些活动归纳为三种基本类型：必要性活动、选择性活动和社交性活动。

必要性活动就是人类因为生存需要而必需的活动，如等候公共汽车去上班就是一种必要性活动，它的最大特点就是基本上不受环境品质的影响。

选择性活动就是诸如散步、游览、休息等随主体心情变化而选择的活动。选择性活动与环境的质量有很密切的关系。主体随当时空间条件变化和心情变化而随机选择空间场所。

社交性活动，也称为参与性活动，不是单凭主体个人意志支配的活动，而是主体在参与社会交往中所发生的活动，如交谈、聚会等。社交性活动与环境品质的好坏也有相当大的关系。

人的上述三类活动都与环境因素有关，选择性活动受环境因素的影响最大，社交性活动也受一些影响，必要性活动基本不受影响。景观规划设计就是在保证人的必要性活动空间的基础上，创造优美的环境品质以促进人的选择性活动与社交性活动的进行。

3. 景观场所与人的行为心理

人们在研究景观场所的特性时，不是单纯把它当作一个物理空间来研究的，而是把它当作物理空间和心理空间的联合体来研究的，于是就产生了景观的“心理场”这个概念。也就是说，景观场所可以与人的心理场、视场和空间场相对应，这个“场”是有中心的，而且对人能够产生吸引与排斥、向心内聚与离心分散、亲和与游离的作用。也就是说，景观场所既能对人的行为起吸引作用，唤起人的空间知觉，诱导人的兴趣，从而让人加入、参与其中，也能起相斥的作用，使人反感、回避，甚至破坏。认识到这一点，也就认识到了景观场所的设计是以人的行为为内容，以发生的事件为媒介，以人的心理为导向的。

4. 景观行为的空间格局

景观行为是指景观中人的行为。景观行为构成的基本元素包括需求、容量、组群、性质、规模、感受及空间布局模式——格局（表 1-1）。景观行为的空间格局，也并非规划设计的空间格局，而是人的行为的空间格局。针对某个具体的景观环境的设计，要考虑的问题包括：

1）用户的需求。

2）环境容量，这里指人数。而容量也涉及活动的性质，不同性质的活动所需的空间大小是不一样的。例如，跳舞与读书所用同样大小的空间环境，前者能容纳的人数显然比后者少。

3）组群，是指景观中不同年龄、不同文化背景、不同性格的人组成的群体。应该针对不同类型的组群，规划设计出不同类型的景观空间场所。

4）性质，是指行为的性质，即这个空间的行为是静态的还是动态的，是内向聚集的还是外向离散的。

5）规模，即这种行为占据的空间场地大小及花费时间的多少，包括时间与空间这两个方面的内容。

6）感受，即空间给人的感受是好的还是令人厌恶的。

所有这些貌似简单的单个元素，经过各种排列组合，就可以构成千变万化的景观行为空间格局。

表 1-1　景观行为构成的基本元素

景观行为	基本元素	景观行为	基本元素
意向	需求	环境	规模（占据空间与花费时间）
强度	容量（人数）	欣赏	感受（好、中性、差）
文化	组群（根据年龄、文化背景、性格等确定）	分布	空间格局
动静	性质（内向聚集、外向离散、静态、动态）		

5. 景观环境设计方法

（1）景观环境的形态构成　从景观环境的形态构成来看，不论是某一单体景观的形态，还是整个城市环境的形态，它们都是由景观元素所构成的实体部分和实体所构成的空间部分来共同形成的。实体部分的构成元素主要包括建筑物或构筑物、地面、水面、绿化、设施和小品等。空间部分的构成元素主要包括空间界面（连续或间断）、空间轮廓、空间线形、空间层次等。

（2）景观环境的空间构成与分类　城市空间可以按其具有尺度感的空间领域来进行分类。空间领域是指在人们的行为活动与城市形体环境关系的基础上，为确定人的各种行为活动要求所建立的相应领域。根据人们的要求，应当把城市空间划分成不同的空间领域。

（3）景观环境的空间特点和主要空间　景观环境中的空间，可能是相对独立的一个整体空间，也可能是一系列相互联系的序列空间。在城市景观环境的空间特点上，其空间的连续性和有序性占据主导地位。它是通过不同功能、不同面积、不同形态的各种空间相互交织，并形成具有一定体系的空间序列。

城市景观环境设计主要是设计城市的公共空间，它主要包括城市的街道景观、居住区景观、广场景观、滨水景观、绿化景观等。

（4）景观环境的空间界定与地域性　在景观环境设计中，如果从构成的角度来进行分析，景观环境是自身体量和外部空间之间的结合体，它们在不同的地域文化背景中都可以表现出各自所限定的景观体量与空间环境之间的联系，从而构成了具有地域性景观的外部空间环境。

地域性景观是指一个地区自然景观与历史文脉的总和，这里包括它的气候条件、地形地貌、水文地质、动植物资源、历史资源、文化资源和人们的各种活动及行为方式等。

（5）景观环境的时间与运动　从一定意义上讲，景观环境本身是一个具有生命力的客体，它始终处于不断生长、运动和变化之中。因此，景观环境设计应当把空间与时间运动的思想理念作为人们认识自然和感受自然的出发点。我们必须要正确地认识和理解景观环境的时间性与时效性，注重景观环境随着时间的变化所产生的运动效果，应塑造出一个随着时间的延续而可以不断更新的、稳定的景观环境。

（6）景观环境的空间尺度与心理感受　在景观环境中，空间尺度是指景观单元的体积大小，而时间尺度是指其动态变化的时间间隔。我们感受空间的体验，主要是从与人体尺度相关的室内空间开始的。室内空间的尺度感主要反映在平面尺寸和垂直尺寸两个方面。人们对空间的心理感受是一种综合性的心理活动，它不仅体现在尺度和形状上，而且还与空间中的光线、色彩及装饰效果有关。

（7）人的视觉范围及特性　在正常的光照情况下，人眼距离观察物体 25m 时，可以观察到物体的细部；当距离为 250~270m 时，可以看清物体的外部轮廓；而到了 270~500m 时，只能看到一些模糊的形象；远到 4000m 时，则不能够看清物体。人眼的视角范围可形成一个扁形的椭圆锥体，其水平方向视角为 140°，最大值为 180°。垂直方向的视角为 130°，向上看比向下看约小 20°，分别是 55°和 75°，而最敏感区域的视角只有 6°~7°。

【实例解析】

［例 1］　如图 1-3 所示，是一些公共场所中避免出现的情况。图 1-3a 表示在入口通道的两侧布置休息设施时，使用者会对这种“夹道欢迎”望而生畏。图 1-3b 表示在众目睽睽之下，使用者会感到“无地自容”。图 1-3c 表示当坐凳置于空旷地时，使用者会觉得没有安全感。

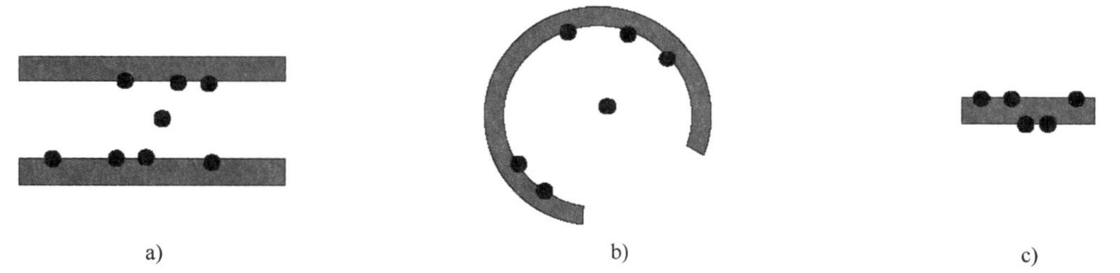

a)　b)　c)

图 1-3　景观场所与人的行为心理（一）

a）在人行夹道中穿越　b）被人观看　c）空旷地的座位

［例 2］　图 1-4 的布置正是基于对人的行为心理的研究。设计时考虑到人们倾向于在实体边界附近集聚活动的心理来布置不同的景观与休息场所，满足各种不同社交活动的需要。

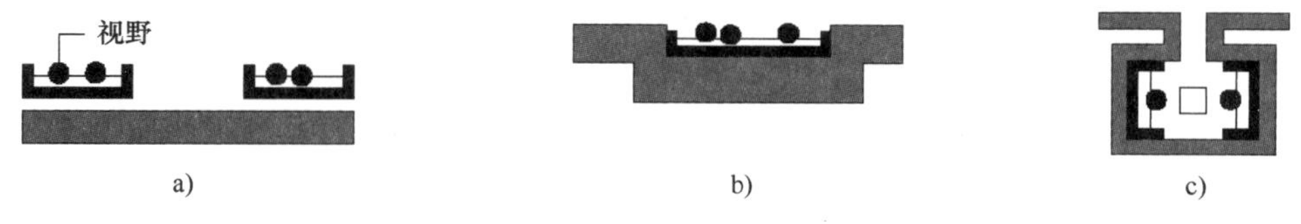

a)　b)　c)

图 1-4　景观场所与人的行为心理（二）

a）有倚靠的边界　b）独立边界的领域　c）私密的领域

［例 3］　在绿地道路设计时，要考虑到人们习惯“抄近路”的心理，从而采取正确的对策。当人们不按设计师设计的路线行走，而是抄近路践踏绿地时，这样的道路设计就是失败的。如果设计师能够按

人的行为轨迹设计出曲折有趣而又顺路的方案，便能得到令人满意的效果（图 1-5）。

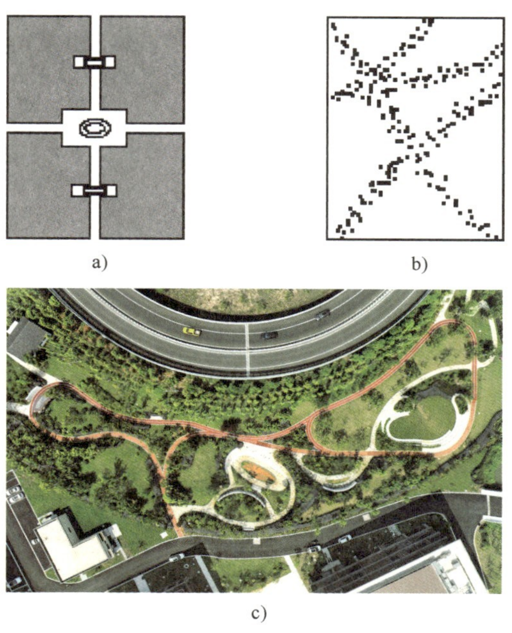

a)　b)　c)

图 1-5　景观场所与人的行为心理（三）

a）几何形态的中心绿地　b）下雪天观察到人的行动轨迹　c）受到欢迎的中心绿地

以上例子充分说明，景观场所与人的活动是密不可分的。场所如果没有人的活动，就只具有物理的尺度而无实际的社会意义，如人活动于其中，则与事物相连而构成了行为的场所。因此，如何调动人的内驱力和增强场所的吸引力就是景观场所设计要研究的主要内容之一。

项目 2
景观的生态与美学设计

项目导言与学习目标

项目导言

生态学思想的引入，使景观设计的思想和方法发生了重大转变，也大大影响甚至改变了景观的形象。景观设计不再停留在花园设计的狭小天地之中，它开始介入更为广泛的环境设计领域。对场地生态发展过程的尊重、对物质能源的循环利用、对场地自我维持和可持续处理技术的倡导，体现了浓厚的生态理念。

景观规划设计是一门有关美和艺术的学问，学习该学科，必须掌握一些美学基本原理。景观美学是景观设计和美学的交叉学科，它涉及的范围相当广泛，包括地理学、生物学、建筑学、民俗学、艺术学、心理学等。

知识目标

1. 了解景观生态学的几个基本概念，以及形式美的特点。
2. 了解普通生态学和景观生态学的含义。
3. 了解景观美的一般规律与创造原则。

能力目标

1. 能合理分析某处景观环境中的生态设计手法。
2. 能合理分析某处景观环境中的美学设计手法。

素质目标

1. 通过某处景观实地考察，提高学生团队合作精神，培养学生分析问题和解决问题的能力。
2. 通过对某处生态环境现状的调查与修复设计，培养学生的生态理念和对环境保护的深刻理解。
3. 通过完成某处景观实地考察报告，培养学生独立学习、分析总结和提升完善的能力。

任务 1　景观的生态设计

任务描述：通过任务的完成，能合理分析景观环境中的生态设计手法。
任务目标：能合理分析景观生态设计手法。

景观的生态设计

【工作任务】

选取附近任一景观实景，初步分析其景观生态设计手法。

【理论知识】

一、生态系统的概念与组成

1. 生态系统的概念

生态系统（Ecosystem）这一概念是英国生态学家 A. G. 坦斯利（A. G. Tansley）于 1935 年首次提出的，他主要强调生物和环境是不可分割的整体，生态系统内生物成分（包括植物、动物、微生物）和非生物成分（生存环境）在功能上是一个统一的自然实体——生态系统，即生态系统是生态学上的基本功能单位，而不是生物学中分类学的单位，如海洋生态系统、陆地生态系统、农业生态系统等。生态系统与所有其他系统一样，是人们主观识别和想象的产物。生态系统作为一个特殊的整体，它的基本功能主要包括物质循环、能量流动和信息交换三个方面。

2. 生态系统的组成成分

作为生态学的一个功能整体，生态系统都是由生物群落和非生物环境两部分组成，也可将其区分为四个基本组成部分：生产者、消费者、分解者和非生物环境，其中生产者、消费者、分解者是生物群落的三大功能类群。

（1）生产者　生产者是指能利用无机物制造有机物的自养生物，它们是生态系统中最基础的组成部分，主要是绿色植物，也包括一些能进行光能自养和化能自养的藻类和细菌。它们都能利用能量把简单的无机物合成有机物，放出氧气，并且将环境中的能量以化学能的形式固定到有机体内，决定生态系统初级生产力的高低。

（2）消费者　消费者主要指生态系统中的各种动物和寄生性生物，它们不能利用无机物生产有机物，只能直接或间接利用绿色植物、有机物作为食物来源，属于异养生物。根据食性的不同，可将它们分为草食动物、肉食动物、寄生动物、腐食动物和杂食动物五类。

（3）分解者　分解者主要为细菌、真菌、放线菌等微生物，以及土壤中某些营腐生生活的原生生物。它们在生态系统中以动物、植物残体和排泄物中复杂的有机物质作为维持生命活动的食物来源，并且把复杂的有机物逐步分解为较简单的化合物和元素归还到环境，供生产者再度吸收利用。因此，分解者又称为还原者，属于异养生物。正是由于分解者的存在，才使得生态系统中的物质得以不断循环，生态系统得以维系。

（4）非生物环境　非生物环境是指生态系统中的非生物成分，是生态系统中生物赖以生存的物质和能量的来源和活动的场所，其中包括光、热、气、水、土壤、岩石和营养成分等。

二、景观与景观生态学

1. 景观的生态学含义

生态学是通过两种途径使用景观这个概念的。第一种是直觉地将景观看作基于人类范畴基础之上的特定区域，景观的尺度是数公里到数百公里，由诸如林地、草地、农田、树篱和人类居住地等可识别的成分组成的生态系统。第二种是将景观看作代表任一尺度空间异质性的抽象概念。总的来说，对景观的理解，地理学和景观生态学将其进一步拓展，以“地域综合体”作为它们共同的概念基础。景观通常又是由景观元素组成，景观元素则是地理上相同质的生态要素单元，包括自然与人文因素，即为生态系统。综合起来，对景观可作如下理解：

1）景观由不同空间单元镶嵌组成，具有异质性。

2）景观是具有明显形态特征和功能联系的地理实体，其结构与功能具有相关性和地域性。

3）景观既是生物的栖息地，更是人类的生存环境。

4）景观是处于生态系统之上、区域之下的中间尺度，具有尺度性。

5）景观具有经济、生态和文化的多重价值，表现为综合性。

2. 景观系统中的生态关系

一般来说，在一个具体的景观系统中，存在着以下五个层次的生态关系：

（1）景观与外部系统的生态关系　例如，城市滨水地带的规划和景观设计，一直是近年来的热点。滨水区设计的一个最重要特征，在于它是复杂的综合问题，涉及多个领域。作为城市中人类活动与自然共同作用最为强烈的地带之一，河流和滨水区在城市中的自然系统和社会系统中具有多方面的功能，如水利、交通运输、游憩、城市形象及生态功能等。因此，滨水工程涉及航运、河道治理、水源储备与供应、调洪排涝、植被及动物栖息地保护、水质、能源、城市安全及建筑和城市设计等多方面的内容。

（2）景观内部各个元素之间的生态关系，即水平生态过程　例如，来自大气的雨、雾，经过村上丛林的截流、涵养，成为终年不断的细流，最先被引入村中人饮水的蓄水池，再流经家家户户门前的洗涤池，后汇入寨中和周边的池塘，以供耕牛沐浴和养鱼，最后富含养分的水流被引入下方的层层梯田，用以灌溉主要的农作物——水稻。这种水平生态过程，包括水流、物种流、营养流与景观空间格局的关系，也正是景观生态学的主要研究对象。

（3）景观元素内部的结构与功能的生态关系　例如，丛林作为一个森林生态系统，水塘作为一个水域生态系统，梯田作为一个农田系统，它们的内部结构与物质和能量流的关系，就是一种在系统边界明确情况下的垂直生态关系，其结构是食物链和营养级，功能是物质和能量流动，这同时是生态系统生态学研究的对象。

（4）生命和环境之间的生态关系　生命和环境之间的生态关系包括个体与个体之间、群体之间的竞争、共生关系，是生物对环境的适应，以及个体与群体的进化和演替过程，这便是植物生态学、动物生态学、个体生态学、种群生态学所研究的对象。

（5）人类与其环境之间的物质、营养及能量的生态关系　这是人类生态学所要讨论的主题。当然，人类本身的复杂性，包括社会、文化、政治性及心理因素都使得人与人、人与自然的关系变得十分复杂，已远非人类生态本身所能解决，因此又必须借助社会学、文化生态、心理学、行为学等学科对景观进行研究。

3. 景观生态学中的几个重要概念

（1）斑块　斑块是景观中的点状因素，如公园绿地广场、建筑群及城市开敞空间体系，都可以作为斑块来看待。

（2）廊道　廊道是景观的线形因素，属于一种特殊带状因素类型。廊道最显著的作用是作为转输载体，还可以起到生态保护的作用。根据廊道的起源、对人类的作用，廊道景观类型可分为三类：河道水系或蓝色网络状廊道；森林、林荫道或绿色带状廊道；街道或灰色线状廊道。它们分别可简称为蓝道、绿道和灰道。

1）“蓝道”，不仅指河流的水面部分，也包括沿河流分布的不同于周围基质的植被带，是景观中最重要的廊道类型，特别是在某些生物种类迁移方面具有其他廊道类型所无法替代的作用，物流和矿物养分的输送，实现了多种地生态危机，同时河流及其支流又是污染的传播载体，所以对污染源必须治理与清源。

2）“绿道”，主要指以植物绿化与造景为主的线形要素，如林荫路、防护林带等。绿道对保护生物多样性和设置悠闲专用自行车道都是重要的。

3）“灰道”，则是人工味十足的街道和道路，尽力去做的是淡化灰道，减少“灰道”对生态环境的干扰，防止恶化。

（3）基质　基质是景观中的面状因素。它是作为景观区域镶嵌在生态系统背景中或按城市功能及生活所形成的不同类型的历史风貌特色景观、标志性景观区，也是构成城市景观特征中最广泛且又敏感的部分。

（4）边界　城市景观生态体系各要素构成相邻系统的交界面和接触界定的区域。边界具有模糊过渡和缓冲功能，特别是生态过程在此处产生的边缘效应，即在边界区域中的生物群落结构复杂，物种生命力强，而且特别活跃，出现不同生境物种共生的现象。城市建成区的人工生态系统属于内部生境，城乡自然生态系统的乡村城郊则为外部生境，城乡结合地带则属于边界区域，它深刻地影响环境生境的可持续发展，以及生物多样性的保持。

（5）异质性　异质性是指在一个景观区域中，景观元素类型、组合及属性在空间或时间上的变异程度，是景观区别于其他生命层次的最显著特征。景观异质性包括时间异质性和空间异质性。

（6）尺度　尺度是指研究对象时间和空间的细化水平，任何景观现象和生态过程均具有明显的时间和空间尺度特征。景观生态学研究的重要任务之一，就是理解不同时间、空间水平的尺度信息，弄清研究内容随尺度发生变化的规律性。

总之，景观生态学对景观规划设计的意义在于拓展了专业学科的视野，在更深层次上确保实现景观和环境的可持续发展。

三、景观的生态设计原理

任何与生态过程相协调，尽量使其对环境的破坏影响达到最小的设计形式都称为生态设计。这种协调意味着设计尊重物种多样性，减少对资源的剥夺，保持营养和水循环，维持植物生境和动物栖息地的质量，以有助于改善人居环境及生态系统的健康。具体来说，景观的生态设计包括以下四个基本原理：

1. 地方性

地方性即设计应根植于所在的地方，这一原理可从以下三个方面来理解：

（1）尊重传统文化和乡土知识　传统文化和乡土知识是当地人的经验，当地人依赖于其生活的环境并从中获得日常生活的一切需要，包括水、食物、庇护、能源、药物及精神寄托，其生活空间中的一草一木、一山一水都是有含意的。当地人关于环境的知识和理解是场所经验的有机衍生和积淀。所以，一个适宜于场所的生态设计，必须首先考虑当地人的物质需要和精神需要，尊重传统文化。

（2）适应场所自然过程　现代人的需要可能与历史上该场所的人的需要不尽相同。因此，为场所而设计决不意味着模仿和拘泥于传统的形式，新的设计形式仍然应以场所的自然过程为依据，即依据场所中的阳光、地形、水、风、土壤、植被及能量等。设计的过程就是将这些带有场所特征的自然因素结合在设计之中，从而维护场所的健康。

（3）当地材料　植物和建材的使用是设计生态化的一个重要方面。乡土物种不但最适宜在当地生长，管理和维护成本最低，而且其消失已成为当代最主要的环境问题，所以保护和利用地方性物种也是时代对景观设计师的伦理要求。

2. 保护与节约自然资源

地球上的自然资源分为可再生资源（如水、森林、动物等）和不可再生资源（如石油、煤等）。要实现人类生存环境的可持续，必须对不可再生资源加以保护和节约使用。即使是可再生资源，其再生能力也是有限的，因此对它们的使用也需要采用保本取息的方式。因此，对于自然资源的利用，生态设计强调以下四点：

（1）保护　保护不可再生资源。不可再生资源作为自然遗产，不在万不得已的情况下不予以使用。在东西方文化中，都有保护资源的优秀传统值得借鉴，它们往往以宗教戒律和图腾的形式来实现特殊资源的保护。在大规模的城市发展过程中，特殊自然景观元素或生态系统的保护尤显重要，如城区和城郊湿地的保护、自然水系和山林的保护等。

（2）减量　减量是指尽可能减少包括能源、土地、水、生物资源的使用，提高其使用效率。设计中如果合理地利用自然，如光、风、水等，则可以大大减少能源的使用。新技术的采用往往可以成倍地减少能源和资源的消耗。

（3）再利用　利用废弃的土地、原有材料，包括植被、土壤、砖石等服务于新的功能，可以大大减少资源和能源的耗费。例如，在城市更新过程中，废弃的工厂可以再生态恢复后成为市民的休闲地，在发达国家的城市景观设计中，这已成为一个不小的潮流。

（4）再生　现代城市生态系统中，人们在消费和生产的同时产生了垃圾和废物，造成了对水、大气和土壤的污染。因此，生态设计要将人们生态系统中产生的废物变成资源，取代对原始自然材料的需求，并且尽力避免将废物转化为污染物。例如，土地资源是不可再生的，但土地的利用方式和属性是可以循环再生的。从原野、田园、高密度城市到花园郊区、边缘城市和高科技园区，随着城市景观的演替，大地上的每一寸土地的属性都在发生着深刻的变化，昔日高密度中心城区的大面积铺装可能或迟或早会重新变为森林或高产农田，已经失去的水系会被重新恢复。

3. 让自然做功

让自然做功这一设计原理强调人与自然过程的共生和合作关系，通过与生命所遵循的过程和格局的合作，我们可以显著减少设计的生态影响。

这一原理着重体现在以下几个方面：

（1）自然界没有废物　每一个健康生态系统，都有一个完善的食物链和营养级，秋天的枯枝落叶是春天新生命生长的营养，公园中清除枯枝落叶实际上是切断了自然界的一个闭合循环系统。在城市绿地的维护管理中，变废物为营养，如返还枝叶、返还地表水补充地下水等就是最直接的生态设计应用。

（2）自然的自组织和能动性　自然是具有自组织或自我设计能力的，如一个花园，当无人照料时，便会有杂草侵入，最终将人工栽培的园艺花卉淘汰；一个水塘，如果不是人工将其用水泥护衬或以化学物质维护，便会在其水中或水边生长出各种水藻、杂草和昆虫，并最终演化为一个物种丰富的水生生物群落。其实，整个地球都是在一种自然的、自我的设计中生存和延续的，自然系统的丰富性和复杂性远远超出人为的设计能力。与其如此，我们不如开启自然的自组织或自我设计过程。自然的自设计能力，致使一个新的领域的出现，即生态工程。传统工程使用新的结构和过程来取代自然，而生态工程则使用自然的结束和过程来设计。

自然是具有能动性的，几千年的治水经验和教训告诉我们对待洪水这样的自然力，应因势利导而不是绝对控制，古代李冰父子的都江堰水利工程设计的巧妙之处，也在于充分认识了自然的能动性，用竹笼、马槎、卵石等作为治水的材料，造就了川西平原的富饶。大自然的自我愈合能力和自净能力，维持了大地上的山清水秀，生态设计意味着充分利用自然系统的能动作用。

（3）边缘效应　在两个或多个不同的生态系统或景观元素的边缘带，有更活跃的能量流和物流，具有丰富的物种和更强的生命力。例如，森林边缘、农田边缘、水体边缘及村庄、建筑物的边缘，在自然状态下往往是生物群落最丰富、生态效益最高的地段。边缘带能为人类提供最多的生态服务，如城郊地的林缘景观既有农业上功能，又具有自然保护和休闲功能，这种效应是设计和管理的基础。

（4）生物多样性　自然系统是宽宏大量的，它包容了丰富多样的生物。生物多样性至少包括了三个层次的含意，即生物遗传基因的多样性、生物物种的多样性和生态系统的多样性。多样性维持了生态系统的健康和高效，因此是生态系统服务功能的基础，与自然相合作的设计就应尊重和维护其多样性。为生物多样性而设计，不但是人类自我生存所必需的，也是现代设计者应具备的职业道德和伦理规范。而保护生物多样性的根本是保持和维护乡土生物与生境的多样性。对这一问题，生态设计应在三个层面上进行：保持有效数量的乡土动植物种群；保护各种类型及多种演替阶段的生态系统；尊重各种生态过程及自然的干扰，包括自然火灾过程、旱季与雨季的交替规律及洪水的季节性泛滥。通过生态设计，一个可持续的、具有丰富物种和生境的景观绿地系统，才是未来城市设计者所要追求的。

4. 显露自然

现代城市居民离自然越来越远，自然元素和自然过程日趋隐形，远山的天际线、脚下的地平线和水平线，都快成为抽象的名词了。因此，要人人参与设计，关怀环境，必须重新显露自然过程，让城市居民重新感到雨后溪流的暴涨、地表径流汇于池塘；通过枝叶的摇动，感到自然风的存在；从花开花落，看到四季的变化；从自然的叶枯叶荣，看到生物的腐烂和降解过程。显露自然作为生态设计的一个重要原理和生态美学原理，在现代景观的设计中越来越受到重视。

除了上述基本原理外，生态设计还强调人人都是设计师，人人参与设计过程。生态设计是人与自然合作的过程，也是人与人合作的过程。传统设计强调设计师的个人创造，认为设计是一个纯粹的、高雅的艺术过程。而生态设计则强调人人皆为设计师，因为每个人都在不断地对其生活和未来作决策，而这些都将直接影响自己及其他人共同的未来。

【实例解析】

［**例 1**］　景观中的蓝道（图 2-1）、绿道（图 2-2）和灰道（图 2-3）。

图 2-1　景观中的蓝道——河流的水面部分和植被带

图 2-2　景观中的绿道——林荫路

图 2-3　淡化后的景观灰道

［**例 2**］　如图 2-4 所示，湖北省保康县某山区公路两侧绿化景观设计，由于前期矿山开采，基地条件较差，但原有植被较为丰富，基于生态化本土化、特色性和经济性的原则，选择合适的植物种类进行绿化设计。

图 2-4　道路某标段道路分析与绿化设计

任务 2　景观的美学设计

景观的美学设计

任务描述：通过任务的完成，能合理分析景观环境中的美学设计手法。

任务目标：能合理分析景观环境的美学设计手法。

【工作任务】

图 2-5、图 2-6 是北京世园公园的景观环境设计实景，请选取任一环境进行赏析，并且写一份简短赏析报告。

【理论知识】

一、美的本质

“美”是什么？关于这个问题，自古以来，许多美学家进行了长期的探讨。从西方的柏拉图、亚里士多德到中国的蔡仪、朱光潜、李泽厚等人，都对这个问题进行过阐释，但至今仍然争论不休。其实对美的本质的看法，是与人们的宇宙观有关的。《易经》上说：“一阴一阳谓之道”。意思是说，阴阳互转，即阴与阳的对立、转化是客观的自然规律，整个世界，就是阴阳变化的规律在起作用。人们遵循客观世界变化的规律，追求生命的和谐，就能生活美满。我国著名美学大师宗白华说：“美与美术的特点是在‘形式’、在‘节奏’，而它所表现的是生命的内核，是生命内部最深的动，是至动而有条理的生命情调。”这就是生命美学！美学是哲学的分支学科，生命美学的基础就是生命哲学。从“生命”这个角度，完全可以揭开“美”的奥秘。

图 2-5　北京世园公园景观实景图

图 2-6　北京世园公园湖北园入口景观实景图

美是什么？美即生命。它的完整的定义是：任何事物，凡是呈现生命的形式，那就是美的；任何事物，凡是体现生命的精神，那就是美的；任何事物，凡是显示生命的价值，那就是美的。

下面来具体解释一下关于美的定义三个方面的内容。

1. 任何事物，凡是呈现生命的形式，那就是美的

什么是生命的形式？生命的形式就是运动的形式。世界上的一切，都存在于时间与空间中，而时间与空间的本质就是运动。生命也在于运动，运动停止，就意味着生命的结束，这就是生命形式的丧失。丧失了生命的形式，也就丧失了美。社会如果没有发展，就不可能是一个美的社会，因为它的内在生命已经停滞了。在自然界，花草树木枯萎了，就不美，因为它的生命停止了运动，美属于具有旺盛生命力的花草树木。生命的本质在于运动，运动的明显特点是具有节奏性，人的心脏跳动是有节奏的，人的行走是有节奏的，人的生活起居是有节奏的，自然界的运行也是有节奏的，花开花落、四时代谢就是生命的节奏的表现。艺术美的真谛，也在于有节奏地运动。动静结合，就产生美。绘画中具有律动感的线条，音乐艺术中跳动的音符，景观造景中的虚实应用，就是艺术的节奏。因此，任何事物，如果丧失了以变化和节奏为特征的生命的形式，也就不美了。所以说，美是一种形式，是呈现生命活力的运动形式。

2. 任何事物，凡是体现生命的精神，那就是美的

什么是生命的精神？生命的精神，就是生生不息的奋求、奋进、奋斗的精神。人生在世，就是为了追求幸福，追求幸福的过程就是奋斗过程。当人的生命遭到压抑时，就要摆脱这种压抑；当疾病威胁人的生命时，就要战胜病魔，这就是生命的精神的体现！自然物的生长过程，就是不断与恶劣的自然环境“抗争”的过程，因此才迎来了自然界的生机勃勃、欣欣向荣。艺术创作也是如此，艺术家要不断地追求、奋斗，“路漫漫其修远兮，吾将上下而求索”，就是文学艺术家的生命写照。艺术作品要不断地出新、出奇，采用新的技术、新的材料、新的思维，来满足大众日益增长的精神需求。因此，任何事物一成不变，就是墨守成规，就是美的丧失，只有创造，自由地创造，才能焕发出生命的光辉。生命的精神

也就是自由创造的精神。所以说，美是生命的精神，是体现生命活力的自由创造精神。

3. 任何事物，凡是显示生命的价值，那就是美的

什么是生命的价值？生命的价值就是生存的意义。任何事物的审美属性，都是价值属性。这个价值的核心，就是一个“善”字。人活着的意义，就是奉献，这就是生命的价值。我们做的任何一件事，只要它是有益于他人的，就是美的，有损于他人的，就是丑的。丑，是负价值，是美的反面。整个自然界，也是在默默地为人类奉献。虽然自然物没有意识，但自然是为人而美的，当自然界把它的资源奉献给人类的创造活动时，也就是自然资源被人类合理地利用的时候，就体现出自然物的存在价值——有益于人的生存，因而它就是美的了。艺术也是这样。艺术来源于现实生活，又高于现实生活，艺术作品总是在弘扬某种社会理想和艺术家的个人审美理想，这个“理想”就是生命的价值，这也是艺术存在的意义。相反，如果作品是在弘扬一种社会负价值，如宣扬假、丑、恶的东西，那也就不能成为艺术作品了。

二、景观美的特性

景观美的特性，主要表现在以下四个方面：

1. 景观美的多样性

景观美的多样性是由世界的多样性决定的，因为景观是无处不在的，而且是丰富多彩的，这就决定了景观美的多样性。云蒸霞蔚、星光灿灿、绿草如茵、花团锦簇、林立的高楼、直插云天的宝塔、飞檐翘角的宫殿等，这些异彩纷呈的景观美，让人们流连忘返。

2. 景观美的社会性

一切景观，总是为社会而存在的，社会的主体是人，因此，景观美的存在，总是这样或那样地与社会上人的生活发生某种联系。例如，牡丹象征富贵，莲花象征高洁，梅花象征不怕困难、艰苦奋斗的精神；一些人工景观，都有一些主题和象征意义，而这些主题实际就是人类的某种思想。苏州的古典园林景观，大都隐喻造园主性喜超凡脱俗、与世无争、淡泊宁静的生活；一些城市广场上的纪念性雕像，表达了令人缅怀先人的思想感情。任何景观，都是属于社会的，并且为社会全体成员共享。因此，任何风景区、任何景观，都是对外开放的，这种对外开放性是景观美的社会性的集中体现。

3. 景观美的愉悦性

客观存在的景物，只有具有了欣赏价值，才能引起人们愉悦的情感，才能构成景观。例如山峰，首先是其起伏的轮廓引起人们的审美注意，从而产生美感。任何景观都有它吸引人的地方，或者因体量巨大而显得崇高，或者因小巧玲珑而显得优美，或者因妙趣横生而显得滑稽。崇高、优美、滑稽，都是美的不同范畴，都能使人产生愉悦感。景观的规划和设计就是为了创造愉悦感。

4. 景观美的时空性

任何景观美都是时间和空间的统一体，具有时空性。首先，一些景观只能在一定的时间内出现。例如，樱花开在春天，哈尔滨的冰雕只出现于冬天，候鸟也只在一定的时间来栖等，这些都有一定的时间性。其次，同一种景观，在不同的时间里，也会呈现不同的美。宋代郭熙说：“山，春夏看如此，秋冬看又如此，所谓四时之景不同也。山，朝看如此，暮看又如此，阴晴看又如此，所谓朝暮之变态不同也”。这些就是讲的景观美的时间性。另外，任何景观的存在，都依赖于三维空间的关系，都有一定的空间性，人们一旦置身于景观之中，就被景观包围，使人产生一种特殊的空间感。“山近月远觉月小，便道此山大于月”（王阳明《蔽月山房》），“山映斜阳天接水，芳草无情，更在斜阳外”（范仲淹《苏幕遮・怀旧》）都在描绘一种特殊的空间感。景观美的创造，就是通过不同的材料、不同的组合形式，创造出不同的空间感。例如，园林景观造景，主要是创造暗示性空间，特别是小园林，地理空间有限，然而又要使游客感到园子很大，这就要在空间布局上下功夫，设置障景和隔景是达到此目的的两种常用方法。

三、景观美的构成

景观美的构成离不开材料的因素、量的因素、艺术的因素、自然性因素和社会性因素。

1. 材料的因素

由于景观美总是具体的、能够愉悦人的情感的对象，因此，任何景观都必须具备令人喜爱的形式，而形式的产生，是离不开物质材料的，材料是形式构成的基础。景观美是由物质材料构成的，材料本身就有一定的审美特性。例如，云南昆明市东北鸣凤山上的金殿，又名铜瓦寺，主殿由青铜制造，呈方形，殿内神像、匾联、梁柱、墙屏、装饰等均采用铜材，唯其如此，该殿才熠熠生辉，耀眼夺目。在这里，材料的因素起着决定性的作用。因此，要构成景观美，必须注重材料的质地、色彩等因素，要把那些最能表现美的材料选来建设景观。

2. 量的因素

数量与景观美的构成有极大的关系。数量达到一定程度，就构成繁多的感觉，繁多是一种美。大海，“一片汪洋都不见，知向谁边?”（毛泽东《浪淘沙·北戴河》），其水量之多，构成了波涛汹涌的崇高之美。原始森林及星空之美，也都是由于数量的巨大。数量的繁多，当然能够构成一种美，但是纯粹的繁多也有一个明显的局限，那就是显得单调。毫无止境的千篇一律，能使人产生疲倦感。因此，我们在谈景观构成的量的因素时，不能不注意一致之中的变化。

体量也是构成景观美的一个重要因素。埃及的吉萨金字塔群中有三座著名的金字塔，其中最高的一座叫胡夫（又称库孚）金字塔，高 146.6m，每条底边长 230.35m，它的面积为 52900m^2，用石材 250 多万块。传说这一工程以 10 万人为一班轮番劳动，历时 30 年才完成。它是法国埃菲尔铁塔建成以前世界上最高的建筑物。整个建筑物形体单纯，造型简洁，给人以高大、稳定的感觉，象征着王权不可动摇。

3. 艺术的因素

除了天然生成的景观之外，凡与人的创造活动有关的景观，都不能忽视艺术的因素。艺术的灵魂就是情感，情感的渗透使艺术具有强大的感染力。艺术首先打动人的是形式，形式是表现情感的。艺术就是情感的形式，即为表现情感而寻找形式，这个过程有一个不可缺少的重要环节，那就是技巧。艺术，必须依赖技巧，没有技巧的艺术是不存在的。艺术技巧的运用，使艺术成为具有特殊表现力和吸引力的东西。例如，桥原本是为了方便通行而建造的，只要在水上或险要处铺设桥面就达到了目的。可是，除了实用的目的外，人们还要满足欣赏的要求，于是就出现了各种不同造型的桥，有的还在桥上建造许多附属建筑物，如亭、廊、楼、阁等。这些附属建筑物起着装饰的作用。这样就显示出造桥的艺术技巧，使桥具有很强的吸引力。

4. 自然性因素

自然条件是构成景观的重要因素之一。自然景观不能离开自然物的自然性，这是显而易见的，就是人文景观，也与自然因素有关。因为，一切景观，都存在于一定的自然环境之中。景观与自然环境协调，就能增加景观的美。澳大利亚的著名建筑——悉尼歌剧院，在花岗岩石墙上，有八只形如贝壳的薄壳屋顶，反映了建筑师的高度的空间艺术想象力。该歌剧院因建于水上，能给人以白帆点点的感觉，诗情画意。

5. 社会性因素

一切景观美的构成，都与作为社会实践主体的人的活动有关，因为人的一切实践活动，都会在实践对象上打下烙印。例如，在西安东十公里的灞水上有一座灞桥，它是该市东出的要道。据历史记载，王翦伐荆，秦始皇亲自送至灞上。唐人送客，多到灞桥，折柳赠别，黯然神伤，所以又名销魂桥。灞桥作为关中八景之一，与“送别”这个社会性因素有很大关系。

四、景观美的保护

由于自然力和人为因素对景观美的破坏很多，因此对景观美的保护就显得尤为重要。一些自然力如地震、山崩、台风等，对景观的破坏是难以抗拒的，但是大量的人类破坏景观美的活动却是可以通过各种方法和手段加以制止的。当然，人为破坏景观美，有的是直接的，如直接在建筑上乱涂乱画、直接向风景如画的水中排放污染物等；有的是间接的，即不直接破坏景观本身，而是间接破坏景观环境，如杭州西湖周边的高楼大厦就和西湖的自然秀美的环境极不协调，在庐山、泰山等一些著名山岳上兴建索道就是严重破坏自然景观美的行为等。对于这类行为，我们也应该加以制止。因此，景观美的保护，不仅要保护景观本身，更要保护好与景观有关的周边环境。

对于景观和景观美的保护，国际上是非常重视的。早在1972年，联合国教科文组织大会在巴黎通过《保护世界文化和自然遗产公约》。1977年，许多国家的建筑专家在智利的利马开会，并且在马丘比丘山古文化遗址签署了《马丘比丘宪章》，这是继1933年的《雅典宪章》之后的又一部对世界城市规划和建筑设计产生重大影响的文献。《马丘比丘宪章》特别对文物、历史遗迹等景观的保护作了重要规定。我国也制定了《中华人民共和国文物保护法》和《风景名胜区条例》等法律和法规。这些国际公约和法律法规对保护景观美，打击一切破坏景观的活动，是非常有效的。另外，为了保护景观和景观美，人们还要加强科学研究，用行之有效的方法对景观进行管理和修复，让景观美恢复其自然的或历史的原貌。例如，一些名胜古迹之所以可贵，就是因为它的自然的或历史的原貌已经在后代人的心目中定型化，改变它的原貌就会伤害大多数人的感情；一些湿地景观、森林景观和水域景观是一种自然的、接近原始的景观，如果因为城市扩张等原因而破坏这些原始景观，就是破坏了人类赖以生存的自然环境。因此，景观美的保护是一个系统工程，除了加强法制建设外，还要加强公民精神文明素质的培养，尤其要防止一些受经济利益、短期利益驱动的公民和团体大肆破坏景观美的行为。

五、景观美的创造

1. 美的创造的一般规律

美的创造是创造主体依据美的特性和规律自觉地从事美的生产与创造并发现和纳入审美对象的一种精神创造活动。由于美包含现实美（自然美与社会美）与艺术美，因此对美的创造规律的研究分为对现实美的创造规律的研究和对艺术美的创造规律的研究，而且人们常常把后者作为重点。艺术美是自然美的提炼和升华，是人类在长期的生产实践中体验与感悟社会的产物，是人类追求的一种理想。

艺术美的创造的特点有两点：

1）艺术美的创造是艺术思维的产物，而艺术思维是由形象思维、情感思维、抽象思维共同构成的思维，它的进程是直觉、灵感的产生与作用过程。艺术的直觉和灵感不是天生的，而是艺术家在不间断的、执着的艺术追求中培养和形成的。

2）艺术美的创造具有独创性。艺术美的创造的独创性直接孕育着艺术家各自不同的艺术风格。风格是艺术美的内容与形式有机统一的整体中显示出的创作主体的艺术个性或艺术产品中独特的艺术风貌与艺术格调。独创性是艺术作品的灵魂。

2. 景观美的创造原则

景观美的创造，应当遵循如下三个原则：

（1）整体性原则　景观美的创造，即建设一个新景观的问题。由于新景观不可能孤立存在，它必然是一定环境当中的一个景点或景区。因此，新景观的设计必须考虑两个问题：

第一，不能盲目选址，随意布景。景点或景区的确定应建立在充分调查研究的基础上。例如，旅游景点的保护和开发问题，要综合考虑到交通状况、游客活动范围、旅馆、停车空间和旅游承载力等因素；城市新建广场或公园的选址问题，要从城市绿地系统的整体布局出发，考虑到绿地的服务范围、服务人群和绿地周边的交通状况等因素。

第二，新景点必须与周围环境和谐统一。任何景点都是建在一定的环境之中的，新景点的建设绝不能破坏整体环境的美。因此，整体设计就显得尤为重要。

（2）现代性原则　美是有时代性的。车尔尼雪夫斯基说："每一代的美都是而且也应该是为那一代而存在的：它毫不破坏和谐，毫不违反那一代的美的要求……"任何新的景观，都是特定的时代的产物，因此，其必然要打上时代特点的烙印。欧洲中世纪的建筑就和古罗马的建筑风格不同。现代人建设新景观，要体现现代人的审美理想、审美趣味，要利用现代科技手段与新型建筑材料。

（3）形式美原则　景观是供人欣赏的，因此，在景观美的创造过程中，一定要遵循形式美的法则。形式美是相对内容美而言的，它是指客观事物的外部形态和外观装饰成分的美。色彩、线条、声音是构成形式美的基本物质材料。比例与匀称、对称与均衡、反复与节奏，是各种物质材料之间的组合关系的规律。如果就各种物质材料之间的组合关系来看，形式美的最基本规律就是多样统一。形式美既要求在多样中见统一，又要求在统一中见多样。

六、景观审美

景观作为客观存在的美的对象，时时处处都呈现于人们的审美视野中，人们通过对景观美的欣赏获得精神享受，然而，并非所有的人都能欣赏景观美。景观审美除了需要审美主体（欣赏者）具备一定的艺术修养和生活经验外，还需要审美主体具备适宜的审美心境和丰富的审美想象力，只有这样，审美主体才能获得强烈的愉悦感。

1. 审美心境

心境是指人的一切体验和活动都染上情绪色彩的、持续时间较长的一般情绪状态。一个人如果要进行审美活动，必须要有一个适宜的审美心境。马克思说："忧心忡忡的穷人甚至对最美丽的景色都没有什么感觉；贩卖矿物的商人只看到矿物的商业价值，而看不到矿物的美和特性"。众所周知，一个人有时高兴、顺心，有时忧伤、烦闷，这是人的正常的情绪变化，这样，在不同的情绪状态下，即使面对同一个审美对象，他也会做出相互抵触的审美判断。心境好时，对象显得美，心境不好时，对象显得丑。如此告诉人们，景观审美时一定要调整好自己的审美心境，如登黄山等山岳景观时，就不要抱怨山高路远和地形险要曲折，而要有一个良好的审美心境来欣赏沿途的美景。

2. 审美想象

想象是建立在记忆基础上的表象运动，是把有关表象加以连接的意识活动。在审美活动中，想象占有重要的位置。因为，任何欣赏活动都不是被动的行为，而是一种主动的参与。这种主动的参与活动，要求参与者有开阔的视野、活跃的思维、积极的态度，只有想象才能满足这个要求。对于一个没有想象力的人来说，面对杭州西湖美景，他是无法欣赏的：西湖不就是一片水吗？但在苏轼的眼里，西湖变成了美女西施，他写下了"欲把西湖比西子，淡妆浓抹总相宜"的诗句，这就是充分发挥了诗人想象力的结果。

审美想象有多种形式。初级形式是简单联想，可分为接近联想、类似联想和对比联想等；高级形式是再造性想象和创造性想象。对于景观美的欣赏，人们常常采用接近联想和类似联想。

由于时间和空间的接近，事物在经验中容易形成联系，当看到此事物而回想起彼事物时，就是接近联想；由于性质上和形状上的类似，当感知此物而联想起彼物时，就是类似联想。黄山的“梦笔生花”一景，山石挺立，其形如毛笔，笔尖指天，笔的顶端长着一棵松树，使人想起那是笔底生“花”。这就是因形状的类似而产生的类似联想。

3. 审美移情

情感作为一种心理因素，是主体与客体的关系的反映。在人们的体验中，主体与客体之间产生满足或阻碍满足的关系时，就出现了情感这一因素。在景观美的欣赏中，情感的“移植”（即“移情”）是一种经常出现的现象。审美移情是把主观的知觉和情感外射到客观对象上去，仿佛眼前的客观对象也有了感情。例如，辛弃疾在一首词中写道：“我见青山多妩媚，料青山见我应如是。情与貌，略相似。”这种物我相融的情况，就是一种移情现象。

在景观欣赏活动中，我们要善于向审美对象“移植”感情，这样，在我们的大脑里便会产生动人的景象，在情景交融之中，出现审美意境。意境的产生标志着审美已进入较高的境界。

4. 审美距离

审美要有距离，距离产生美。审美距离包括空间距离、时间距离、心理距离等。有些景观必须要在一定的空间距离之外欣赏。太近了，看得过于真切，不但觉察不到景观之美，有时还会产生危险。例如，火山的喷发就只能站在一定距离之外欣赏。若是与景观对象拉开一点空间距离，就有可能出现最佳欣赏点或最佳欣赏角度。黄山有个观瀑亭，就是欣赏紫云、朱砂两峰间的人字瀑的最佳距离和最佳角度。此外还有一种可能，由于拉开距离，对象的清晰度降低，这样就会产生朦胧美。

景观美的欣赏，还存在一个时间距离问题。如果我们每天都欣赏同一景点，每次都能有非常新鲜的审美感受么？未必。因为，不停地欣赏同一个景点有可能会造成美感的疲劳。因此，景观欣赏也要有一个适度的时间距离。

审美的心理距离是主体把审美对象孤立成一个美的形象去欣赏，而淡化了审美对象背后的实用感和功利感。例如海上起了大雾，这对于大多数人来说都是一种极为伤脑筋的事情，而有人居然饶有兴趣地欣赏起来，心理距离产生了。类似的例子如高速公路堵车，有人不气不恼，似乎淡忘了行程，而兴趣盎然地欣赏起周边的农田景观和山岳景观来。当然，心理距离的产生需要审美主体具备超凡的审美心境和淡化一切功利感的审美态度。

【实例解析】

［**例 1**］ 如图 2-7 所示，北京世园公园植物和装置结合，犹如绿色的过山车，蜿蜒曲折极具创意与美感。

［**例 2**］ 如图 2-8 所示，芝加哥千禧公园的大豆雕塑，镜面将周围的建筑、街道融为一体，极具美感又有趣。

图 2-7 北京世园公园植物和装置结合

图 2-8 芝加哥千禧公园的大豆雕塑

［例 3］　如图 2-9 所示，武汉城市天际线极具艺术感染力，是武汉的城市名片。

［例 4］　在一些居住区的景观环境中，人们运用色彩丰富、造型优美的景观雕塑（图 2-10）构成视觉焦点，成为居住区空间一道靓丽的风景线。

图 2-9　武汉城市天际线

图 2-10　居住区内的景观雕塑

［例 5］　古典园林景观颐和园的长廊（图 2-11）蜿蜒于万寿山南麓、昆明湖北岸，将如画的景区、景点串联一线，使湖与山之间的景色层次分明，有如系在昆明湖与万寿山之间的一条彩带。长廊共 273 间，全长 728m，中间建有象征春、夏、秋、冬的“留佳”“寄澜”“秋水”“清遥”四座八角重檐的亭子。长廊以排云门为中心，分为东西两段，在两边各有伸向湖岸的一段短廊，衔接着对鸥舫和鱼藻轩两座临水建筑。它的西部北面又有一段短廊，连接着一座八面三层的建筑，山色湖光共一楼。长廊的西部终端为石丈亭，从邀月门到石丈亭，沿途穿花透树，看山赏水，景随步移，美不胜收。颐和园的长廊在美学上体现了“千篇一律与千变万化”的结合。它的结构和装饰都是在变化中求统一，最明显的是廊内梁枋上的油漆彩画，共有 14000 多幅，但没有一幅是重复的，有《西游记》《三国演义》《水浒》等书中人物画和全国著名的风景画，都做了有秩序的相间的安排，随着长廊空间的变化，画的大小样式也相应变化，游人在长廊中一边漫步，一边欣赏，不时还可以坐下来休息，还可以眺望昆明湖的风光，使人乐而忘返。长廊的道路还存在着微妙的起伏与曲直的变化，但长廊在变化中又能保持统一，如廊内等距离的柱和枋，一纵一横，在廊的两侧和上方，有秩序地反复，形成一种轻快的节奏，通过柱与枋的透视关系，路面在远方融会在一起，使人产生一种柔和的音乐感。长廊的设计使人感到变化多样而又不杂乱。

图 2-11　颐和园的长廊体现多样统一规律

项目 3
景观元素的规划设计

项目导言与学习目标

项目导言

一般所指的景观元素，包括地形、景观植物、地面铺装、水景、景观建筑、景观设施与小品等，它们规划设计的成败是景观环境能否吸引大众的重要因素。因此，对景观元素进行综合研究，而不孤立地考察某个元素，是景观规划设计的重要内容。

知识目标

1. 了解各景观元素的内容及它们的设计特点。

2. 掌握各景观元素在景观环境中的相互关系。

3. 重点掌握山地的设计、植物意境的营造方法、乔木和灌木的设计、喷泉的设计、现代亭的设计、现代雕塑的设计方法等。

能力目标

1. 图 3-1、图 3-2 为苏州古典园林——留园的局部景观实景，请任选一处实景，分析其景观元素组成并指出其设计特点。

图 3-1 苏州园林——留园（一）

图 3-2 苏州园林——留园（二）

2. 图 3-3、图 3-4 为武汉解放公园局部景观设计实景，请任选一个实景，分析其景观元素组成并指出其设计特点。

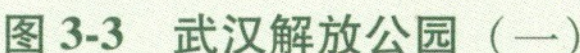

图 3-3　武汉解放公园（一）

图 3-4　武汉解放公园（二）

3. 图 3-5 为某小环境的概念设计图，请根据这个概念图绘制设计草图，要求用两种不同的设计构思。

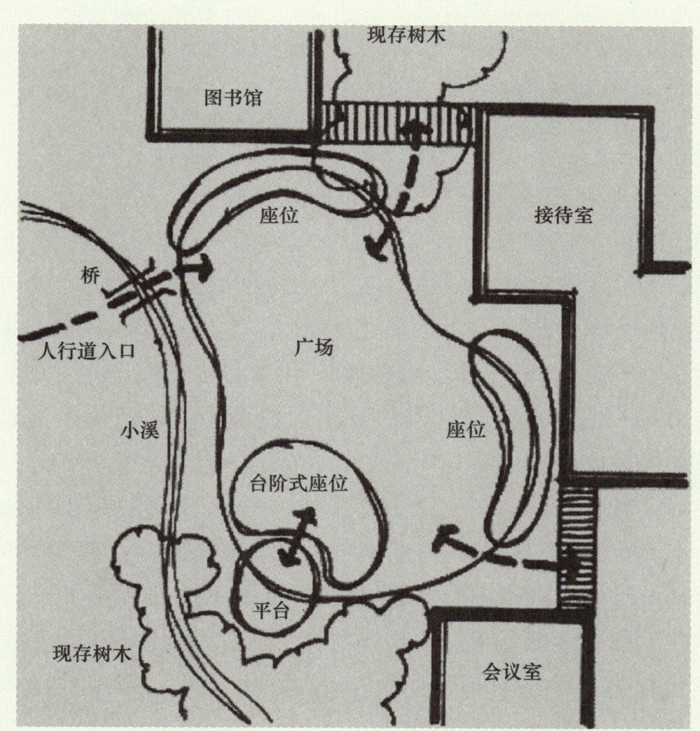

图 3-5　某小环境的概念设计图

4. 参观附近某一处景观园林，选取有代表性的几个局部景点（区）进行分析，指出其景观元素的设计特点及它们之间的协调关系。

素质目标

1. 通过某处景观实地考察，提高学生团队合作精神，培养学生分析问题和解决问题的能力。
2. 通过完成某景观环境中的景观元素设计，培养学生独立学习、分析总结和提升完善的能力。

任务1 地形设计

地形设计

任务描述：通过任务的完成，能合理分析景观环境中的地形设计。

任务目标：能合理分析景观环境中的地形设计，能合理设计景观环境中的地形。

【工作任务】

参观某处景观环境，对其地形的设计特点加以分析，并且分析地形与其他元素之间的关系。

【理论知识】

景观地形设计是景观总体设计的主要内容，重视地形设计是丰富景观空间层次的重要手法之一。

一、地形设计的概念及地形的功能

1. 地形设计的概念

（1）地形　地形是指地势高低起伏的变化，即地表的形态，如山脉、丘陵、河流、湖泊、海滨、沼泽等均归属之。以图形表示，也就是用等高线绘制出地形图。地形分为大地形、小地形和微地形三种。山脉、草原、河流、湖泊等起伏较大的地形属于大地形；丘陵、沼泽、水池等起伏较小的地形属于小地形；起伏微小的地形称为微地形。在自然景观环境中，大地形和小地形是主要景观形态；在人工景观环境中，微地形是主要景观形态，如在城市景观设计中常以人工堆山理水形成微地形的变化。

（2）地貌　地貌是和地形紧密联系而又有一定区别的概念。如前所述，地形即外部环境的地表形态，而这些地表形态是如何形成的？山岳为什么高耸？河流为什么弯曲？湖岸线为什么是平直的？这些问题都不是通过单纯地观察地表形态能够回答的，而必须进一步研究高山和低山内在的岩石特征和差异，或者研究地质构造有无控制等问题。湖岸的平直，要看是否因为有巨大的断层通过所致；河流的弯曲，要看是否因为在流域范围内有软硬不同的岩层控制所致。总之，我们研究了地表形态的差异原因或成因以后，才能解答这些问题，这就是地貌的具体内容。所以，地貌是在地形的基础上再深入一步探究地表形态的差异和成因的科学。

（3）地形设计　对地表高低起伏的形态进行人工的重新布局称为景观的地形设计。例如，地形骨架的塑造，山水的布局，峰、峦、坡、河、湖、泉、瀑等小地形的设置，以及它们之间的相对位置、高低、大小、比例、尺度、外观形态、坡度的控制和高程关系等都要通过地形设计来解决。地形设计是竖向设计的一项主要内容。

2. 地形的功能

（1）构成景观骨架　地形被认为是构成任何景观的基本骨架，是其他设计元素布局的基础。例如，地形平坦的景观用地有条件开辟大面积的水体，因此，其基本景观往往就是以水面形象为主的景观；地形起伏大的山地，由于条件所限，其基本景观就不会是广阔的水体景观，而是突兀的峰石和莽莽的山林。

（2）形成和限定空间　首先，地形具有构成不同形状、不同特点的景观空间的作用。景观空间的形成是由地形因素直接制约的。地块的平面形状如何，景观空间在水平方向上的形状也就如何；地块在竖向上有什么变化，空间的立面形式也就会发生相应的变化。其次，地形是最常见的划分和限定空间的介质（图 3-6）。例如，山丘顶上的开敞空间、俯瞰空间，山谷之间的较为封闭的空间、洞穴空间等；一条河的横亘使空间分为两个部分，彼此之间可以俯瞰，却不易通达；一个小的池塘可以形成空间围合的核心等。因此，地形对景观空间的形状起决定性作用。

图 3-6　山体和建筑、植物划分多重空间

（3）美学功能　地形对任何规模景观的韵律和美学特征都有着直接的影响。一方面，自然山水地形本身就是自然景观的重要组成部分；另一方面，在景观设计中，人们可以根据造景需要适当地改变地形，或者因地制宜加以修整和利用，从而改变和丰富景观空间。地形的美学作用主要体现在后者。例如，意大利的台地式景观园林，其整个景观建造在一系列界限分明、高程不同的台地上，从高处往低处看，景观层次清晰，构成了引人入胜的画面。

（4）实用功能　地形的实用功能体现在多个方面。一是利用地形排水。人们在进行地形设计时要创造一定的地形起伏，使地形具有良好的自然排水条件。二是利用地形创造小气候条件。地形能影响局部地区的光照、风向及降水量。三是指一些地形因素对景观管线工程的布置、施工和建筑、道路的基础施工都存在着不同的影响。地形的坡度、山谷和山脉的构造、地形的特征都会影响不同景观功能和土地用途的确定和组织。每一种地形的利用，都有一个供其充分发挥作用的最佳坡度条件，这种条件可建议具有某种功能的景观应不应该置于此处。

二、地形设计的原则与要求

1. 地形设计的原则

地形是人性化风景的艺术概括。不同的地形、地貌反映出不同的景观特征，它影响其他景观要素的布局与景观风格。有了良好的地形地貌，才有可能产生良好的景观效果。因此，地形设计应遵循两个基本原则。

（1）因地制宜，顺其自然的原则　在进行地形设计时，应在充分利用原有地形地貌的基础上，进行适当的地形改造，应顺应自然，宜山则山、宜水则水，布景做到因地制宜、得景随形。以此为基础，在进行地表塑造时，要根据景观分区和功能特点处理地形。例如，游人集中的地方和体育活动场所则需要地势平坦；划船、游泳的地方则需要有河流湖泊；登高眺望的地方则需要有高地山岗；文娱活动的地方则需要有很多室内、室外活动场所；安静休息和游览赏景的地方则需要有山林溪流、花涧石畔、疏梅竹影等。

地形设计中的因地制宜原则是景观设计的基本精神之一，即人与自然的和谐相处。相反，大规模的地形改造则违背了此种精神，它也会产生过大的工程量，要求过高的人力和资源投入，因此是不可取的。即使是进行适当的地形改造，也有必要注意土方的平衡，即开挖的土方量和回填的土方量基本持衡，这样可以使砂石土壤基本在原地腾挪，而不需要从另外的地方大量采挖泥土，或者产生大量的废弃土石。

（2）地形与其他景观要素相结合的原则　景观空间是一个综合性的环境空间，它不仅是一个艺术空间，同时也是一个生活空间，可行、可赏、可游、可居是景观设计所追求的基本理想。地形从来就不是孤立存在的，它总是与景观要素中的水体、建筑、道路、植物等结合在一起。因此，景观设计的实质就是在地形骨架上合理布局上述景观要素及协调它们之间的比例关系。当然在不同设计风格和功能要求下，这种布局和比例关系会有很大的差别。但不论古典景观还是现代景观，其设计目的都是为改善环境、美化环境，使周围空间尽量趋于自然化。

2. 各类景观用地的设计要求

（1）平地　景观中所指的平地实际上是具有一定坡度的缓坡地，其坡度一般在 5%以下，以利排水，绝对平坦的地形是没有的。景观中的平地大致有草地、集散广场、交通广场、建筑用地等。景观中保持一定比例的平地是很有必要的，可以用来接纳和疏散人群、组织各种文体活动、供游人游览和休息、造成开朗景观等。

（2）坡地　坡地一般与山地、丘陵或水体并存。其坡向和坡度大小视土壤、植被、铺装、工程措施、使用性质及其他地形地物因素而定。坡地的高程变化和明显的方向性（朝向）使其在景观用地中具有广泛的用途和设计灵活性，如用于种植，提供界面、视线和视点，塑造多级平台、围合空间等。

坡地根据坡度的大小可分为缓坡地、中坡地、陡坡地、急坡地及悬崖和陡坎等。

1）缓坡地。坡度为 3%~10%（坡角为 2°~6°）的坡地属于缓坡地。缓坡地可作为人们活动场地和种植用地，并且道路、建筑布局均不受地形约束。例如，篮球场应设计 3%~5%的坡度，疏林草地可取 3%~6%的坡度等。

2）中坡地。坡度为 10%~25%（坡角为 6°~14°）的坡地属于中坡地。在中坡地上，建筑群布置受限制。例如，若不通行车辆，则要设台阶或平台，以增加舒适性和平立面变化。

3）陡坡地。坡度为 25%~50%（坡角为 14°~26°）的坡地属于陡坡地。陡坡多位于山地处，作为活动场地比较困难，一般作为种植用地。25%~30%的坡度可种植草坪，25%~50%的坡度可种植树木。

4）急坡地。坡度为 50%~100%（坡角为 26°~45°）的坡地属于急坡地。急坡地多位于土石结合的山地处，一般用作种植林坡，其上的道路一般需曲折盘旋而上，建筑需作特殊处理。

5）悬崖、陡坎。坡度为 100%，坡角在 45°以上的坡地称为悬崖或陡坎。在悬崖上种植时，需采取特殊措施（如挖鱼鳞坑、修树池等）来保持水土和涵养水源。悬崖上的道路及梯道布置均困难，工程投资大。

（3）山地　山地是地形设计的核心，它直接影响到景观空间的组织、景物的安排、天际线的变化和土方工程量等。景观环境中的山地除自然界的真山以外，大多是利用原有地形经适当改造而成的“假山”。因此，景观环境中的假山营造才是山地设计的重点。

1）假山的特点。假山是相对于真山而言的，是以造景游览为主要目的，以土、石等为材料，以自然山水为蓝本加以艺术的提炼和夸张，创造而成的可观可游的人工景观。它与自然界中的真山相比，体量不大，然而却有山石嶙峋、植被苍翠的特征，一样会使人很自然地联想起深山幽林、奇峰怪石等自然景观，体验到自然山水之意趣。

2）假山的类型。按营造假山的材料来分，假山有土山、石山、土石山三类。土山全部用土堆积而成，但一般不能堆得太高、太陡。若山体较高时，则占地面积较大，并且造型困难，艺术效果差。石山全部用岩石堆叠而成，由于堆叠的手法不同，可以形成峥嵘、妩媚、玲珑、顽拙等多变景观。土石山以土为主体结构，表面再加以点石堆砌而成。

景观中的山地多为土山，山地主要是指土山。

3）假山的设计要点。这里所指的假山设计主要是指土山的设计。

① 未山先麓，陡缓相间。山脚应缓慢升高，坡度要陡缓相间，山体表面是凸凹不平状，变化自然。

② 逶迤连绵，顺乎自然。山脊线呈“之”字形走向，曲折有致，起伏有度，忌对称布局。

③ 主次分明，互相呼应。主山宜高耸、宽厚，体量较大，变化较多；客山需奔放拱伏，呈余脉延伸之势。主山和次山的比例要协调，关系要呼应，注意整体组合，忌孤山一座。

④ 左急右缓，收放自如。山体坡面应有急有缓，一般朝阳面和面向游人的坡面较缓，地形较为复杂；朝阴面和背向游人的坡面较陡，地形较为简单。

⑤ 丘陵相伴，虚实相生。山脚轮廓线应曲折圆润，柔顺自然。山臃必虚其腹，壑最宜幽深，这样才能丰富空间。

（4）丘陵　丘陵的坡度一般为 10%～25%，通常不需要工程措施加固，高度也多在 1～3m 之间变化，在人的视平线高度上下浮动。丘陵在地形设计中可视作土山的余脉、主山的配景、平地的外缘。

（5）水体　水体设计是地形设计的主要内容之一。这部分内容在本项目中会专门讲述，这里就不赘述了。

【实例解析】

不同的地形，景观设计方法不同（图 3-7～图 3-9）。

图 3-7　平地上的开阔景观

图 3-8　水岸边缓坡草坪景观

图 3-9　陡坡地的植物造景

任务2 景观植物设计

任务描述：通过任务的完成，能合理分析景观环境中的植物景观设计。

任务目标：能合理分析景观环境中的植物景观设计，能合理设计景观环境中的植物景观。

【工作任务】

参观某处景观环境，对其中的植物景观的设计特点加以分析。

【理论知识】

在户外环境的布局与设计中，植物是一个极其重要的素材，它不仅能使户外环境充满生机和美感，而且具有一些功能性作用，如净化空气、吸收有害气体、调节和改善小气候、吸滞烟尘及粉尘、降低噪声等。因此，加强景观植物的设计是营造自然、生态的景观环境的最主要手段。

一、植物的类型与特点

植物的分类体系很多，一般按生长习性和观赏特性来分有以下六种：

1. 乔木

乔木是指树体高在5m以上，有明显主干（3m），分枝点距地面较高的树木。乔木可分为四类：

植物的类型及特点

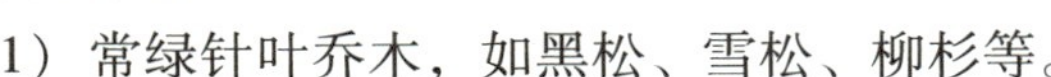

1）常绿针叶乔木，如黑松、雪松、柳杉等。

2）落叶针叶乔木，如金钱松、水杉、水松等。

3）常绿阔叶乔木，如樟树、榕树、冬青等。

4）落叶阔叶乔木，如槐树、毛白杨、七叶树等。

各种类型的乔木在自然界的分布都取决于生长季节的长短和水分的供应情况。乔木的形态因土地、地形的不同而表现出极大的差异。在景观植物中，乔木以其冠大荫浓、形态优美而深受人们的喜爱。

2. 灌木

灌木是指树体低矮，通常在5m以下，没有明显的主干，多数呈丛生状或分枝点较低的植物，如南天竹、月季、大叶黄杨、海桐等。灌木按其在景观中的造景功能，通常分为以下四种类型：

1）观花类灌木，如栀子、迎春、木槿、茉莉、山茶、含笑、红花继木等。

2）观果类灌木，如南天竹、火棘、金橘、十大功劳、枸棘、黑果绣球等。

3）观叶类灌木，如大（小）叶黄杨、金叶女贞、紫叶小檗、中华蚊母树、卫矛等。

4）观枝干类灌木，如红瑞木、棣棠等。

灌木在景观植物中属于中间层，起着乔木与地被、建筑物与地面之间的连接与过渡作用，其平均高度基本与人平视高度一致，极易形成视觉焦点，在景观营造中具有极其重要的作用。它既可构成整体景观，又可与乔木、草坪或地被植物结合配置，形成丰富的景观层次，还可与其他景观元素相结合和联系，增强环境的协调感。

3. 花卉

这里所指的花卉是狭义的概念，即仅指草本的观花植物，或者可称为草本花卉。它的特征是没有主茎，或虽有主茎但不具木质或仅基部木质化。花卉按其生育期长短的不同，可分为以下三种类型：

1）一年生花卉，其生活期在一年以内，当年播种，当年开发、结实，当年死亡，如一串红、刺茄、半支莲（细叶马齿苋）等。

2）二年生花卉，其生活期跨越两个年份，一般是在秋季播种，到第二年春夏开花、结实直至死亡，如金鱼草、金盏花、三色堇等。

3）多年生花卉，其生活期在二年以上，它们的共同特征是都有永久性的地下部分（地下根、地下茎），常年不死。但它们的地上部分（茎、叶）却存在着两种类型：有的地上部分能保持终年常绿，如文竹、四季海棠、虎皮掌等；有的地上部分是每年春季萌生新芽，长成植株，到冬季枯死，如美人蕉、大丽花、鸢尾、玉簪、晚香玉等。

花卉按其生物学特征，还可以有多种分类方法，如喜阳性与耐阴性花卉；耐寒性和喜温性花卉；长日照、短日照和中性花卉；水生、旱生和润土类花卉等。花卉以其艳丽丰富的色彩常成为景观绿地的重点。

4. 草坪与地被植物

草坪是指有一定设计、建造结构和使用目的的人工建植的草本植物形成的坪状草地。草坪在现代景观绿地中应用广泛，它不仅能供人们观赏、休闲、游乐和从事一些体育运动，还能有效地防止水土流失和杀灭细菌、滞尘等。形成草坪最直接的材料就是草坪草，草坪草一般按生态学特征分为两类：

1）暖季型草坪草，其主要特点是耐热不耐寒，适合我国南方种植，如地毯草、中华结缕草、天堂草、野牛草、狗牙根等。

2）冷季型草坪草，其主要特点是耐寒不耐热，适合我国北方种植，不过现在我国南方很多地区已开始大量引种繁殖，如高羊茅、草地早熟禾、黑麦草等。

地被植物是指自然生长的高度较低，枝叶密集，具有较强的扩展能力，能很快覆盖地面的植物群体。草坪植物实际属于广义的地被植物，但因其在景观规划设计中的重要性，故单独划出。地被植物种类很多，养护简单，不需要经常修剪，是林下空地和架空层等处绿化的主要材料，也适用于大面积裸露的平地或坡地。常见的地被植物有麦冬、石菖蒲、葱兰、八角金盘、二月兰、马蹄金、三叶草等。

5. 藤本植物

藤本植物也称为攀缘植物，是指本身不能直立生长，要靠附属器官缠绕或攀附他物向上生长的植物，如牵牛花、紫藤、葡萄、常春藤、凌霄等。在景观绿化设计中，藤本植物是垂直绿化的主要植物材料。它具有以下三方面的特点：

（1）用途多样　藤本植物能随建筑物的形体而攀缘生长。藤本植物可以绿化墙面、阳台和屋顶，装饰灯柱、栅栏、亭、廊、花架和出入口等，还能遮蔽不悦建筑物，起到改善和美化环境的作用。

（2）占地少　藤本植物因依附在建筑物或垂直的支架上生长，因此占地很少。在人口较多、建筑密度大、绿化用地不足的城市中，藤本绿化的这一优越性尤为突出。

（3）繁殖容易　藤本植物生长速度快，管理简便，费用低。有些藤本植物当年播种，当年发挥效益；有些藤本植物可以用扦插、压条等方法繁殖，易于生根，有的一年可繁殖数次，能在较短的时间里提高绿化水平。

6. 水生植物

水生植物是指那些能够长期在水中、水边潮湿环境正常生长的植物，包括完全沉浸在水里、漂浮在水面上及生长在水边的植物。它对水体具有净化作用，并且使水面变得生动活泼，增强水景的美感。常见的水生植物有荷花、睡莲、菖蒲、王莲、凤眼莲等。

二、景观植物设计原则

景观植物设计也称为植物造景，是指应用乔木、灌木、藤本及草本植物来创造景观，充分发挥植物本身形体、线条、色彩等自然美，配置成一幅幅美丽动人的画面供人们观赏。如前所述，植物是景观元素的重要组成部分，它不但能构成空间、引导空间、美化空间，而且作为唯一具有生命力特征的景观元素，能使景观空间体现生命的活力，富于四季的变化。

完美的植物景观设计必须具备科学性与艺术性两个方面的高度统一，既满足植物与环境在生态适应性上的统一，又要通过艺术构图原理体现出植物个体及群体的形式美及人们在欣赏时所产生的意境美。

1. 景观植物设计的科学性

（1）适地适树原则的应用　适地适树是指在选择具体的植物种类时，要根据当地的土壤、气候等环境条件选择适宜当地栽培的植物和树木类型。在这种原则的指导下，植物造景要多选用本地植物种类和品种来体现地方特色，而不是盲目地引种栽培一些不适应当地环境条件的植物，要防止外来植物的不适性而造成的景观功能损失。

（2）因地制宜、以人为本原则的贯彻　景观植物设计必须依据具体的环境条件进行设计，充分发挥各景观植物的优势，因地制宜地创造景观。同时，植物景观设计是为使用者的需求而考虑的，所以首先应满足使用者最根本的需求，并且在各种空间、色彩和尺度等方面来突出主题的人性化。例如，我国南方地区夏季比较炎热，在这些地区进行植物景观设计时，要充分考虑到大众夏季遮阴的要求；在大学校园进行植物景观设计时，要考虑为学生营造一个优雅的学习和生活环境，而且符合大学生的心理和生理特点。这样的设计才是科学的、人性化的。

2. 景观植物设计的艺术性

（1）艺术原理的应用　景观植物设计同样遵循绘画艺术和造景艺术的基本原理，即统一、调和、均衡、节奏与韵律四大原则。

1）统一的原则。统一原则也称为多样统一原则。景观植物设计时，树形、色彩、线条、质地及比例都要有一定的差异和变化，显示多样性，但又要使它们之间保持一定的相似性，产生统一感。这样既生动活泼，又和谐统一。变化太多，整体就会显得杂乱无章，甚至一些局部景观会支离破碎，失去美感；但平铺直叙，没有变化，又显得单调呆板。因此，要掌握在统一中求变化，在变化中求统一的原则。例如，在进行一个大学校园的树种规划时，要区分基调树种、骨干树种和一般树种。基调树种种类少，但数量大，形成该校园的基调及特色，起到统一作用；一般树种种类要多，每种数量要少，五彩缤纷，达到变化的效果。再如，进行南方某地一高档住宅小区的树种规划时，以竹类为主，取“宁可食无肉，不可居无竹”之意，众多的竹种均统一在相似的竹叶及竹竿的形状及线条中，但是丛生竹与散生竹有聚有散，高大的毛竹、钓鱼慈竹或麻竹等与低矮的箬竹则高低错落，龟甲竹、人面竹、方竹、佛肚竹则节间形状各异。这些竹种经巧妙配置，很能说明统一中求变化的原则。

2）调和的原则。调和原则也称为调和对比原则。植物景观设计时要注意相互联系与配合，体现调和的原则，使其具有柔和、平静、舒适和愉悦的美感。找出植物间的近似性和一致性，配置在一起才能产生协调感。相反，植物间的差异和变化可产生对比的效果，具有强烈的刺激感，给人一种兴奋、热烈和奔放的感受。因此，在植物景观设计中常用对比的手法来突出主题或引人注目。

3）均衡的原则。均衡是植物配置时的一种布局方法。将体量、质地各异的植物种类按均衡的原则配置，景观就显得稳定、顺眼。根据周围环境，植物在配置时有规则式均衡（图3-10）和自然式均衡（图3-11）两种。规则式均衡常用于规则式建筑及庄严的陵园或雄伟的皇家园林景观中，自然式均衡常用于花园、公园、植物园、风景名胜区等较自然的景观环境中。

图 3-10　植物配置的规则式均衡

图 3-11　植物配置的自然式均衡

4）节奏与韵律的原则。节奏产生于人本身的生理活动，如心跳、呼吸、步行等。在植物和建筑中，节奏就是景物简单地反复连续出现，通过时间的运动而产生美感，如大小相似的行道树、整形修剪的树木（图 3-12）等；而韵律则是节奏的深化，是有规律但又自由地抑扬起伏变化，从而产生富于感情色彩的律动感，如自然山峰的起伏线、人工植物群落的林冠线（图 3-13）等。在景观设计中，点、线、面、体、色彩、质感等许多要素可形成一个共同的韵律。利用韵律手法易于看到作品的全貌，易于理解作品，可使作品的诸要素得到调和，表现出一定的情趣和速度，赋予作品以生气活泼感，使作品产生回味。

图 3-12　武汉解放大道法国梧桐行道树具有强烈的节奏感

图 3-13　纽约中央公园内植物的抑扬起伏变化富有韵律感

（2）景观植物的意境美　意境是中国古代美学思想的核心。“意”，即意念、思想；“境”，即境界。因此，景观植物的意境美是指通过景观植物的营造来表达设计者的某种思想感情。中国历史悠久，文化灿烂，很多古代诗歌及民众习俗中都留下了赋予植物人格化的优美篇章。从欣赏景观植物的形态美到欣赏景观植物的意境美是欣赏水平的升华，不但含义深邃，而且达到了天人合一的境界。

我国传统文化中松、竹、梅被称为岁寒三友，因为人们将这三种植物视作具有共同的品格。松苍劲古雅，不畏霜雪风寒的恶劣环境，具有坚贞不屈、高风亮节的品格，因此常配置于烈士陵园中，纪念革命先烈。竹是中国文人最喜爱的植物，“未出土时先有节，便凌云去也无心”，因此，竹被视作最有气节的君子，景观中如“竹径通幽”最为常用。梅花更是广大中国人喜爱的植物。陆游词中“无意苦争春，一任群芳妒”，赞赏梅花朴实无华、不慕虚荣、与世无争、胸怀坦荡的情操，“零落成泥碾作尘，只有香如故”表示其自尊自爱、高洁清雅的情操。北宋林和靖诗中“疏影横斜水清浅，暗香浮动月黄昏”是最雅致的配置方式。此外，梅兰竹菊四君子中，兰花被认为最雅。清代诗人郑燮有诗曰：“兰草已成行，山中意味长。坚贞还自抱，何事斗群芳?”兰花被认为绿叶幽茂，柔条独秀，无娇柔之态，无妩媚之意。其香最纯正，幽香清远，馥郁袭衣，堪称清香淡雅。菊花也被世人赞赏为具有不畏恶劣环境的君子品格，陈毅有诗曰：“秋菊能傲霜，风霜重重恶，本性能耐寒，风霜其奈何”。荷花被视作“出淤泥而不染，濯清涟而不妖”。桂花在李清照心中更为高雅。“暗淡轻黄体性柔，情疏迹远只香留，何须浅碧深红色，自是花中第一流。梅定妒，菊应羞，画阑开处冠中秋，骚人可煞无情思，何事当年不见收。”连千古高雅绝冠的梅花也为之生妒，隐逸高雅的菊花也为之含羞，可见桂花有多高贵。此外，桃花在民间象征幸福、交好运；翠柳依依，表示惜别及报春；桑和梓表示家乡等。凡此种种，不胜枚举。

三、各类景观植物设计方法

景观植物设计方法

1. 乔木的配置方式

在景观植物设计中，乔木体量大，占据景观绿化的最大空间，因此，乔木树种的选择及其配置方式反映了一个城市或地区植物景观的整体形象和风貌，是植物景观营造首先要考虑的因素。

根据乔木在景观中的应用目的，其种植配置大体分为孤植、对植、列植、丛植、群植等几种方式。

（1）孤植　孤植一般是指乔木或灌木的单株种植类型，它是中西景观中广为采用的一种自然式种植形式（图 3-14）。但有时为构图需要，同一树种的树木紧密地种在一起，以形成一个单元，其远看和单株栽植的效果相同，这种情况还是属于孤植。

图 3-14　庭院中的孤植树

（2）对植和列植　对植是指两株或两丛相同或相似的树按照一定的轴线关系进行相互对称或均衡种植的方式。列植是对植的延伸，是指成行成带地种植树木。与孤植不同，对植和列植的树木不是主景，而是起衬托作用的配景（图 3-15）。

（3）丛植　将几株至一二十株同种类或相似种类的树种较为紧密地种植在一起，使其林冠线彼此密接而形成一个整体的外轮廓线，这种配置方式称为丛植。丛植形成的树丛有较强的整体感（图 3-16），个体也要在统一的构图之中表现其个体美，所以，丛植树种选择的条件与孤植树类似，必须挑选在树形、树姿、色彩等方面有特殊价值的种类。

图 3-15 树木的列植起衬托作用

图 3-16 丛植形成的树丛有较强的整体感

（4）群植　由二三十株至数百株的乔木、灌木成群配置的方式称为群植，形成的群体称为树群。树群可由单一树种组成，也可由数个树种组成。一些大的树群能形成群落景观，具有极高的观赏价值，同时这些大的树群对城市环境质量的改善有巨大的生态作用，是今后景观营造的发展趋势。

2. 灌木在景观中的应用

灌木在植物群落中属于中间层，起着乔木与地被、建筑物与地面之间的连贯和过渡作用，其平均高度基本与人平视高度一致，极易形成视觉焦点，在景观植物营造中具有极其重要的作用。灌木种类繁多，既有观花的，也有观叶、观果的，更有花果或果叶兼美者。因此，灌木可以增添季节特色，容易引起人们的注意，整形修剪的灌木能形成强烈的韵律和节奏感（图 3-17）。灌木可与其他植物结合配置，如灌木与乔木树种配置能丰富景观的层次感，创造优美的林缘线，同时还能提高植物群体的生态效益；灌木与草坪或地被植物一起配置，可以克服色彩上的单调感，起到相互衬托的作用（图 3-18）。灌木可与其他景观要素相配合和联系，增强环境的协调感。灌木通过点缀、烘托，可以使主景的特色更加突出，假山、建筑、雕塑、凉亭都可以通过灌木的配置而显得更加生动。同时，景物与景物之间或景物与地面之间，由于形状、色彩、地位和功能上的差异，彼此孤立、缺乏联系，而灌木可使它们之间产生联系，获得协调。

图 3-17 整形修剪的灌木形成模纹图案

图 3-18 灌木与乔木、草坪搭配能丰富景观的层次感

3. 花卉在景观中的应用及配置

露地栽培的花卉是景观中应用最广的花卉种类，多以其丰富的色彩美化重点部位，形成很好的景

观。根据其应用布置方式，花卉种植大概可以分为以下五种形式：

（1）花坛　花坛是指在具有一定几何形轮廓植床内，种植多种不同色彩的观赏植物，以构成华丽色彩或精美图案的一种花卉种植类型，其主要是通过色彩或图案来表现植物的群体美，而不是植株的个体美（图3-19）。花坛具有装饰特性，在景观造景中常作为主景或配景（图3-20）。

图3-19　花坛表现植物的群体美

图3-20　北京国庆花坛

（2）花境　花境是指在长形带状且具有规则轮廓的种植床内采用自然式种植方式配置观赏植物的一种花卉种植类型，它主要表现景观植物本身特有的自然美，以及景观植物自然组合的群体美。在景观造景中，花境既可为主景，也可为配景。

（3）花丛和花群　花丛和花群的应用方式是将自然风景中野花散生于草坡的景观应用于城市景观，从而增加景观绿化的趣味性和观赏性。花丛和花群布置简单，应用灵活，株少为丛，丛连成群，繁简均宜。花丛和花群常布置于开阔的草坪周围或疏林中（图3-21），使林缘、树丛（树群）与草坪之间有一个联系的纽带和过渡的桥梁，其也可以布置在道路的转折处或点缀于院落之中，或者布置于河边、山坡、石旁，使景观生动自然（图3-22）。

（4）花台　花台是指将花卉栽植于高出地面的台座上的花卉种植方式，其类似花坛但面积较小。我国古典园林景观中这种应用方式较多，现在其多应用于庭院。一个花台内常只布置一种花卉。

图3-21　疏林花丛景观

图3-22　花群与灌木搭配使景观生动自然

（5）花钵　花钵可以说是活动花坛，它是随着现代化城市的发展及花卉种植施工手段的逐步完善而推出的花卉应用形式。从造型上看，花卉的种植钵有圆形、方形、高脚杯形及由数个种植钵拼组成的六角形、八角形、菱形等图案，也有木制的种植箱、花车、花船等形式，造型新颖别致、丰富多彩（图3-23；图3-24）。花钵主要摆放于广场、街道及建筑物前，施工简便，能够迅速形成景观，符合现代化城市发展的需要。

图 3-23　木制的种植箱

图 3-24　昆明世博园花船景观

4. 草坪与地被植物在景观中的配置及应用

草坪在景观中既可作为主景，也可作为基调的配置，还可与乔木、灌木、山石、水体、建筑等结合布置。例如，大型广场、街心绿地的四周和街道两旁，灰色硬质的建筑与铺装路面缺乏生机和活力，铺植优质草坪，可形成平坦的绿色景观，对广场、街道的美化装饰具有极大的作用（图 3-25）。

草坪作基调的配置时，如同绘画一样，草坪是画面的底色，而色彩艳丽、轮廓丰富、变化多样的树木、花卉、建筑、小品等，则是主角和主调，由于有了底色的对比与衬托，主调景观得到了统一的美感，景观效果明显增强。

地被植物与草坪植物一样，都可以覆盖地面，涵养水源，形成视觉景观。一些地被植物耐阴性强，可在密林下生长开花，故与乔木、灌木配置能形成立体的植物群落景观（图 3-26），既提高城市的绿化率，又能创造良好的自然环境。

图 3-25　某广场以开敞的草坪空间为主景

图 3-26　公园中的林下地被植物非常丰富

5. 藤本植物在景观中的应用

（1）棚架式绿化（图 3-27）　选择合适的材料和构件建造棚架，栽植藤本植物，以观花、观果为主要目的，兼具有遮阴功能，这是景观中最常见、结构造型最丰富的藤本植物景观营造方法。可用于棚架的植物材料有猕猴桃、葡萄、三叶木通、紫藤、野蔷薇、木香、炮仗花、丝瓜、观赏南瓜、观赏葫芦等。

（2）墙面绿化（图 3-28）　墙面绿化是指藤本植物通过诱引和固定爬上混凝土或砖制墙面，从而达到绿化和美化的效果。适合墙面绿化的藤本植物有地锦、凌霄、美国凌霄、常春卫矛、络石、常春藤、绿萝等。

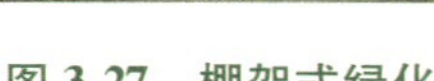

图 3-27　棚架式绿化

图 3-28　墙面绿化

6. 水生植物在景观中的应用

（1）水面的植物配置　景观中的水面包括湖面、水池的水面、河流的水面和小溪的水面等。水面具有开敞的空间效果，特别是面积较大的水面常给人空旷的感觉，这就需要用水生植物加以适当的点缀。水生植物可以增加水面的色彩，丰富水面的层次（图 3-29），使寂静的水面得到衬托和装饰，显得生机勃勃，并且植物产生的倒影使水面更富有情趣。适宜于布置水面的植物有荷花、睡莲、王莲、凤眼莲、萍蓬莲等。

（2）水体边缘的植物配置　水体边缘是水面和堤岸的分界线。水体边缘的植物配置既能对水面起到装饰作用，又能实现从水面到堤岸的自然过渡，尤其在自然水体景观中应用较多。水体边缘一般选用适宜在浅水中生长的植物（图 3-30），如荷花、菖蒲、千屈菜、水葱、风车草、芦苇、水蓼、水生鸢尾等。

图 3-29　水生植物可以丰富水面的层次

图 3-30　水体边缘选用适宜在浅水中生长的植物

【实例解析】

［例 1］　北京世界公园内整形修剪的植物景观（图 3-31），体现人工美，统一中求变化，丰富景观。

［例 2］　深圳大学城色块种植的植物景观（图 3-32），绿色与黄色的灌木整形修剪，形成色彩对比，整齐美观。

图 3-31　北京世界公园的植物景观——在统一中求变化

图 3-32　深圳大学城的植物景观——既协调又产生对比

［例 3］　如图 3-33 所示，旧金山九曲花街根据高差地形，因地制宜遍植绣球等各种花木，形成街区一道亮丽的风景线。

［例 4］　如图 3-34 所示，竹子形成的“竹径通幽”景观带人们进入绿色的世界。

图 3-33　旧金山九曲花街

图 3-34　“竹径通幽”景观

任务 3　地面铺装设计

任务描述：通过任务的完成，能合理分析景观环境中的地面铺装设计。

任务目标：能合理分析景观环境中的地面铺装设计，能合理设计景观环境中的地面铺装。

地面铺装设计

【工作任务】

参观某处景观环境，对其中的各种地面铺装样式加以分析。

【理论知识】

地面铺装是指用各种材料对地面进行铺砌装饰，它的范围包括道路、广场、活动场地、建筑地坪等。地面铺装作为景观空间的一个界面，与建筑、水体、绿化一样，是景观艺术创造的重要元素之一。

一、地面铺装的功能

1. 交通功能

交通功能是地面铺装的最基本的功能。首先，根据交通对象的要求和气象条件特征，设计师设计坚实、耐磨、抗滑的路面，保证车辆和行人安全、舒适地通行；其次，地面铺砌图案能给人以方向感，方向性是道路功能特性中很重要的部分；再次，地面铺装注重的是人们内心的需求，对人们的心理影响则是采用暗示的方式。人们对于不同色彩、不同质感的铺装材料，心理所受的暗示是不同的。地面铺装要利用这一点，采用不同的材质对不同的交通区间进行划分，加强空间的识别性，同时约束人们的行为，使人们自觉遵守各自领域的规则，引导人们各行其道。

2. 承载功能

人们在场地中进行的各种活动都少不了铺装作为载体。例如，一些居住区都建有小广场，一些公园中都有专门的活动场地，为大众提供活动、交往、休息的空间，满足大众户外活动的需求。一些铺装用地多与公共绿地结合，组成不同的功能分区。

3. 景观功能

地面铺装除了具有使用功能以外，还可以满足人们深层次的需求，为人们创造优雅舒适的景观环境，营造适宜交往的空间。例如，一些步行街道和公园游步道的铺装设计，采用人们司空见惯的混凝土或柏油铺装，也可以满足交通需求，但不会给人们留下太深的印象，也不会对整体环境有多大的改善，但采用精心设计的景观铺装后，就能丰富景观内容，提升环境品质。

4. 其他功能

例如，一些居住区中的儿童活动场地使用质地较软的铺装，可以起到保护的作用；一些活动场地中特别铺设的卵石道路具有保健功能；一些停车场所用的嵌草铺装可以提高绿化率。

二、地面铺装形式

地面铺装形式一般分为软质铺装和硬质铺装两种，后者按使用材料的不同又可以有多种分类。

1. 软质铺装

以灌木和草坪等软质材料进行地面铺装就是软质铺装（图 3-35）。软质铺装形式比较简单，但可创造出充满魅力的效果，它可以强化景观的统一性。

图 3-35　草坪是最常见的软质铺装材料

2. 硬质铺装

用硬质材料进行的地面铺装就是硬质铺装。硬质材料包括混凝土、沥青、石材、砖、卵石等，不同的材料有不同的质感和风格。硬质铺装根据所使用的硬质材料的不同又可以分为整体铺地、块料铺地、碎料铺地和综合铺地等。

（1）整体铺地　整体铺地是指用水泥混凝土或沥青混凝土进行地面铺装。它的特点是成本低、施工简单，铺筑的路面具有平整、耐压、耐磨等优点，缺点是较单调。这种铺装方法适用于通行车辆或人流集中的道路，如普通的街道、公路、停车场等。

（2）块料铺地　块料铺地是指用一些块材进行地面铺装。块材包括各种天然块材、预制混凝土块材和砖块材等。用天然块材铺装路面时常用的石料首推花岗岩，其次有玄武岩、石英岩等。这些块材一般价格较高，但坚固耐用。预制混凝土块材铺装路面具有防滑、施工简单、材料价格低廉、图案色彩丰富等优点，因此在现代景观铺地中被广泛使用。城市公园中的景观焦点处采用大块芝麻灰花岗岩结合条状彩色大理石，形成简洁生动的效果（图 3-36）。

图 3-36　点缀的色彩给简洁的广场铺装赋予活力

（3）碎料铺地　碎料铺地是指用卵石、碎瓷砖、碎大理石等拼砌的地面铺装，如图 3-37 所示。这种铺装形式主要适合于小区庭院、小游园和公园中的各种游步道，它经济、美观、富有装饰性。

图 3-37　园林中各类碎料铺地

(4) 综合铺地　综合铺地是指综合使用以上各种材料铺筑的地面，它的特点是图案纹样丰富，适合于各类人群的使用。

三、地面铺装艺术表现要素

地面铺装表现的形式多样，但万变不离其宗，其主要通过色彩、形状、质感和尺度四个要素的组合产生变化。

1. 色彩

地面铺装一般作为空间的背景，除特殊的情况外，很少成为主景，所以其色彩常以中性色为基调，以少量偏暖或偏冷的色彩作为装饰性花纹，做到稳定而不沉闷（图 3-38），鲜明而不俗气。如果色彩过于鲜艳，可能喧宾夺主而埋没主景，甚至造成景观杂乱无序。

图 3-38　铺装色彩稳定而不沉闷

色彩具有鲜明的个性，暖色调热烈、兴奋，冷色调优雅、明快；明朗的色调使人轻松愉快，灰暗的色调则更为沉稳宁静。铺地的色彩应与景观空间气氛协调，如儿童游戏场可使用色彩鲜艳的铺装，而休息场地则宜使用色彩素雅的铺装，灰暗的色调适宜肃穆的场所，但很容易造成沉闷的气氛，用时要特别小心。

根据色彩地理学的观点，地域和色彩是具有一定联系的，不同的地理环境造就了不同的色彩表现。因此，在铺装上可选取具有地域特性的色彩表现出有地方特色的景观。例如，澳门的城市铺地延续了地中海风情的传统特色，其市政厅广场地面采用黑白对比的色彩铺装，给人心灵以强烈的震撼。

2. 形状

铺装的形状是通过平面构成要素中的点、线和形得到表现的。点可以吸引人的视线，成为视觉焦点。在单纯的铺地上，分散布置跳跃的点形图案能够丰富视觉效果，给空间带来活力。线的运用比点效果更强，直线带来安定感，曲线具有流动感，折线和波浪线则具有起伏的动感。形本身就是一个图案，不同的形产生不同的心理感应。方形（包括长方形和正方形）整齐、规矩，具有安定感，方格状的铺装产生静止感，暗示着一个静态停留空间的存在；三角形零碎、尖锐，具有活泼感，如果将三角形进行有规律的组合，也可形成具有统一动势的有很强的指向作用的图案；圆形完美、柔润，是几何图形中最优美的图形，如在水边散铺圆块，会让人联想到水面波纹、水中荷叶等；一些景观中还常用一种仿自然纹理的不规则形，如乱石纹、冰裂纹等，使人联想到荒野、乡间，具有自然、朴素感。

在地面铺装的应用中，一般通过点、线、形的组合达到实际需要的效果。有规律排列的点、线和图形可产生强烈的节奏感和韵律感（图 3-39）。形状、大小相同的四边形反复出现的图案显示出有条理的韵律感；同心圆和放射线组成的古典图案，在产生韵律感的同时还具有极大的向心性。如果点、线、形的组合不遵循一定的规律而采用自由的形式，那么所形成的铺地就变化万千了。不同的铺装图案形成不同的空间感，或精致、或粗犷、或安宁、或热烈、或自然、或人工，对所处的环境产生强烈影响。现代园林中，铺装样式往往与现场的其他小品，如坐凳、雕塑等相呼应，形成整体景观（图 3-40）。景观铺地中有许多图案已成为约定俗成的符号，能让人产生种种联想，如波浪与海的联想，精致纹理与古典的联想，或者用类似河流的地坪铺装使人联想到水体等。

图 3-39　有规律排列的图形能产生强烈的节奏感

图 3-40　与树池、花朵雕塑相呼应的花瓣样式铺装

3. 质感

质感是由于材料质地的不同而给人的不同的感觉。自然面的石板表现出原始的粗犷质感，而光面的地砖透射出的是华丽的精致质感。不同的材料有不同的质感，同一材料也可以加工出不同的质感。利用质感不同的同种材料铺地，很容易在变化中求得统一，达到和谐一致的铺装效果。利用不同质感的材料组合，其产生的对比效果会使铺装显得生动活泼，尤其是自然材料与人工材料的搭配，往往能使城市中的人造景观体现出自然的氛围。

4. 尺度

铺装图案的尺寸与场地大小有密切的关系。大面积铺装应使用大尺度的图案，这有助于表现统一的整体大效果，如果图案太小，铺装会显得琐碎而小气（图 3-41）。

图 3-41　铺装图案的尺寸与场地大小协调

铺装材料的尺寸也影响到其使用。通常大尺寸的花岗岩、抛光砖等板材适宜大空间，而中、小尺寸的地砖和小尺寸的玻璃马赛克更适用于一些中、小型空间。但就形式意义而言，尺寸的大与小在美感上并没有多大的区别，并非越大越好，有时小尺寸材料铺装形成的肌理效果或拼缝图案往往能产生更多的形式趣味，或者利用小尺寸的铺装材料组合成大图案也可与大空间取得比例上的协调。

总之，地面铺装的艺术设计要综合考虑到色彩、形状、质感、尺度四个方面，这是仅就局部环境景观而言的，如果从整体环境景观来考虑的话，地面铺装设计应与地形、水体、植物、建筑物、场地及其他设施结合，形成完整的风景构图，创造出连续展示景观的空间或欣赏前方景物的透视线。地面铺装设计应主次分明、疏密有致、曲折有序，起到组织交通和游览的作用。

【实例解析】

［**例 1**］　武汉园博园中“荆楚门户”特色铺地体现了湖北荆楚文化（图 3-42）。

［**例 2**］　古典园林景观中的“五福捧寿”图案铺地具有传统吉祥寓意（图 3-43）。

图 3-42　武汉园博园荆楚文化特色铺装

图 3-43　古典园林景观中的“五福捧寿”铺地

［例 3］　如图 3-44 所示，碎料铺地色彩丰富，对空间起到点缀作用。

［例 4］　如图 3-45 所示，多种材料铺砌的地面中不同材料的色彩与形状形成对比与调和。

图 3-44　嵌草碎拼铺装庭院更具野趣

图 3-45　多种材料铺砌的地面更加丰富

任务 4　水景设计

水景设计

任务描述：通过任务的完成，能合理分析景观环境中的水景设计。

任务目标：能合理分析景观环境中的水景设计，能合理设计景观环境中的水景。

【工作任务】

参观某处景观环境，分析其中的各水景的设计手法。

【理论知识】

水是景观环境中最有灵性的要素。中国古代早就有“智者乐水”的说法，在现代景观环境中，水仍然是不可缺少的元素之一。水景的营造不仅有利于改善生态环境，而且水景是大众游乐和观赏的重要场所。现代水景的形式有很多，包括湖、池、瀑布、喷泉、跌水、溪涧等。

一、水景的类型与特点

一般按水流的状态，水景分为静态水景和动态水景两种。

1. 静态水景

静态水景是指景观中成片状汇集的水面，以湖、塘、池等形式出现，主要特点为安详、宁静、朴实、明朗。静态水景能开展水上活动，如游船、游泳、垂钓等；能种植水生植物，丰富环境气氛。

2. 动态水景

动态水景是指流水。流动的水具有活力和动感，令人振奋，其主要形式有溪、涧、喷泉、瀑布、跌水等。动态水景因其变化的水姿、潺潺的水声、丰富的水色而备受现代人喜爱。因此，营造形式各异的动态水景是现代水景设计的主流。

二、水景设计原则

1. 满足景观的功能性要求

水景的基本功能是供人观赏，同时，水景也有戏水、娱乐与健身的功能。随着水景在住宅小区领域的应用，人们已不仅仅满足于观赏要求，更需要亲水、戏水的感受。因此，设计中出现了各种戏水旱喷泉、涉水小溪、儿童戏水泳池及各种水力按摩池、气泡水池等，从而使景观水体与戏水娱乐、健身水体合二为一，丰富了景观的使用功能（图 3-46）。

图 3-46 芝加哥皇冠喷泉

水景还有小气候的调节功能。小溪、人工湖、各种喷泉都有降尘、净化空气及调节湿度的作用，尤其是它能明显增加环境中的负氧离子浓度，使人感到心情舒畅，具有一定的保健作用。水与空气接触的表面积越大，喷射的液滴颗粒越小，空气净化效果越明显，负氧离子产生的也越多。设计中可以酌情考虑上述功能进行方案优化。

2. 满足景观的整体性要求

水景是工程技术与艺术设计结合的产品，它可以是一个独立的作品。但是，一个好的水景作品必须要根据它所处的景观环境进行设计，并且要与景观建筑设计的风格协调统一。

如上所述，水景的形式有很多种，即使是同一种形式的水景，因配置不同的动力水泵又会形成大小、高低、急缓不同的水势。因而在设计中，要先研究景观环境的要素，从而确定水景的形式、形态、平面及立体尺度，实现与景观环境相协调，形成和谐的量、度关系，产生主景、辅景、近景、远景的丰富变化，这样才可能做出一个好的水景设计。

3. 满足景观的技术和经济性要求

水景最终的效果不是单靠艺术设计就能实现的，它必须依靠土建、给水排水、电气等专业具体的工程技术来保障，因此，每个方面都是很重要的。只有各个专业协调一致，才能达到最佳效果。

不同的景观水体、不同的造型、不同的水势所需的能量是不一样的，即它们的运行经济性是不同的。通过优化组合与搭配、动与静结合、按功能分组等措施都可以降低运行费用。

三、各类水景设计

1. 湖、池设计

湖、池有天然和人工两种。一般把面积较大的水域称为湖，把面积较小的水域称为池。天然湖、池一般呈不规则自然式，池岸有起有伏，高低错落。人工湖的设计也宜自然，因地制宜地布置。湖的面积过大时，为克服单调，人们常把水面用岛、洲、堤、桥等分隔成不同大小的水面，使水景丰富多彩。

人工水池的形状有规则几何形和不规则自然形两种，池岸分为土岸、石岸、混凝土岸等。在现代景观中，水池常结合喷泉、花坛、雕塑等布置，或者其中放养观赏鱼，并且配置水生植物等。

2. 瀑布设计

流水从高处突然落下而形成瀑布。瀑布可由五部分组成，即上流（水源）、落水口、瀑身、瀑潭、下流。瀑布有气势雄伟的动态美和悦耳动听的音响美，多出现在大型自然风景区。“飞流直下三千尺，疑是银河落九天”描写的是庐山瀑布，此外，著名的还有贵州黄果树瀑布、台湾蛟龙瀑布等。在城市环境中，人们常结合堆山叠石来创造小型人工瀑布。

瀑布根据下落方式可分为三类：

（1）直落式　水不间断地从一个高度落到另一个高度。

（2）叠落式　瀑布分层落下，一般分为 3~5 个不同的层次，每层稍有错落。

（3）散落式　水随山坡落下，常被山石将布身撕破，成为各种大小高低不等的分散形式，其水势并不汹，缓缓下流。

实际设计中可将上述三种类型任意组合。例如，先直落后散落，先叠落后直落，先叠落后散落等，变化灵活性很大。

3. 喷泉

喷泉是具有一定压力的水从喷头中喷出所形成的动态水景。喷泉通常由水池（旱喷泉无明水池）、管道系统、喷头、动力（泵）等部分组成，灯光喷泉还需有照明设备，音乐喷泉还需有音响设备等。在现代都市及景观中，喷泉应用广泛，其类型也多种多样。根据喷泉的组成及喷水型的不同，喷泉可分为多种类型：有明水池的喷泉称为水池喷泉，这是最常见的形式；无明水池且喷头等埋于地下的喷泉称为旱池喷泉；喷头置于自然水体之中的喷泉称为自然喷泉；还有如音乐喷泉，是将喷水水柱的变化结合彩色灯光和音乐节奏的变化，形成的一种声像多变的综合艺术；涌泉喷泉是喷泉的一种特殊的形式，就是从地面、石洞或水中涌出的水体，它虽不如一般喷泉变化丰富、形态优美，但却在空间中表现出幽静、深远的装饰效果；壁泉是现代景观中一种比较新颖的喷泉形式，即水从墙壁上流出。喷泉的形式还有很多，如与雕塑结合的喷泉、间歇式喷泉等。

喷泉发展到今天，已经成为一种独立而高雅的艺术。喷泉系统设计就是为喷泉立“意”。如果说立“意”是喷泉的灵魂，那么，运用先进的科学技术进行喷泉设计则是艺术的表现手段。

4. 跌水

跌水也称为叠水，是呈阶梯状连续落下的水体景观。中国传统景观中，常有三叠泉、五叠泉的形式，外国景观如意大利的庄园，更是普遍利用山坡地造成阶梯式的叠水效果。台阶有高有低，层次有多有少，构筑物的形式有规则式、自然式及其他形式，故产生形式不同、水量不同、水声各异的丰富多彩的跌水。跌水常用于广场、居住区等景观场所，经常与喷泉相结合。

5. 溪涧

溪涧是自然山涧中的一种水流形式，在城市景观中可根据“宛自天开”的原则营造人工溪涧。溪涧的一般特点是较长而弯曲，时宽时窄，两岸疏密有致地布置大小石块或栽植一些耐水湿性的蔓木和花草，极具自然野趣。人工溪涧要设计活水源头，常结合喷泉和跌水，或者用水车使水流动起来。溪涧一般设计得较浅，以方便游人戏水，而且溪涧的尾端要设计一片较大的水域，给人“百川汇入大海”的印象。

【实例解析】

［例 1］　如图 3-47 所示，自然式湖、池设计结合小岛，体现自然情趣。如图 3-48 所示，规则式湖、池体现人工美。

图 3-47　小岛分隔水面使水景丰富多彩

图 3-48　规则式喷泉水池结合花坛、雕塑布置

［例 2］　如图 3-49、图 3-50 和图 3-51 所示，瀑布根据下落方式可分为三类，每一类可营造不同的环境氛围。

图 3-49　人工直落式瀑布景观

图 3-50　叠落式瀑布景观

图 3-51　散落式瀑布景观——九寨沟珍珠滩瀑布

［**例 3**］　喷泉设计结合环境因地制宜，或气势磅礴（图 3-52），或灵动可爱（图 3-53）。

图 3-52　常见的水池喷泉

图 3-53　庭院中的小喷泉

［**例 4**］　跌水设计灵动壮观（图 3-54、图 3-55）。

图 3-54　人工跌水磅礴壮观

图 3-55　人工跌水自然灵动

［**例 5**］　如图 3-56、图 3-57 所示，溪涧设计体现野趣，创造“虽由人作，宛自天开”的自然山野景观。

图 3-56　溪流极具自然野趣

图 3-57　搭配动物摆件的庭院溪涧更生动有趣

任务5　景观建筑设计

景观建筑设计

任务描述：通过任务的完成，能合理分析景观环境中的景观建筑设计。

任务目标：能合理分析景观环境中的景观建筑设计，能合理设计景观环境中的景观建筑。

【工作任务】

参观某处景观环境，对其中的各景观建筑加以分析。根据给定的景观环境，设计1~2个景观建筑小品，绘制其平面图、主要立面图和效果图。

【理论知识】

景观建筑设计的主要内容分为两个方面：一方面是指景观环境中的小品建筑和构筑物，主要涉及以造景为目的的小建筑，如庭院内、街道旁、广场上的亭、廊、桥、碑、塔、门、墙等构筑物，这类景观建筑是塑造景观环境的重要方面；另一方面是指以景观为目的和能够体现景观效果的建筑设计和建筑与环境的整体配置与构建的设计规划。

一、亭

1. 亭的作用

“亭者，停也，所以停憩游行也。”亭是景观中最多见的眺览、休息、遮阳、避雨的点景和赏景建筑，不论在古典景观还是现代景观中，亭都被广泛运用。它具有丰富变化的屋顶形象，轻巧、空透的柱身，以及随机布置的基座，因而各式各样的亭悠然伫立，它们为自然山川添色，为景观添彩，起到其他景观建筑无法替代的作用。

2. 亭的类型

亭从其平面形状分为圆亭、方亭、三角亭、五角亭、六角亭、扇亭等；从其屋顶形式分为单檐、重檐、三重檐、攒尖顶、平顶、歇山顶、卷棚顶等；从其布设位置分为山亭、半山亭、水亭、桥亭及靠墙的半亭、在廊间的廊亭、在路中的路亭等。亭既可单独设置，也可组合成群。

3. 亭的位置选择

亭子位置的选择，一方面是为了观景，即供游人驻足休息、眺望景色；另一方面是为了点景，即点缀景观，具体位置选择应根据功能需要和环境地势来决定。总之，既要做到建亭之处有景可赏，又要做到亭的位置与环境协调统一。下面是建亭时经常选择的三种地形环境：

（1）山上建亭　山上建亭宜于远眺，特别是在山巅、山脊上，眺览的范围大、方向多，同时山上建亭还可为登山中的休憩提供一个好的环境。山上建亭不仅丰富了山体轮廓，使山更有生气，也为人们观赏山景提供了合宜的尺度。

（2）临水建亭　水边设亭，一方面是为了观赏水面的景色，另一方面也可丰富水景效果。水面设亭，一般应尽量贴近水面，宜低不宜高，突出水中为三面或四面水面所环绕。

（3）平地建亭　平地建亭，通常位于道路的岔口处，路侧的林荫之间，有时为一片花圃、草坪、湖石所环绕；或者位于厅、堂、室与建筑一侧，供户外活动之用。有的自然风景区在进入主要景区之前，在路边或路中建亭，作为一种标志和点缀。

4. 现代亭的特点

现代建筑中采用钢、混凝土、玻璃等新材料和新技术建亭，为建筑创作提供了更多的方便条件。因此，亭在造型上更为活泼自由，形式更为多样，其中包括各种平顶式亭、伞亭、蘑菇亭等；在布局上更多地考虑与周围环境的有机结合；在使用功能上除满足休息、观景和点景的要求外，还满足景观中其他多种需要，如作为图书阅览、摄影服务等之用。

二、廊

1. 廊的含义与作用

一般有顶的过道称为廊，在中国古典园林景观中是指供游人避风雨、遮太阳和游览、休息、赏景的长形建筑。它通常布置在两个建筑物或两个观赏点之间，成为空间联系和空间划分的一个重要手段。它不仅有交通联系的实用功能，而且对景观的展开起着重要的组织作用。

如果我们把整个景观作为一个“面”来看，那么，亭、榭、塔、轩、馆等建筑物在景观中可视作“点”；而廊、墙这类建筑则可视作“线”。通过这些“线”的联络，将各分散的“点”联系成一个有机的整体。

2. 中国廊的类型与特点

中国景观中常用的廊的结构有木结构、砖石结构、钢及混凝土结构、竹结构等。廊顶有坡顶、平顶和拱顶等。中国景观中廊的形式和设计手法丰富多样，其基本类型按结构形式可分为双面空廊、单面空廊、复廊、双层廊和单支柱廊五种；按廊的总体造型及其与地形、环境的关系可分为直廊、曲廊、回廊、抄手廊、爬山廊、叠落廊、水廊、桥廊等。

3. 外国廊的特点

廊在各国园林中都得到广泛应用。西方古典园林中廊的尺度一般较大，平面形状通常为直线形、半圆形、“门”字形等。建筑形式采用古典柱式的，称为柱廊。在西方现代景观中，廊的运用十分自由、灵活，柱子较细，跨度较大，造型依环境而变化，多采用平屋顶形式，以钢、混凝土、塑料板等现代建筑材料构筑。

三、水榭

水榭是供游人休息、观赏风景的临水景观建筑。

中国景观园林中水榭的典型形式是在水边架起平台，平台一部分架在岸上，一部分伸入水中。平台跨水部分以梁、柱凌空架设于水面之上。平台临水部分围绕低平的栏杆，或者设鹅颈靠椅供坐、憩凭依。平台靠岸部分建有长方形的单体建筑（此建筑有时整个覆盖平台），建筑的面水一侧是主要观景方向，常用落地门窗，开敞通透，这样既可在室内观景，也可到平台上游憩眺望。屋顶一般为造型优美的卷棚歇山式。建筑立面多为水平线条，以与水平面景色相协调。

四、舫

舫是依照船的造型在湖泊中建造起来的一种船形建筑物。人们在这种建筑物内游玩饮宴、观赏水景，感觉身临其中，颇有乘船荡漾于水中之感。舫的前半部多三面临水，船首一侧常设有平桥与岸相连，仿跳板之意。通常下部船体用石建，上部船舱则多为木结构。由于像船但不能动，所以又名“不系舟”。苏州拙政园的“香洲”，怡园的“画舫斋”，以及北京颐和园的石舫等都是较好的实例。

五、架

架既有廊、亭那样的结构，又不像廊、亭那样密实。架更加空透，更加接近自然。架的材料多种多样，常见的有木架、竹架、砖石架、钢架和混凝土架等。架与攀缘植物搭配，常常形成美丽的花架，常搭配的植物有常春藤、紫藤、凌霄、葡萄等。花架布局灵活多样，形态与自然融为一体。

花架常布设在小径上或一些休闲的环境里。它的平面形式很多，有直线形、曲线形、三角形、四边形、五边形、六边形、八边形、圆形、扇形及它们的变形图案。一般来说，直线形和曲线形花架占地面积和体量较大，适合布置在较大的景观空间中，供游人休息、观景。几何形体花架体量不大，轻巧通透，占地面积也较小，能够灵活地布置。

从结构形式上看，花架有单柱花架和双柱花架两种。前者是在花架的中央布置柱，在柱的周围或两柱间设置座椅，供游人休息、聊天、赏景。后者是在花架的两边用柱来支撑，并且布置休息椅凳，游人可在花架内漫步游览，也可坐在其中休息。

六、景观墙

景观墙是景观中的一种长形构造物，它既可以划分景观空间，又兼有造景的作用。在景观的平面布局和空间处理中，它能构成灵活多变的空间关系，能化大为小，这也是“小中见大”的巧妙手法之一。景观墙的设计要注意以下三点：

1）能不设景观墙的地方尽量不设。景观墙要达到巧妙地分隔空间和组织空间的目的，如一些地方的视线要求比较通透，就没有必要设置景观墙，而且空间分隔也不必过于复杂，否则容易给人杂乱和无目的的印象。

2）尽量利用空间和自然材料达到分隔的目的。有一定高差的地面、水体的两侧、绿篱树丛，都可以达到隔而不分的目的。

3）设置景观墙时，尽量做到低而透。首先，景观墙不能设计得太高，否则容易让人感觉压抑；其次，景观墙上可设置一些漏窗，起到景色互相渗透的作用。要善于将空间的分隔与景色的渗透联系并统一起来，有而似无、有而生情才是高超的设计。只有特别要求掩饰隐私处，才用封闭的景观墙。

七、膜结构

1. 膜结构的概念与历史发展

膜结构又称为景观膜、空间膜，是一种建筑与结构完美结合的结构体系。它是指用高强度柔性薄膜材料与支撑体系相结合形成具有一定刚度的稳定曲面，能承受一定外荷载的空间结构形式。

膜结构一改传统建筑材料而使用膜材，其重量只是传统建筑的三十分之一。而且膜结构可以从根本上克服传统结构在实现大跨度（无支撑）时所遇到的困难，可创造巨大的无遮挡的可视空间。膜结构具有自由轻巧、阻燃、制作简易、安装快捷、节能、易于使用、安全等优点，因而它在世界各地得到广泛应用。这种结构形式特别适用于大型体育场馆、入口廊道、小品、公众休闲娱乐广场、展览会场、购物中心等领域。

膜结构建筑作为新的建筑形式于20世纪50年代在国际上开始出现，至今已有六十多年的历史，特别是在20世纪70年代以后，膜结构的应用得到了迅速发展。膜结构的出现为建筑师和规划师提供了超出传统建筑模式的新选择。

2. 膜结构的分类

膜结构从结构方式上大致可分为骨架式、张拉式、充气式三种形式。

（1）骨架式膜结构　骨架式膜结构是指以钢或集成材料构成屋顶骨架，在其上方张拉膜材，下部支撑结构稳定性高的构造形式。这种结构具有造型简洁、开口部不易受限制、经济效益高等优点，广泛适用于各种规模的空间。

（2）张拉式膜结构　张拉式膜结构是指由膜材、钢索及支柱构成，利用钢索与支柱在膜材中导入张力以形成稳定的曲面来覆盖建筑空间的构造形式。除了创新且美观的造型外，这种结构是最能展现膜结构精神的，是膜索建筑的代表和精华，具有高度的形体可塑性和结构灵活性。

（3）充气式膜结构　充气式膜结构是指将膜材固定于膜体结构周边，通过膜体内外的空气压力差支撑膜体以形成建筑空间的构造形式。这种结构施工快捷，经济效益高，但需送风机 24h 运转，在持续运行及机器维护上所需成本较高。

3. 膜结构的特点

（1）造型优美　膜结构以造型学、色彩学为依托，可结合自然条件及民族风情，根据建筑师的创意建造出传统建筑难以实现的曲线及造型。

（2）经济　对于大跨度空间结构来说，如果采用膜结构，其成本只相当于传统建筑的二分之一或更少，特别是在建造短期应用的大跨度建筑时，就更为经济。而且膜结构能够拆卸，易于搬迁。

（3）节能　由于膜材本身具有良好的透光率（10%~20%），建筑空间白天可以得到自然的漫射光，因此可以节约大量用于照明的能源。

（4）自洁　膜材表面加涂的防护涂层（如 PVDF、PTFE 等）具有耐高温的特点，而且膜本身不发黏，这样落到膜材表面的灰尘可以靠雨水的自然冲洗而达到自洁的效果。

（5）跨度大　由于单位面积的膜很轻，大大减轻了骨架的承重，因此膜结构能大跨度覆盖空间，这使人们可以更灵活、更有创意地设计和使用建筑空间。人们利用膜结构可构建无中间支撑柱的大跨度建筑。

（6）施工周期短　骨架的制作、面料的加工等膜结构工程都是在工厂里进行的，在工地现场只进行安装作业，因此大大缩短了工地上的施工周期，减少了工地现场多工种交叉作业而互相干扰的情况，比传统建筑的施工周期要短很多。

【实例解析】

［例 1］　如图 3-58~图 3-60 所示，亭子设计因地制宜，可放置在山顶、水边或平地。亭子的造型也丰富多样，如图 3-61~图 3-64 所示。

图 3-58　山上建亭——重檐六角亭

图 3-59　水边设亭——重檐四角亭（颐和园知春亭）

图 3-60　平地设亭——六角攒尖亭

图 3-61　现代钢结构景观亭

图 3-62　现代钢架玻璃圆形亭

图 3-63　现代木结构玻璃平顶亭

图 3-64　植物生态亭

［例 2］　中国古典园林中廊的设计讲究曲径通幽（图 3-65），现代园林中钢架结构廊、木结构现代廊应用也非常广泛（图 3-66 和图 3-67）。

图 3-65　苏州留园长廊

图 3-66　现代公园钢架结构廊

［例 3］　如图 3-68 所示，北京颐和园中的水榭仿佛从水中生长出一样，与周围环境非常协调。

图 3-67　公园中木结构现代廊

图 3-68　颐和园水榭

［例 4］　如图 3-69 和图 3-70 所示，花架材料和结构多种多样，常种植攀缘植物增加绿意。

图 3-69　混凝土结构花架

图 3-70　钢结构花架

［例5］ 如图3-71和图3-72所示，景观墙起分隔空间的作用，常镂空设计，隔而不挡，空间与空间之间很好地穿插、过渡。

图3-71 公园中分割空间的景观墙

图3-72 公园中的文化浮雕墙

［例6］ 如图3-73和图3-74所示，膜结构造型优美，灵动而自然。

图3-73 骨架式膜结构

图3-74 张拉式膜结构

任务6 景观设施与小品设计

任务描述：分析景观环境中的景观设施与小品设计。

任务目标：能合理分析景观环境中的景观设施与小品设计，能合理设计景观环境中的景观设施与小品。

景观设施与小品设计

【工作任务】

参观某处景观环境，对其中的各类景观设施与小品的设计特点加以分析。

【理论知识】

景观设施是指在公共环境或街道社区中为人的行为和活动提供方便条件并具有一定质量保障的各种公用服务设施系统，以及相应的识别系统。景观小品是景观中精美的艺术品，是体现景观的装饰性和生动性的重要构成要素。大多数的景观小品具有一定的功能作用，这些景观小品也属于景观设施的范畴，但一些景观小品如雕塑小品，就只具有观赏作用，这些景观小品就不属于景观设施的范畴。总的来说，景观设施与小品包括景观服务设施、景观照明设施、景观雕塑等各种类型。景观设施与小品的设计一方面要满足功能要求，另一方面要结合形式美法则，适应景观环境的整体要求。

一、景观服务设施的类型

景观环境中的服务设施各式各样，它们为人们提供多种便利和公益服务，如通信联系、商业销售、福利供给、公共卫生、紧急救险等。其特点是占地少、体量小、分布广、数量多、可移动，此外还有制作精致、造型有个性、色彩鲜明、便于识别等特点。

1. 景观休闲设施

景观休闲设施主要是指一些室外景观环境中的休闲桌、椅、凳和各种游乐设施、体健设施等（图 3-75）。它们在各种公共场所为人们游憩、活动提供直接的服务，因此是最易创造亲切环境的要素之一。

图 3-75　公园中的景观休闲设施

各种游乐设施和体健设施是现代景观环境中的重要设施，它们丰富了人们的业余文化生活，满足了一些游人追求惊险、刺激的心理，以及人们户外健身的需要。它们的类型很多，如一些公园游乐设施：过山车、滑行车、摩天轮、旋转木马、碰碰车、卡丁车、漂流设备、水滑梯、碰碰船、极限运动设施、攀岩设施、光电结合类游乐设备等；一些儿童游乐设施：童车、电瓶车、摇摆车、充气游乐设备、气模、儿童游戏架、滑梯、秋千、荡椅、转盘、淘气堡、蹦床、跷跷板、组合游乐玩具、安全地垫等；一些户外健身设施：健骑机、下腰训练器、大荡椅、椭圆机、天梯立式跷跷板、连环跳、俯卧撑架、伸腰伸背机、双人腹背机、连体单杠、踏步机、划船机、跑步机、平行云梯、梅花桩等。

2. 信息和通信设施

邮箱、音箱、电话亭等是城市公共活动场所中的信息和通信设施，它们布置在城市街道中，也常见于广场、公园、商业区、校园、办公区及建筑室内的公共活动区。但随着社会的进步和通讯科技的发展，邮箱、电话亭等设施在公共环境中逐渐减少，新型的数字化信息展示设施广泛应用，如 AI 导览屏幕、电子信息屏、监控及报警求助系统（图3-76）等。

图3-76　公园监控及报警设施

3. 服务设施

自动售货机（服务机）、公共饮水机（图3-77）和流动售货车是城市公共活动场所的销售服务设施，具有小型多样、机动灵活、购销便利的特点，在城市环境中较为引人注目。

图3-77　城市绿地中的公共饮水机

4. 卫生设施

卫生箱、烟灰皿、垃圾箱是城市环境中的卫生设施，不仅为保护环境卫生所需，也反映城市和景观特点。如适应新时代发展需要的分类垃圾箱和体现古城文化特色的仿古特色垃圾箱（图3-78）。

图 3-78　分类垃圾箱和仿古特色垃圾箱

二、景观设施与小品设计举例

1. 休闲桌、椅、凳设计

休闲桌、椅、凳的作用是供人休息、赏景之用，一般布置在人流较多、景色优美的地方，如树荫下、水池边、道路旁、广场一角、花坛边等游人需停留休息的地方。设计时应尽量做到构造简单、坚固舒适、造型美观，也可与花台、景观灯、花架、假山等结合布置。

休闲桌、椅、凳设计时要满足一定的尺寸要求，既要符合人体就座时的姿势，又要符合人体尺度，使人感到自然舒适，不紧张。一般桌、椅的尺寸要求如下：

1）椅。座面高度 350～450mm；座面倾角 6°～7°；座面深度 400～600mm；靠背与座面夹角 98°～105°；靠背高度 350～650mm；座位宽度 600～700mm/人。

2）桌。桌面高度 700～800mm；四人方桌桌面宽度 700～800mm；四人圆桌直径 750～800mm。

2. 景观照明灯具

景观照明灯具已成为现代景观的重要组成部分，既满足照明的使用功能，又具有点缀、装饰景观环境的造景功能，是夜间游人开展娱乐、休闲活动的重要设施之一，是夜景调适的主要手段。

（1）设计原则

1）艺术性要强，有助于丰富景观空间。

2）与周围环境和气氛相协调，用“光”和“影”来衬托景观的自然美，并且起到分隔与变化空间的作用。

3）保证安全，灯具线路开关及灯杆（柱）设置都要采取安全措施，以防漏电和雷击，并且具有抗风、防水等功能，要坚固耐用，取换方便。

（2）位置选择　景观照明灯具常布置在景观绿地的出入口、广场、道路两侧和岔路口，以及台阶、桥梁、建筑物的周围，还可结合花坛、花钵、草坪、雕塑、喷泉、水池等布设。总之，景观照明灯具应布设在夜间需照明、白天能够美化景观环境的地方。

（3）环境与照明要求

1）照度要求。照度是指单位面积上所接受可见光的能量，即光照强度。景观中要有恰当的照度，根据环境地段的不同，布置不同照度的景观灯。例如，出入口、广场等人流集散处，要求有足够的照度；安静的游憩小路要求一般的照度即可；舞池可采用霓虹灯，有欢快的气氛。整个景观在灯光照度上需统一布局，构成景观中既整体均匀又有起伏的灯光照明，产生具有明暗节奏的艺术效果，但要防止出现不适当的阴暗角落。

2）灯光的方向和颜色的选择应以能增加建筑物、构筑物、植物等景观的美观为主要前提。例如，白炽灯能增加红色、黄色花卉的色彩，使它们显得更加鲜艳；汞灯能使草坪、树木的绿色格外鲜明夺目等。又如，在水景照明的处理上，直射光照在水面上，对水面本身作用不大，但却能折射到附近的小桥、树木或景观建筑，使其呈现出波光粼粼，有一种梦幻般的意境。瀑布和喷水池经照明处理会显得很美观，不过灯光需透过流水，以展示水柱的晶莹剔透、闪闪发光。所以，瀑布和喷泉的照明灯具一般安装在水下，以在水面下10～30mm为宜。进行水景的色彩照明时，常使用红色、黄色、蓝色三原色，其次使用绿色。

3）灯柱高度的选择　若想景观中有均匀的照度，首先灯具布置的位置要均匀，距离要合理；其次，灯柱的高度要恰当。一般步行和散步道路的灯柱高度为2.5～4m，也可设低位置灯具，即灯具位置在人眼的高度之下，高0.3～1.2m的灯或脚灯；而在大量人流活动的干道上，灯柱高度一般为4～6m，探照灯为30m；在工厂、仓库、加油站和操场等地，要设置专用灯和高柱灯，灯柱高度为8～10m。

（4）式样　景观照明灯具的式样可分为对称式、不对称式、几何形、自然形等。它们的形式虽然繁多，但设计时以简洁大方为原则，其造型不宜复杂，切忌施加烦琐的装饰，通常以简单的对称式为主。

3. 景观雕塑概述

（1）景观雕塑　景观雕塑是指利用一定的手段和方法对天然或人工材料进行改造，形成立体形态的艺术品。景观雕塑实质上是对材料实施加减法的改造，创造出具有独特美感的物体。景观雕塑作为一种造型语言和形式，是景观设计中不可或缺的重要元素。它们虽然体量不大，但它的存在赋予景观鲜明而生动的主题，可以美化环境和装饰建筑，对一个地区的文化起着画龙点睛的作用。一件优秀的雕塑作品可以代表一个城市的形象，如广州市的《五羊》雕塑、哈尔滨的《天鹅》雕塑、济南的《荷花》雕塑等都已成为所在城市的标志之一。雕塑甚至可以成为一个国家的象征，如美国的《自由女神》雕塑和丹麦的《美人鱼》雕塑等。

现代雕塑作品在城市景观中的出现，不仅能够表现出城市景观的审美质量，反映一个城市的物质文化水平，而且因为它们深刻的内涵，还能够陶冶人们的思想情操，让人深思、回味。

（2）景观雕塑的类型

1）根据其性质和功能不同，可分为以下三种：

① 主题性雕塑，即按照某一主题创作的雕塑。

② 纪念性雕塑，主要是为纪念某一历史人物和历史事件而创作的雕塑，如上海虹口公园的鲁迅雕像、广州中山纪念堂的孙中山先生雕像等。

③ 装饰性雕塑，这类雕塑常与树、石、喷泉、水池、建筑物等结合建造，借以丰富景观空间，供人观摩，如公园中的金鱼、天鹅等动物雕塑。

此外，还有展示性雕塑，它不受室内外创作原则的约束，既可在室内架上展出，又可设在城市景观环境中，如广州市雕塑公园、北京雕塑公园、济南市泉城路的雕塑一条街等都有展示性雕塑。

2）按其所使用的材料分类，可分为光雕、水雕、冰雕、雪雕、石雕、蜡像、布雕、根雕、木雕、纸雕、金属雕塑、陶瓷雕塑、玻璃钢雕塑、植物雕塑、合成材料雕塑等。

3）按照空间形式的不同分类，可分为以下两种：

① 圆雕，也称立体雕，是指具有三维空间形态的雕塑。圆雕整体地表现了物体，具有强烈的空间感，如头像、半身像、全身像、群像等。

② 浮雕，是在平面的基础上对一定的材料进行体积上的合理压缩，一般只能在其正面或略微斜侧

的角度欣赏，是一种介于圆雕和绘画之间的艺术表现形式，属于二维雕塑。

4）按照创作的艺术手法的不同分类，可分为以下两种：

① 具象雕塑，是通过对客观形象的提炼、取舍，再经过夸张、变形等一系列处理后产生的雕塑造型。它要表达的是一种大众化的认知，具有广泛的艺术属性。

② 抽象雕塑，是由点、线、面等几何元素与符号组合而成的造型艺术，没有具体的客观形象为依据，给人以无限的空间想象。抽象雕塑充满现代气息，能与简洁凝练的现代建筑很好地融合在一起。

（3）雕塑设计的原则　雕塑在景观中往往作为一个空间中的标志性主体或成为视觉中心，即使作为景观绿地中的配景小品，雕塑也具有强烈的艺术感染力。因此，雕塑在设计时一定要慎重考虑。雕塑设计通常要遵循以下原则：

1）雕塑的主题与风格取决于景观环境整体的功能。在现代设计中，雕塑更多地被放置在公共空间中，它本身便与环境产生了一定的关系，两者相互关联、相互影响。因此在设计前，一定要充分了解大的景观环境的功能与气氛，弄清楚建造大环境的目的，然后统筹考虑，做好整体布局，使环境空间在加入雕塑后能变得更和谐。

2）注意地域文化的挖掘。在设计中提到最多的一个原则就是注重地域文化的挖掘，雕塑的设计同样如此。在设计雕塑时，要深入到地方人的生活中，要去体验当地人的生活，去聆听当地人的故事。只有这样才能找到更好的设计结合点，设计出更好的雕塑景观。

3）雕塑设计的传承性与时代性。雕塑设计具有鲜明的两面性，即传承性和时代性。传承性是指雕塑设计经过几千年的发展历程，在表现形式、思想内容和风格手法等方面的演变脉络。人们所习惯和认同的雕塑样式就是发展传承的结果。但另一方面，雕塑设计应体现时代精神。雕塑作为一种设计对象，具有鲜明的时代特征，其思想主题和表现手法不可避免地会被打上时代的烙印。

【实例解析】

［例 1］　园林景观场地中的坐凳设计应符合人体尺度，使用舒适，且与场地的景观特色和主题相一致。它们被放置在路边，供人们休息的同时也不影响人流（图 3-79）。座椅与其他景观要素搭配，可使景观整体更加生动可爱（图 3-80）。

图 3-79　大唐芙蓉园中的斗拱主题座凳设计

图 3-80　座椅与其他景观要素相结合

［例 2］　如图 3-81 所示，景观照明灯具有草坪灯、景观灯等，根据需要合理选择。

［例 3］　如图 3-82～图 3-85 所示，雕塑常作为主要景点形成视觉焦点。

图 3-81 景观照明灯具举例

图 3-82 大唐芙蓉园《丽人行》雕塑

图 3-83 汉口江滩运动场地主题雕塑

图 3-84 汉阳江滩大禹神话园系列雕塑之一

图 3-85 成都春熙路步行街《擦肩而过》雕塑

相关链接

1. 中国古典园林景观的发展历程及艺术特点

史料表明，我国的园林营建始于奴隶社会经济较为发达的殷商时期，园林的最初形式为“囿”，就是在一定的地域范围内让自然的草木、鸟兽繁殖，还可挖池筑台，成为供奴隶主贵族狩猎、游憩的场所。秦汉时期园林的形式在囿的基础上有所发展，就是在广大的地域范围内布置宫室组群的建筑宫苑，这些建筑宫苑的特点是面积大，苑中有宫，宫中有苑，离宫别馆相望，周阁复道相连，如秦代时的阿房宫、汉代的建章宫和未央宫等。这一时期宫苑的巨大规模和新的建筑风格形式为以后皇家园林的发展奠定了基础。

魏、晋、南北朝时期是历史上的一个大动乱时期，这一时期思想解放，佛教和道教兴盛。思想的解放促进了艺术领域的开拓，也对园林发展产生深远的影响，造园活动普及于民间且升华到艺术的境界。民间营造大量的私家园林，皇家园林也在沿袭传统的基础上有了新的发展，同时佛教和道教的流行使得寺观园林也开始兴盛起来。这一时期的园林形式由粗略的模仿真山真水转到用写实手法再现山水，即自然山水园；园林植物，由欣赏奇花异木转到种草栽树，追求野致；园林建筑也结合自然山水，点缀成景。这一时期被称为造园活动的重大转折期，初步确立了园林美学思想，奠定了中国风景式园林大发展的基础。

隋唐园林在魏、晋、南北朝时期所奠定的风景式园林艺术的基础上，随着当时经济和文化的进一步发展而达到全盛时期。尤其在唐代，园林艺术开始有意识地融合诗情画意，出现了体现山水之情的创作。例如，盛唐诗人王维营造的“辋川别业”，是一个既富有自然之趣，又有诗情画意的自然园林；中唐诗人白居易建造的“庐山草堂”，四季佳景收之不尽。这些园林都是在充分认识自然美的基础上，运用艺术和技术手段来造景而构成优美园林境域的。

北宋时建筑技术和绘画都有发展，山水宫苑尤为引人入胜。北宋的宫苑以“寿山艮岳”为代表。寿山艮岳为宋徽宗赵佶命人所建，位于汴京（今河南开封市），是以筑山为主体的大型人工山水苑，是中国古代山水宫苑的典范。

明清是我国古典园林发展的顶峰时代。该时期的园林，数量之多，规模之大，分布之广，艺术手法之高超，构筑之华美，是历代园林所不能比拟的，达到了炉火纯青、登峰造极的地步。明清时期的园林分为皇家园林和私家园林。现存的北京中南海、北海（图 3-86）、颐和园（图 3-87）和河北承德的避暑山庄是皇家园林的代表。私家园林主要集中在江南一带，江南园林主要分布在苏州、杭州、无锡、扬州、南京、绍兴等地，其中又以苏州、扬州园林最著名、最有代表性。苏州私家园林最多，荟萃了江南园林的精华，在我国园林发展史上占据重要地位，因而有“江南园林甲天下，苏州园林甲江南”之美称（图 3-88 和图 3-89）。至今保存完好的苏州私家园林很多，如：拙政园、留园、网师园、狮子林、沧浪亭、怡园、环秀山庄等。此外，扬州的个园、上海的豫园、无锡的寄畅园、南京的瞻园、绍兴的沈园等都是江南著名的园林。江南私家园林充分体现了我国园林艺术的民族风格，在构思、意境和技巧方面，与中国山水画有异曲同工之妙。

纵观我国古典园林发展史，园林形式由囿起源，历经建筑宫苑、自然山水园到写意山水园的演变过程。从园林主要内容的属性来看，我国古典园林发展是一个由自然到人工再到自然，由低级向高级呈螺旋式上升发展的演进过程。

我国古典园林的主要特点是效法自然的布局和诗情画意的构思。古典园林以自然山水为艺术创作的主题、蓝本和源泉，观察并了解自然、掌握山水景观规律。在造园活动中根据因地制宜的原则挖湖堆山，凿渠引水，将厅、堂、榭、廊等园林建筑与山、水、树、石有机地融为一体，成为“虽由人作，宛自天开”的自然山水园。古典园林寓情于景，情景交融，达到了处处诗情画意、妙不可言的审美境界，这就是园林的立意和意境。

图 3-86 皇家园林——北京北海公园白塔

图 3-87 皇家园林——北京颐和园昆明湖与万寿山

图 3-88 私家园林——苏州拙政园小飞虹

图 3-89 私家园林——苏州留园冠云峰

2. 欧洲古典景观的发展历程

(1) 古埃及的景观设计 古埃及是欧洲文明的摇篮，贯穿南北的尼罗河每年定期泛滥，沉积平原土壤肥沃，孕育了灿烂的古代文化。在埃及仍然残留的文化遗迹中，最为雄伟壮观的当属金字塔这类大型的人工景观构筑物。萨卡拉、达舒尔和吉萨金字塔群（图 3-90）是其中的典型。金字塔多采用简洁的几何形体，吉萨金字塔群可以说是其中最为简洁的。在吉萨，法老建造了三座大金字塔，它们都是精确的正方锥体，胡夫金字塔高 146.6m、底边长 230.35m，哈夫拉金字塔高 143.5m、底边长 215.25m，门卡乌拉金字塔高 66.4m、底边长 108.04m，这三座金字塔的尺度都远远超过了周边的祭祀厅堂和附属建筑，其简洁的形体因为尺度的巨大更加显现出来。金字塔的入口处理渲染出浓

图 3-90 埃及吉萨金字塔群

重的神秘气氛，封闭、狭窄、漫长而黑暗，但是穿过入口狭道进入阳光灿烂的院子后，巨大的金字塔前端坐着的帝王雕像给人心理感受上的巨大反差。

金字塔建筑实际的使用空间是很小的，其真正的艺术感染力在于原始的人造体量和周边环境形成的尼罗河三角洲的独特风光。这种简洁的造型与埃及人对山岳等自然景观的崇拜有关。我们从现代景观的设计思维去分析的话，在这样大尺度的高山大漠之中，也只有巨大简洁的形体才能形成独特性和协调性的统一。

（2）古代西亚的景观　古埃及文明发展的同时，幼发拉底河和底格里斯河两河流域的美索不达米亚文明也在兴起。两河上游山峦重叠，人们在那里学会了驯化动物、栽培植物，并且开始将聚居区从山区迁往两河流域。两河流域植被丰富，人们崇拜较为高大的植物。一些亚述帝国时代的壁画和浮雕上记载了当时较为盛行的猎苑，这是一种以狩猎为主要目的的自然林区，林区内建有各式各样的建筑，如宫殿、神殿等，还种有成片的松树和柏树。亚述王还从国外引进了雪松、黄杨和南洋杉等植物。

美索不达米亚地区的景观中，最著名的是被誉为世界七大奇迹之一的古巴比伦的空中花园（图 3-91）。空中花园毁于公元前 3 世纪，它的现存资料很少，我们只能从后人的推测和文字记载中对这一奇迹进行了解。整个花园建在一个台地之上，高 23m 或更高，面积约 1.6hm^2⊖，每边 120m 左右，台地底部有厚重的挡土墙，墙的主要材料是砖，外部涂沥青，可能是为了防止河水泛滥时对墙的破坏。在台地的某些地方采用拱形柱廊作为结构体系，柱廊内部有功能不明的房间。整个台地被林木覆盖，远看就像自然的山丘。

（3）古希腊的景观　古希腊是欧洲文明的发源地，它的文化孕育了科学和哲学，其艺术和文化对后来的西方世界，甚至全世界都有深远的影响。

希腊人工景观遗址大多是卫城，其中雅典卫城（图 3-92）是当时最著名的。雅典卫城是雅典城的宗教圣地，同时也是我们现在意义上的城市中心。雅典卫城位于今雅典城西南的小山岗上，山顶高于平地 70~80m，东西长约 280m，南北最宽处为 130m。卫城中主要的建筑有山门、胜利神庙、帕提农神庙、伊瑞克先神庙和雅典娜雕像。卫城中的建筑和雕塑并不遵循简单的轴线关系，而是因循地势建造，并且在建造时充分地考虑了祭祀盛典的流线走向，考虑到人们从四周观赏时的景观效果。卫城中的建筑之间的组合，以及卫城和周围平原、山丘之间的关系都是独具匠心的。整个卫城的建造体现了古希腊人对视觉艺术和景观艺术的理解和创造。

图 3-91　古巴比伦空中花园假想图

图 3-92　希腊雅典卫城遗址

古希腊的民主思想盛行，促使很多公共空间的产生，圣林就是其中之一。圣林是指神庙和周边的树林及雕塑等艺术品形成的景观。古希腊人把树木视为礼拜的对象，他们营造的圣林既是祭祀的场所，又

⊖ $1hm^2 = 10^4m^2$。

是举行祭奠活动时人们休息、散步、聚会的地方，同时大片的林地也创造了良好的环境，衬托着神庙，增加其神圣的气氛。

古希腊的竞技场（体育场）是另一类重要的公共景观，竞技场地刚开始仅供训练之用，是一些开阔的裸露地面，后来场地旁种了一些树木并逐渐发展成为大片树林，除了林荫道外还有祭坛、亭、柱廊及座椅等设施。从现存的竞技场的遗址来看，其与周边环境的关系、自身表达的秩序、所形成的优美风景和所表达的古希腊民主和开放的魅力都使它成为古希腊时期非常重要的景观。竞技场成为后来欧洲体育公园的前身。

（4）古罗马的景观　公元 1 世纪时期的古罗马帝国是一个历史上罕见的强大帝国，在它的版图内聚集了多种民族和风土人情，也同样建成了多样的景观。

古罗马竞技场（图 3-93）是罗马标志性历史文化景观，位于意大利首都罗马的威尼斯广场南面，它是迄今遗存的古罗马建筑工程中最卓越的代表，也是古罗马帝国国威的象征。古罗马人将它作为斗士间格斗、人与动物搏斗或动物之间相互厮杀的场所。竞技场的外观像是一座庞大的碉堡，占地 20000m^2，围墙周长 527m，直径 188m，墙高 57m，场内可容 10.7 万名观众。古罗马竞技场的外形美观、雄伟，它的外墙共四层，下面三层由几百个典雅的装饰性的拱门组成，每个门都是两根石柱托着一个石头圆拱，从远处看来很像一座庞大的大厦。古罗马竞技场的建筑风格充分体现了古罗马的建筑艺术。

庄园也是古罗马景观中具代表性的一种类型。庄园多建在城外或近郊，是古罗马贵族生活的一部分。庄园大多选址在环境优美、群山环绕、树木葱茏的地方。园内花团锦簇，果树茂盛，设计有水池、喷泉、雕塑等景点。庄园的建筑规模宏大、装饰豪华，有的贵族庄园的华丽程度可与东方王侯的宫苑媲美。

古罗马时期景观设计中另一个非常重要的内容就是广场。古罗马广场的发展经历了从简单开放到有完全围合空间的过程。最初广场的功能是买卖和集会，偶尔也作为体育活动场地，柱廊、记功柱和凯旋门是古罗马广场的主要景观要素，这些要素严整的排列秩序塑造了广场威严的气氛和宏伟的气势，使广场成为帝王个人崇拜的场所。古罗马广场群包括奈乏广场、奥古斯都广场、恺撒广场、图拉真广场（图 3-94）等，图拉真广场为其中最为重要的广场，该广场的设计特点是：一条明显的中轴线把不同尺度的空间串联在一起，形成不同层次的空间感受，而图拉真记功柱和图拉真骑马铜像则点明主题，又形成了景观空间的焦点。广场的设计者是大马士革的阿波罗多拉斯。

图 3-93　古罗马竞技场

图 3-94　古罗马图拉真广场

（5）中世纪欧洲的景观　中世纪是指欧洲历史上从 5 世纪古罗马帝国的瓦解到 14 世纪文艺复兴时期开始前的这一段时间，历时大约 1000 年。这一时期宗教盛行，教会权力很大，教会极力宣扬禁欲主义，禁锢了文明发展。因此，中世纪的文明主要是基督教文明，同时也有古希腊、古罗马文明的残余。

中世纪的城市建设随着国家和地域的不同而千差万别，但是总体水平却有了很大的发展。当时建设了大量的城市绿地和公园，为居民的户外活动提供了良好的场所，城市街道也建得很有特色。中世纪的街道像河流一样，弯弯曲曲，这样较为美观，避免了街道显得太长，而且弯曲的街道使行人每走一定距离就看到不同外貌的建筑物，这种城市的情趣是古希腊和古罗马城市无法比拟的。

中世纪的城市中，教堂成为最主要的公共建筑景观，也成为最能体现当时建筑成就的遗产，诸多教堂对丰富城市的天际线起到了很大的作用。法国北部的蒙特圣米歇尔修道院（图3-95）将一个小岛装扮成构图优美的圣地；意大利中部的阿斯日（Assizi）是意大利城市之外最伟大的景观，其中的城镇、教堂与群山、平原一起组成了一幅美丽的图画。

（6）文艺复兴时期的景观　文艺复兴是14～16世纪欧洲新兴资产阶级的思想文化运动，开始于意大利的佛罗伦萨，后扩大到法国、英国、荷兰等欧洲国家。这一时期，人们逐渐摆脱了教会和封建贵族的束缚，人文主义成为很多思想家和艺术家所倡导的意识形态，他们要求尊重人性、尊重古典文化。一些艺术家开始重新审视古希腊和古罗马给人们留下的文化遗产，也注意到了自然界所具有的蓬勃生机。在这种历史背景下，无论是城市建设、建筑还是景观设计，都上升到了一个新的高度，并且对今天依然有着深刻的影响。庄园和广场是这一时期最主要的景观类型。庄园，以意大利庄园为代表，多建在郊外的山坡上，依山势劈成若干台层，形成独具特色的台地园。庄园布局严谨，有明确的中轴线贯穿全园，并且联系各个台层使之成为统一的整体。中轴线上有水池、喷泉、雕像、坡道等，水景造型丰富、动静结合、趣味性强。庄园的植物造型复杂，绿篱的修剪达到了登峰造极的程度。这些绿色雕塑比比皆是，点缀在园地或道路的交叉点上，替代了建筑材料而起着墙桓、栏杆的作用。

形成于文艺复兴时期的广场以威尼斯的圣马可广场（图3-96）为代表。圣马可广场被誉为世界上最卓越的城市开放空间，广场东段是11世纪建造的拜占庭式的圣马可主教堂，北侧是旧的市政大厦，南侧为新市政大厦。主广场是梯形的，长175m^2，东边宽90m^2，西边宽56m^2，面积为1.28hm^2，与之相连的是总督府和圣马可图书馆之间的小广场，南端向大运河口敞开。两个广场相交的地方有一座方形的100m高的塔，这座塔成为圣马可广场乃至整个威尼斯的象征。与现在我国建造的很多广场相比，圣马可广场的面积和规模都不大，但是广场上总是洋溢着节日般亲切热烈的气氛，似乎保持了永久的活力，这可能就是这个“欧洲最漂亮的露天客厅”的迷人之处。

图3-95　蒙特圣米歇尔修道院

图3-96　威尼斯的圣马可广场

（7）17世纪的法国景观艺术　17世纪的法国景观设计在意大利的影响下延伸出了自己特有的风格，这种风格代替了意大利台地园而成为欧洲景观设计的典范，这种风格就是勒诺特式的造园风格。

勒诺特（André Le Nôtre）出生在巴黎的一个造园世家，早期进行过绘画方面的训练，与艺术家们接触较多，后又在贵族家庭中当过园艺师，有机会接触一些达官显贵并展示他非凡的才华，最后他的才华得到了路易十四的赏识，路易十四委任他为宫廷造园师。在勒诺特担任宫廷造园师期间，他主持设计了凡尔赛宫庭院（图3-97）。在这个项目中，景观园林作为一个独立统一的整体出现在人们眼前，整个设计最为醒目的是平面上的大三角和十字运河，这种轴对称的布局渲染出了法国帝王的权威和辉煌。浓郁的树林中还点缀着很多名家精雕细刻的雕塑和喷泉，这一切都使凡尔赛宫成为当时最为伟大的杰作，并且使法国勒诺特式景观园林以不可抗拒的魅力征服了整个欧洲。

图3-97　法国凡尔赛宫庭院

“勒诺特式”景观园林的主要特征有：

1）景观平面布局主从分明、秩序严谨，呈铺展式延伸，普遍使用宽阔的大草地，人工景观与自然直接相连。外观具有整体感，引人入胜。

2）景观的纵、横轴线灵活运用，纵轴本身也是水渠、草坪、林荫道。景观建筑位于中轴线上，通常在地形的最高处，与水渠、喷泉、雕塑、花坛一样是造景的要素。

3）水景的设计非常丰富，动静结合，有水渠、水池、喷泉、跌水、瀑布等，特别是运河的运用，成为勒诺特式景观中不可缺少的部分。

4）花木不再仅仅是宅邸的延伸，其本身也是大片用地构图的一部分。树木通常修剪成几何形体，形成整齐的外观。布置在宅邸近旁的刺绣花坛在景观中起着举足轻重的作用。

5）设计师通常利用视觉心理引导人的视线积聚，不是把设计师的意图强加于人，而是利用引起视错觉的装置使视觉变得饶有趣味。

（8）18世纪的英国自然风景园　18世纪英国自然风景园的出现，改变了欧洲由规则式景观统治的长达千年的历史，这是欧洲景观史上一场极为深刻的革命。这种风格的代表人物是威廉姆·肯特里奇（Willian Kentridge），一位油画家、建筑师和景观师，他明确地反对此前欧洲流行的那种经过人工雕饰的几何对称的景观。他和伯灵顿伯爵于1734年设计建造了切斯维克住宅（Chiswick House）的庭院，在这个庭院中他们大量运用蜿蜒的流水、不规则的步道、大面积的缓坡草地和按自然式分布的单株与丛植的树木，尽量避免人工雕琢的痕迹。此后，这种更加令人轻松的景观设计风格在英国快速发展，逐渐影响到法国、德国、意大利、俄罗斯等国，各国竞相效仿并在此基础上又有所发展。此后，欧洲的景观设计艺术呈多元化倾向。

图3-98为斯托海德景观园林（Stourhead gardens），它是英式园林的杰出代表，它的中心是一处碧水

蓝天的湖泊。湖泊周围有古典寺庙建筑，湖的尽头散布着一排排别墅。园林内壮观的林地里长着各种各样充满异域风情的树木。

图 3-98 英国自然风景园——斯托海德景观园林

3. 美国现代景观规划设计

美国是现代景观规划设计的发源地，在这个领域，美国一直走在最前列。美国气候温和，民主制度发达，人们喜欢户外生活，因此需要有更多的供大众市民娱乐活动的场所，这为现代景观艺术的诞生提供了契机。

19 世纪中叶，在唐宁等人的带领下，美国出现了轰轰烈烈的城市公园运动。唐宁——现代景观发展史上一位举足轻重的人物，集造园师和建筑师于一身，他认识到了城市开放空间的必要性，并且倡议在美国建立公园。1850 年，唐宁负责规划华盛顿公园，这是美国历史上首座大型公园，建成后成为全国各地效仿的典范。

美国城市公园运动中另一位杰出人物是被誉为“现代景观设计之父”的奥姆斯特德（Frederick Law Olmsted）。1854 年，奥姆斯特德与英国人沃克斯（Calvert Vaux）合作，以“绿草坪”为主题赢得了纽约中央公园设计方案大奖，后来出任中央公园的首席设计师并负责公园建设。纽约中央公园在经历了一个半世纪的风风雨雨之后，直到今天它仍然被视为现代公园规划最杰出的作品之一（图 3-99；图 3-100）。

图 3-99 纽约中央公园——草坪、湖泊与丛林

图 3-100 纽约中央公园——大树下的雕塑

奥姆斯特德一生的设计覆盖面极广，从公园、城市规划、土地细分到公共广场、半公共建筑、私人产业等，对美国的城市规划和景观设计具有不可磨灭的影响。他的景观设计理念受英国田园与乡村风景的影响甚深，英国风景式花园的两大要素——田园牧歌风格和优美如画风格都为他所用，前者成为他公

园设计的基本模式，后者他用来增强大自然的神秘与丰裕。

奥姆斯特德对景观设计界的另一大贡献是他首次提出了“景观设计师”的称谓，这一称谓在1863年被正式作为职业称号，这个称谓有别于当时盛行的风景园林师，前者是对后者职业内涵和外延的一次意义深远的扩充和革新。奥姆斯特德不仅开创了现代景观设计作为美国文化重要组成部分的先河，而且也第一次使景观设计师在社会上的影响和声誉达到了空前的高度。

项目 4
城市道路景观规划设计

项目导言与学习目标

项目导言

城市道路建设是城市建设的重要组成部分，城市道路景观最集中地反映了城市的景观规划水平，是城市形象和城市风貌的重要标志之一。城市道路空间及相关设施应当具有艺术观赏性，有利于塑造良好的城市形象与特色。由此，人们必须从城市的自然、人工、人文环境条件出发，对道路景观进行精心规划与设计。

知识目标

1. 了解城市道路的分类与功能。
2. 了解城市道路的线形设计。
3. 掌握城市道路中岔路口、停车场等节点的设计。
4. 掌握城市道路绿带和交通岛设计。

能力目标

1. 参观所在城市或附近某城市的道路景观，并且对其设计特点做出评价。
2. 通过 4.3.1 工作任务的完成，熟练掌握道路绿地设计方法。

素质目标

1. 通过城市道路景观实地考察并完成考察报告，提高学生团队合作精神，培养学生分析问题和解决问题的能力。

2. 通过完成相关设计规范的搜集和整理学习，提高学生对专业规范和法规的认知能力，培养学生专业设计的规范性。

3. 通过完成城市道路景观设计方案，培养学生的创新意识和创新能力。

任务 1　城市道路断面及线形设计

城市道路断面及线形设计

任务描述：通过任务的完成，能分析城市道路的比例、城市道路的断面设计线形设计。

任务目标：能合理分析并完成城市道路的设计。

【工作任务】

图 4-1 为某城市道路断面图，合理分析城市道路的宽度、构成及人行道与车行道的宽度比等道路基本设计。

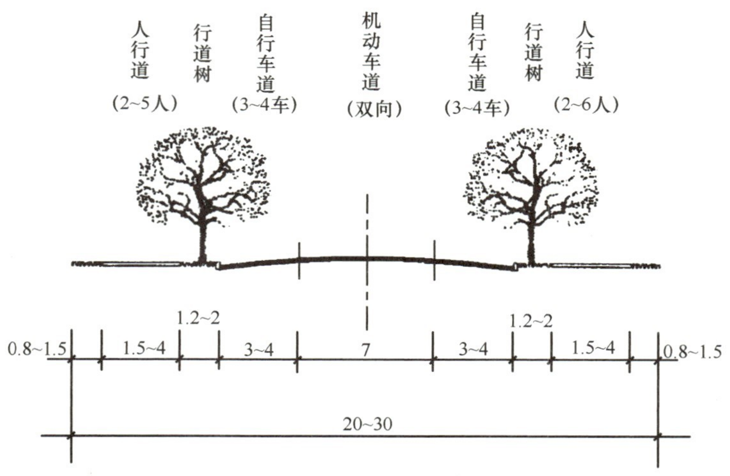

图 4-1　某城市道路断面图（单位：m）

【理论知识】

城市道路的基本设计是道路设计中最基础的问题，它主要由三个方面的问题组成，即道路的幅宽、车行道与人行道的比例、道路的线形等。需要注意的是，道路的基本设计与城市的自然、历史条件有非常密切的关系，在设计时要贯彻尊重历史的原则和最小破坏自然环境的原则。

一、道路的比例与断面形式

1. 道路宽度构成

不同等级的道路有不同的道路宽度要求。一般情况下，每车道的宽度为 4.5m，人行道宽度为 2~4m，根据车道数、人行道设置不同幅宽的道路。宽度为 10~20m 的道路，路两侧沿街的视线相互连接，对步行者来说是一个视觉感觉好、有围合感和亲密感的空间；而宽度在 30m 以上的道路从空间上超越了人的尺度，很难给步行者创造出一种围合的空间感。因此，形成繁华街景的道路或步行系列的道路的幅宽大都在 20m 以下。超过 30m 宽度的道路，要创造出近人尺度的空间可通过在步行道与车行道之间种植行道树进行隔离。

2. 步行道与车行道的宽度比

决定道路景观气氛指标之一是包括绿化种植带在内的步行道与车行道部分的宽度比例。一般来说，步行道较宽的道路，散步道的感觉就会较强，如果步行道较窄，对步行者来说就会有压迫感。

市区内的干线道路，包括 1.5m 的种植带，步行道幅宽在 4.5m 时为标准幅宽。单侧的步行道需要占全幅宽的 1/6 以上。步行道上经常会出现植物、防护栏、灯柱、标志、汽车站、过街桥、地下通道出入口、消防栓、自行车道等各种各样的附属构筑物，道路上可能还会放置商品、广告牌和自行车，这些都会妨碍步行空间。因此，为了保证充足的步行空间，可以将一些道路附属设施进行适当调整。比较宽敞的步行道空间多设置在道路两侧，可把沿街建筑红线向后推移；将空地进行开发利用，扩展为街头公园；用埋地电缆取代地上的电线杆；将广告牌进行统一管理；对沿街坡面地形进行利用。

3. 道路幅宽 *D* 和沿街建筑高度 *H* 的比例

D/H 是保证道路空间的均衡感、开放感和围合感的重要指标。通常 D/H 的值越小，道路的封闭感越强。当 $D/H=3$ 时，几乎没有围合感，形成一种开放的道路空间；当 $D/H\geqslant 4$ 时，完全没有围合感；当 $D/H=1\sim 1.5$ 时，有围合感。路幅较宽的道路在形成重要景观的路段，建筑外轮廓线和高度是非常重要的决定因素，$D/H=1\sim 2$ 是最为理想的空间构成。$D/H>3$ 的道路，空间整体会显得很宽阔，为了增加景观层次，可利用行道树、花坛、雕塑小品将道路进行细分，并且可以在道路的转弯处、端点处设置景观标志物作为空间的视觉对景。要给人一种十分亲切的感受，形成生活气息较浓的道路时，一般 $D/H<1$。

为了保证道路景观的统一和空间的完整性，道路幅宽及沿街建筑的高度将起到重要的作用。在一条笔直的道路上，如果 D/H 值保持不变，景观上的单调感就十分明显。为此设置一些景观小品和设计折线形或曲线部分，可以打破原有的空间构成，丰富道路细部的变化。为了保证道路良好的比例构成，从视觉上要把道路进行分段化的细部设计。如把较长的道路按街区分为若干个横道，在交叉点设置不同街名，使道路空间更易识别和更能给人们留下印象。

4. 城市道路绿化的断面形式

城市道路绿化的断面布置形式主要有以下几种：

（1）一板二带式　即 1 条车行道，2 条绿带。

（2）二板三带式　即分成单向行驶的 2 条车行道和两条行道树，中间以 1 条绿带分隔开。

（3）三板四带式　利用两条分隔带把车行道分成 3 块，中间为机动车道，两侧为非机动车道，连同车道两侧的行道树共为 4 条绿带，故称为三板四带。

（4）四板五带式　利用 3 条分隔带将车道分成 4 条，使各种车辆均形成上下行，互不干扰，保证了行车速度和安全。

二、道路的线形设计

道路的线形设计包括平面线形设计和纵断面线形设计两个方面的内容。

1. 平面线形

平面线形，即道路中心线的水平投影形态。道路的平面线形有直线和曲线两种，曲线又有圆弧曲线和自由曲线等形式。

（1）直线形道路　直线带有很明确的方向性，道路有连续性，沿线两侧所有道路设施、绿化等均易与这种线性环境协调，从而使道路具有强烈的线性特征，给人以整齐简洁之感，在道路轴线端点处可以设置标志性建筑作为对景。我国自古以来把“道路如矢”作为道路美的一种象征，一条宽阔的直线大道宏伟而有气度，沿一条直线前进将使延续的意象大大增强。但直线形道路从车行道或人行道的视线上看比较单调、呆板，静观时路线缺乏动感。除平坦地形以外，直线很难与地形协调，在两条同向曲线之间插入的直线也不能形成连续线形。美学观点认为，两点之间的直线连接一般很难认为是最美的，因此直线的应用与设置一定要与地形、地物和道路环境相适应。在进行幅宽较大的干线道路景观规划时，一般以直线的道路为原则。

（2）曲线形道路　曲线是平面主要线形要素，曲线线形流畅、生动、具有动感。由于汽车交通的发展，特别是快速道路的建设，市际之间的高速路、市内的高架路，为了适应高速行驶的要求，目前也流行以曲线为主的设计手法。人们在曲线上行驶可以很清楚地判别方向变化，看清道路两侧景观，并且可能在道路前方封闭视线形成优美的街景。人们在曲线街道上行驶往往容易对环境有较深的印象。曲线容易配合地形，同时可以绕越已有地物，在道路改造时容易结合现状。

曲线有圆弧曲线和自由曲线两种形式。当车辆在弯道上行驶时，为了使车体顺利转弯，保证行车安全，要求弯道部分应为圆弧曲线，该曲线也称为平曲线。平曲线的最小半径，即车辆在弯道上的最小转弯半径为6m。另外，当汽车在弯道上行驶时，由于前轮的轮迹较大，后轮的轮迹较小，会出现轮迹内移现象，同时，由于其本身所占宽度也较直线行驶时大，因此弯道半径越小，这一现象就越严重。为了防止后轮驶出路外，车道内侧需适当加宽，即曲线加宽。自由曲线是指曲率不等且随意变化的自然曲线。在一些旅游开发区、公园和居住小区的步行路设计中多采用此种线形。自由曲线的道路可随地形、景物的变化而自然弯曲，显得柔顺、流畅和协调，但也应避免无艺术性、功能性和目的性的过多弯曲。

2. 纵断面线形

纵断面线形，即道路中心线在其竖向剖面上的投影形态。考察纵断面线形，需从线形种类和线形要素两个方面着手。

（1）线形种类　该线形如为直线，则表示路段中坡度均匀一致，坡向和坡度保持不变，但这仅是一种假象状态，实际情况是：纵断面线形随着地形的变化而呈连续的折线，在折线交点处为使行车平顺，需设置一段竖曲线。如图4-2所示，为使车辆安全平稳通过变坡点，须用一条圆弧曲线把相邻两个不同坡度线连接，这条曲线因位于竖直面内，故称为竖曲线。当圆心位于竖曲线下方时，此曲线称为凸形竖曲线；当圆心位于竖曲线上方时，此曲线称为凹形竖曲线。

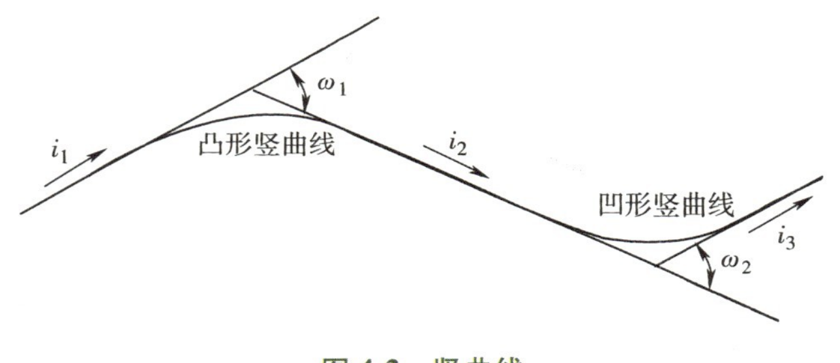

图4-2　竖曲线

（2）线形要素

1）道路的坡度。道路的坡度可分为纵向坡度和横向坡度两种。纵向坡度简称纵坡，即道路沿其中心线方向的坡度。行车道的纵坡一般为0.3%~8%，以保证路面水的排除与行车的安全；步行道的纵坡应不大于12%。横向坡度简称横坡，即垂直道路中心线方向的坡度。为了便于排水，道路的横坡一般为1%~4%，呈两面坡。不同材料路面的排水能力不同，其所要求的纵坡和横坡也不同。

一般城市道路纵坡平缓，只有在山城或丘陵地区的城市有时才出现较大的纵坡。纵坡一般宜缓，但小于5%可能造成排水困难。根据汽车动力特性分析，不同的道路计算行车速度有不同的纵坡要求。因此，纵断面线形要素的选择是根据地形及汽车的行驶特性、交通量的大小等因素来决定的。

2）坡道的长度。一般坡道不可太长。过长的同一坡度的直线坡道，会造成地表径流的流速过大，而且在景观的空间组织上也会造成一定的困难。对于较长的直线坡道，可通过在其间设置景观标志物，并且在途中分段设置平坦地段和缩短视线距离等方法，把原本长且直的道路进行分段处理。

3）台阶广场。当路面坡度超过 12°时，为了便于行走，在不通行车辆的路段上可设台阶。台阶的长度和路面宽度相同，每级台阶的高度为 0.1～0.165m，宽度为 0.28～0.38m。一般台阶不宜连续使用，若地形许可，每 10～18 级台阶后应设休息平台，使行人有恢复体力的机会。

台阶作为一种独特的步行空间，一般与广场或平直的道路相连，以使行人有一个缓冲空间（图 4-3）。

图 4-3　台阶与广场相连

三、道路的立体构造

在拥挤的中心城市采用大幅宽的道路是不现实的，为了有效地利用现有的土地，最为合理有效的手段是采用高架、半地下、地下等立体构造形式的道路。为了确保立体构造道路通行的安全性和快捷性，一般采用步行道和车行道分离的方式。为了创造出道路空间的个性特征，选择符合立体道路的空间特性和构造物的设计是十分重要的。

1. 空间的组合

高架道路（图 4-4）相对半地下、地下道路来说，建设费用要低，目前的城市高速公路多采用这种形式。但是，高架道路对城市景观影响很大，其遮挡阳光、影响日照，所以高架道路的建设规划要十分慎重。

图 4-4　城市中的高架道路

作为高架道路的用地，可以考虑在道路、河川、运河、建筑物及公园等的上空，一定要避免在城市中最具代表性的主干道上建造高架道路。

高架道路下方的空间，因为一般是很容易产生一种压迫感的灰暗场所，所以尽可能做成开放、明亮的空间。为此，在被称为主大街的道路上建造高架道路时，其道路的幅宽与高架道路的高度需要非常注意。根据道路的幅宽及沿街的特性，情况也会发生变化，为了使道路采光良好，高架道路的高 H_e 尽可能提高，避免只考虑并满足建筑限高的要求从而导致下方的道路阴暗。此外，高架道路两侧与建筑的距离 D_e 确保在高架道路底高的 2 倍以上时，可以消除压迫感。当 D_e/H_e 变小时，沿高架道路栽植乔木，可以缓解高架道路对周边景观破坏的程度，如用树木把高架道路隐蔽起来。

2. 构筑物的设计

立体构造的道路比平面道路更需要在设计上下功夫。特别是高架道路，呈现出与周边环境不易协调的造型，会出现分隔城市景观的危险，所以说有必要对其细部进行设计。

道路两侧的附属物尽量简洁，不要太醒目。桥墩、横梁、高架路板应设计成一个整体的构造，同时也需要对桥栏、隔声屏障、照明设施、配管等进行统一的设计，最好避免造型粗劣、凹凸明显的设施，特别是排水管等配管类的设施避免错综零乱，必须把其设计在高架路面内，从表面上看不到外露的管线。

为了使桥墩看上去更纤细，采用把棱角磨圆等方法是十分有效的。高架路板两侧加上横向线带，可以使高架路面变得更轻巧。在人们能够接近的构筑物处加一些细缝等，或采用一些涂料等，使其色彩产生变化。此外，利用曲面把构筑物做成较为柔软的形式，也是一种与周边街景相融合的方法之一。

根据周边的土地利用等地区特性，把路线细分为几个地区段，并且从设计上把每个区域的特性做出来是非常重要的。例如，工业区、流通地区、开敞的场所等这样一些地方，可以考虑把高架道路设计成较为厚重的形式。

商业区、交通集散点、市民中心等人们来往很集中的地区，最好回避架设高架道路。如果无法回避，可在设计上仔细推敲，如把桥墩做成列柱的形式、高架路板做成桥形等模仿回廊建筑，采用协调、柔和的设计，在把其做成接近建筑物的形式上下功夫。在高架道路下方设置照明系统，在确保空间明亮感的同时，还需要对表面进行适当的处理，使人不产生压抑之感。

在住宅旁架设高架道路时，其下开辟小型公园也是一种有效的方法。在半地下、地下道路中，结构壁面应尽量避免繁杂，把管线类设施设在结构内。

隧道的出入口需要考虑在减轻洞内外不适感的同时，保持此场所的统一性、连贯性。

【实例解析】

［例 1］　图 4-5 为城市直线形道路，道路宽阔而大气，具有明确的方向性，简洁大方且富有秩序美感。

［例 2］　如图 4-6 所示，城市曲线形道路流畅生动，富有动感，形成一道优美的风景。

图 4-5　城市直线形道路

图 4-6　城市曲线形高架道路

任务 2　城市道路节点设计

城市道路节点设计

任务描述：通过任务的完成，能合理分析城市道路节点设计。

任务目标：能合理分析城市道路的交叉口设计。

【工作任务】

图 4-7 为某城市道路主干道，连接城市与高速路的快速通道，人行道一侧设有观光休景观带，请根

据此节点效果图设计，合理分析其设计，包括景观空间设计、植物景观设计、铺装、休憩设施等。

图 4-7　城市道路节点设计

【理论知识】

道路网的结点（节点）就是交叉口。交叉口在一组道路中具有全局的意义，相交的道路在交叉口处关系要清楚、形象、生动，不能是含糊的连接点，以免使陌生的行人失去方向。

道路的节点还包括交叉点、桥、站前广场、停车场、地下出入口、隧道、步行天桥、路旁广场、小建筑等，它们在街道网络的划分中具有像标点符号那样的效果，具备形成街道景观的重要作用。

一、交叉口设计

1. 交叉口空间的景观构成

交叉点的空间由于道路交叉情况的不同会产生一些性质不同的景观。道路的交叉情况从其平面形态划分来看，可分为三岔路（T 字路、Y 字路）、四岔路（十字路、斜十字路）、五岔路及其一些变形的式样。另外，当人们或车辆在 L 字样及曲线形的街道中作线性移动时，它们的拐角处也是形成节点的点状场所。

交叉点的空间就是在复杂的街道网络中被作为连接点来认知的场所，至少要有能够对应相互交叉的道路宽度的空间，既要形成平面领域，也要有广场的印象（图 4-8）。

2. 交岔口街角地的建筑

在景观形式上，不仅是交叉点的中央部分，包括道路外侧街区的街角地，T 字形交叉街道尽端视线停留的位置上存在的建筑物、植物的栽植形态也都是重要的景观构成要素。街角地作为城市街道轮廓的端点，易于集中视线，是很容易给人深刻印象的场所（图 4-9）。如果将街角地进行切角处理，使建在此处的建筑物的正立面面向交叉点空间，就能够带来很强的对景效果。像这样在视线集中的部分设置正面的出入口，再在上部建设钟楼或观赏塔等，就是以前广泛流行的古典建筑的构成手法。在视线停留的地方设置建筑物，也是出自同样的意图。

现代社会，这些场所中往往会出现很多大型广告，这就是利用街角或视线停留场所容易引人注目的视觉特性作为商业用途的，从这一意义上可以认为这些场所比其他场所具有更强的公共性。因此，在设计这些场所要素时，就理应追求交叉点的景观形成。

街角地并不限于一定要建建筑物，根据土地的利用，也可以形成开放空间，当然也可以考虑推敲建筑物的形态而留出空地部分的空间。如果形成公共空地，也就是街角广场。

图 4-8 T 字形道路空间

图 4-9 广州某街角地的设计易于集中视线

3. 转角部位及人行横道周边的设计

宽阔街道间交叉点的街角地带一般多进行切角处理，特别是在人行道中设有步行横道的情况下，在确保步行者流线的处理及停留空间的条件下，还必须对道路一侧实施切角处理。而且在人行道与车行道分界时，为确保车辆视距而需要设计考虑转弯半径的圆形曲线，从而形成比互相交叉街路的步行道更为开阔的空间。

在这一空间中，街角地带的建筑物设有出入口时，就形成了具有通道功能的流动性空间。否则，将处在街角地的建筑物经策划形成与之位置相应的空间特性，特别是必须通盘考虑人行横道的设计。另外，即使在街角地形成开阔的空间，也应该考虑整体处理。

与街角地的建筑物形态相关的是，其切角未必是采用单纯的斜线为最好，一般来说，斜线的长度是根据交叉路口的宽度通过精确的计算来确定的。但建筑用地在很多情况下却是很难利用的用地形态，所以最好考虑用圆形曲线或用阴角型的切角方式来处理。标准较低的道路交叉口常常不做切角，多采用直角阳角型的建筑物墙面占满用地。然而这样会造成人行道的通行功能低下，因而在商业地段等人流较多的地带还是以开放通道的形式作切角处理为好（图 4-10）。

图 4-10 武汉某街道的转角部位开放空间

在铺装方面，可考虑使街角部分与其他人行道部分有所变化，再与开放空地作整体化处理就可形成完整顺畅的交叉点空间。人行横道处通常用缘石铺装，但也要考虑到事先将步行道部分整体降低。将住宅区内的道路等的人行横道、交叉点部分的车道铺路作为边界，则人行道的一般部分也可以处理为同样的高度。路旁宜栽植有象征性的高大树木，栽植低矮树木反而会造成空间狭窄的感觉。

4. 立体交叉口的处理

立体交叉口可能是城市两条高等级的道路相交处或高等级跨越低等级道路处，也可能是快速道路的入口处，这些交叉的形式不同，同时交通量和地形也不相同，需要灵活应用。在立交处，如出入口可以栽植诱导视线的树木。但是，有的地方为防止影响视线而禁止种植。立交中有不少空地，如交通岛等都是可成片的绿化地段，也可用来做绿岛。一般绿岛上不允许种植遮挡视线的成片高大树木，但可以种植草皮，草皮上可以点缀有较高的观赏价值的少量常绿乔木、灌木和花卉。

为了顺利地进行交通分流，可从车道的右行路线或左行路线分离出直行路线，作立体化处理。立体化处理有三种基本类型：一种是相互交叉的街道一方设计为基准平面设置，另一方设计成下行通道；一种是一方设计为基准平面设置，另一方设计为上行通道；还有一种是同时设计上行通道和下行通道，但这种情况一般较少。不管怎样说，对于被立体化的街道来说，弯道和直行车道之间一定会出现护坡。直行车道为下行通道时，车辆通过时人们的视线和看到的景观会受到限制。

当另一方为上行通道时，通过上面的车辆看到的景观会是动态的全景。但是视线从地平面开始移动并升起，近距离看坡道处的护坡、桥梁、桥墩、桥头等，易形成有压迫感的封闭式景观。尤其当路面宽阔的干线街道上采用这种构造时，常常会使桥梁下的空间很阴暗。因此，在设计时不仅要考虑到桥梁结构的形状及其表面处理，同进还必须综合考虑桥梁下空间的使用。

上行通道的桥梁，可考虑设计为桥的两端有较薄感觉的形状，使之从侧面看去有轻巧之感。同时，要考虑到光线能射到桥下方。另外，还要考虑将中央隔离带设计为敞口，同时最好事先使桥梁内壁光滑。有隔音壁紧贴高处栏杆时，应在最初就事先考虑到与桥梁主体设计的协调性。

从穿越人行横道的行人的角度来说，除上述部分外，桥下空间的铺装、桥头、桥墩、支撑等细节也都具有重要的意义。另外在设计时要有这样的概念：可将桥下空间处理为等待红绿信号灯转换的场所。当桥下空间有一部分作为停车场时，可不使用防护网、警戒栏杆，而按路段分别作不同处理。

二、人行天桥设计

人行天桥又称为人行立交桥，一般建造在车流量大、行人稠密的地段，或者交叉口、广场及铁路上面。人行天桥只允许行人通过，用于避免车流和人流平面相交时的冲突，保障人们安全穿越道路，提高车速，减少交通事故。人行天桥作为呈平面展开的建筑物，使得行人的行动路线和车辆的交通路线立体式分离，两者之间能够流畅地流动。但是为了不损坏其作为站前广场开放空间的价值，设计时应注意天桥架设的方向、位置、桥宽等。如果天桥造成与其并排的街道及开放空间的景观分离而损坏了城市面貌的情况，应将大桥设置为地下通道，这样在景观方面更为有利。在广场面积不太大的场合，基于同样的理由，也以不设人行天桥为宜。

在考虑设置人行天桥的时候，若将其作为一个大型的人行横道来考虑，往往是将其作为和周围建筑物的开放空地和开放通道立体连接的行人专用通道来处理，这样在设计上会更好，因此有必要使横穿广场的天桥通道部分最少，而且为了不出现斜切广场空间等情况，应该精心进行整体的平面布置。

人行天桥平面布置主要有两种方式：一种为分散布置，即将人行天桥分别布置在各路口人行过街横道处；另一种为集中布置，即在交叉口处用四桥互通的矩形、X 形、环形等天桥。

三、停车场设计

停车场应根据道路交通需求合理分布。根据用地情况和停车性质，可设置地面或向地下、空中发展的多层停车场，国外还有屋顶停车场；根据情况还可设置路旁及路边的临时停车点。关于停车场的规划，应注意在城市四周进出口附近设置专用停车场，以避免大量过境车辆进城影响市内交通，有些城市也在这些位置设置个体交通的旅客换乘站点。大型公共建筑应有专用的停车场地，一些不准路边停车的街道都应在适当的距离与位置布置停车场。大型停车场要尽量避免在干道上设置进出口，以免干扰交通。

1. 汽车停车场

汽车停车场要根据道路宽度、断面构成、景观构成等街道的特性、等级和气氛来设计。不同的环境地段，汽车停车场的设置要求不同。

1）对于商业、办公区来说，既要考虑离开汽车去购物或办事等长时间停车的现象，也要考虑出租车的停靠或货物的装卸等较短时间停车的现象，这两者在性质上是截然不同的。因此，要将路侧的停车带和专为停车准备的空间区分开。路两侧的停车带的划分可以通过行车线来明确区分，最好进行改变铺装等处理。专为停车准备的空间有条件的话可以设置在商业区和办公区的庭院里，若地块受限制的话也可设置在道路红线外侧，建筑物前面。

2）中高层住宅区的停车场的规模是按照汽车拥有率来算定的，因此要准确估算未来若干年业主的汽车拥有率。

3）城市道路上的停车空间可设于人行道、车道边缘，但有时也设计在立体交叉或连续的高架桥下的车道中央隔离带上。另外，随着城市地铁的发展，地铁入口附近停车场更加便利人们的出行（图4-11）。

图4-11 地铁站附近停车场

4）除了常设的停车空间外，还要考虑可以满足集会等大量停车要求和能限定特定车辆的临时停放的措施。

5）利用频率低的停车场所，可以植入草坪砖等作为绿化带使用。

2. 公交车停车场

作为汽车停车场的特例，公交车停车场是城市中很重要的场所，但是十分舒适的等车空间在城市中并不多见。公交车停车场的设置要注意以下一些问题：

1）在设置公交车停车场时要从车道的侧面向人行道的一侧延伸，并且以截断栽植带来作为公共汽车的停车空间，为此要截断一个相当长的栽植带空间。

2）为了解决空间问题，在公共空地中引入人行道，并且将通道部分和待车空间区分开来，同时在通道一侧设计公共汽车防雨棚等设施，还要考虑保持人行道的贯通。总之，应将栽植及休息设施等候车部分和流线部分分开设置（图4-12）。

3）通常在等待公共汽车的乘客集中的站点附近都有大型的公共设施或大型商店等，当它们与街道连接时，将公共汽车停车点设置在铺装地内也是可以考虑的。

4）对于公园处的站点，即使平时的乘客很少，但还要考虑确保其大空间完整的地点，可以考虑设计成像站前广场那样大的公共汽车停车点。将它与小公园、街亭、桥头等小的开放空间一体化设计，在提高个性特点

图4-12 公共汽车站点设计

的同时，还可提供减少单调的候车时间的空间场所。当沿道有挡土墙时，可以将停车点的一部分退进去形成凹状的空间。

四、地下出入口设计

地下通道净空小，建筑高度低，行人过街时比较方便。这种方式的优点是对地面景观影响较小，但在建成区或旧城区，往往因地下管线密集而不宜采用这种方式。地下通道使行人由地面转入地下空间，往往使人有新奇感。因此，地下通道部分应注意装修，地面、墙壁、灯饰等均应给行人美好的印象。地下通道应有足够的宽度以确保通畅。对街景有影响的是地下通道的出入口部分。低矮的出入口对街景的影响是局部的，对整条道路街景没有任何影响，在进出口部分可设置低矮的护栏，其作用可以作为一种进出口的标记以保证行人安全。有些地方有防雨要求而设置防雨篷，这样对人行道上的视线有明显的影响，应将它们作为街头建筑小品进行设计并与环境协调，特别是与周围建筑风格的协调。西安南大街的地下通道进出口有仿古的砌石栏杆，与沿街建筑及附近钟楼、南城门楼等建筑风格是一致的。

1. 设置在人行道

地铁站、地下人行通道、地下街等的出入口一般多见于街道空间的人行道部分，在街道的人行道上设置一些诸如此类的出入口时，行人的空间就会显得狭窄，还会阻碍道路的视野，甚至其周围又容易被随意停放自行车或弃置垃圾，墙壁及柱子上又常会被贴上一些小广告，很不雅观。这样的场所是步行人流的集中地段，人流路线交错，因此，在其周边地带应有足够的空间才好。

出入口单独设置在街道上时，需要考虑加宽人行道及确保周边空间的尺度等问题。另外，在这种情况下，由于出入口建筑物耸立在人行道上，还应该十分注意其设计。同样，作为小建筑考虑的候车亭、公共厕所、公用电话亭、地下换气塔、配电变压器室等，最好把它们集中起来作为一个复合设施的设计来考虑。通常像这样的设施，相互间简单地叠加组合或设计的不统一都是造成街道景观混乱的主要原因。

通常，如果地下设置的排水设备容量足够的话，出入口没有屋檐是可以的，在必须设置屋檐的地方可参考附近街道的景物特性，设计时不要出现不协调感。由于要在出入口处设置一些简明的标志，通常只要设计一些清楚明了的指示标记就可以了，而没有必要搞一些刺目的、新奇的设计，使街道的景观变得更加混乱。

2. 设置在沿街部分

与设置在人行道上狭窄的出入口的相比较，当用地上能够有足够的宽度，将出入口设在沿街部位，在功能和景观上则更为妥当。沿街两旁的建筑物还会因设置与其相连的地下出入口而加强其功能与经营。在沿街用地是公用空地的情况下，考虑与其用地上修建的建筑物相协调的设计方案的同时，还要考虑到空地内的设置。

为了发挥沿街用地的作用，只是将出入口建筑单独设置的话，反而变得不自然，这种情况下，对其形态及色彩的处理应十分注意。

在沿街的公共空地比街道标高低时，出入口建筑的地下部分或地下街道、地铁站等可以与建筑一并考虑，这种下沉广场的手法造成城市空间上的起伏，使街道空间两侧的视野变得更加宽阔。当人们从街道俯瞰广场的空间时，此空间就成为城市中非常有趣的一个空间场所。

【实例解析】

［例 1］　如图 4-13 所示，某道路交叉口一侧空间种植遮阴大树和绿篱等植物，坐凳及花坛为人们提供休憩空间。

图 4-13　道路交叉口休息空间

［例 2］　如图 4-14 所示，武汉某街道的天桥从道路一侧过街向另一侧商场，同时由于地铁高架桥也在此地，因此形成天桥一边出入口只有一个，直通地铁站，另外一边是双向三出口，分别设在马路两边和一座大楼二楼内部。

图 4-14　武汉某街道的过街天桥设计

［例 3］　如图 4-15 所示，草莓造型的公交车站点设计，色彩亮丽，造型可爱，满足使用功能的同时具有极佳的观赏效果。

［例 4］　如图 4-16 所示，武汉光谷广场地下中转空间出入口，满足大量人流过马路、乘坐地铁以及地下通行的需求。

图 4-15　公交车站点设计

图 4-16　武汉光谷广场地下中转出入口设计

任务 3　城市道路绿地景观规划设计

城市道路绿地景观设计

任务描述：根据给定的某城市道路的断面图，按要求完成道路绿化设计。
任务目标：能合理选择城市道路绿化树种，能合理设计城市道路绿带景观。

【工作任务】

图 4-17 为某城市道路的断面图，道路标段长度为 1000m，路面宽度为 40m，现要求根据城市道路绿化设计的相关知识，按照图纸尺寸要求完成道路绿化设计。

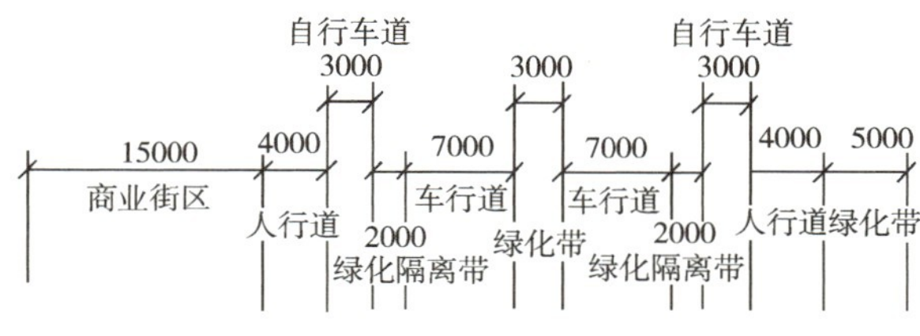

图 4-17　某城市道路断面图（单位：mm）

要完成上述工作任务，需要掌握城市道路绿地景观规划设计的方法和技能，涉及城市道路绿地设计的原则、绿化植物的选择、行道树绿带设计、路侧绿带设计、分车绿带设计及交通岛绿地设计。具体要解决以下问题：

1）选择合适的行道树树种和种植形式。

2）根据周围环境确定人行道绿带的风格和形式。

3）选择合适的路侧绿带种植形式，并且选择合适的植物搭配种植。

4）选择合适的分车带种植形式，并且选择合适的植物搭配种植。

5）选择合适的人行道铺装样式、铺装材料和尺寸。

6）选择交通岛种植形式，选择合适的植物搭配种植。

现将任务分解为以下五个方面：

1. 现场调查研究

（1）基地现状调查　现场勘察测绘，调查气候、地形、土壤、水系、植被、建筑、管线。

（2）环境条件调查　调查四周景观特点、发展规划、环境质量状况和设施情况。

（3）设计条件调查　查看基地现状图、局部放大图、现状树木位置图、地下管线图、主要建筑物的平面图和立面图。

2. 城市道路景观总体规划设计

总体规划设计是指总平面图设计。总平面图包括功能分区、园路、植物种植、硬质铺装、比例尺、指北针、图例、尺寸标注、文字标注等内容。

3. 城市道路景观详细设计

1）剖面图和立面图详细表现地形、建筑、植物。

2）局部节点详图表现局部景观节点、亮点。

3）效果图是指园景透视图、表现整体设计的鸟瞰图。

4. 文本制作

文本制作包括封面、封底、目录、页码、设计说明、总平面图、效果图、分析图、局部节点详图、意向图等制作。

5. 项目汇报

制作项目汇报 PPT。

【理论知识】

由于城市工业的发展、人口的增长，特别是现代交通的发展给环境带来很大的冲击，因此城市道路的绿化问题被提到了一个很高的高度。道路绿化有助于改善城市环境、净化空气，能够降噪、调节气候，对遮阴、降温也有显著的效果。在道路交通方面，绿化带还可用来分隔与组织交通，诱导视线并增加行车安全。

一、城市道路绿地设计的基本原则

1. 注重地方特色

一些好的绿化往往能成为地方特色，如南京街道以法国梧桐、雪松等作为行道树，武汉以香樟等作为道路绿化的主要树种，南方其他一些城市以棕榈、蒲葵等作为行道树，这些都很好地体现了地方特色。

2. 绿化要与其他街景要素相协调，利用绿化加强道路特性

绿化除能成为地方特色之外，不同的绿化布置也能增加道路特征，从而使一些街景雷同的街道由于绿化不同而区分开来。街道绿化是街道上的重要视觉因素，要与街景其他元素协调。道路环境的绿化也是街道建筑物前的绿化，两者必须统一起来。例如商业街、步行街的绿化，就不能栽植高大树木，也不能种植过密，否则就不能反映商业街繁华的特点；又如居住区的道路与交通干道出于功能和道路尺度的不同，它们的绿化树木在高度、构型、种植方式上也应有不同的考虑。

3. 重视绿化对道路空间的分隔作用

高大的栽植对道路空间有分隔作用，如在较宽的道路中间分隔带种植乔木，往往可以将空间分隔开来。若道路边界视线涣散，也可通过种植让用路者视线集中起来。

4. 道路绿化要充分考虑当地气候条件、地方特点、道路性质与交通功能

道路绿化要充分考虑当地气候条件、地方特点、道路性质与交通功能，以及道路环境与建筑特点等方面的要求，并且把绿化作为整体环境的一部分来考虑。例如，南方夏季气温很高，遮阴种植就很重要。不同的道路性质与交通功能也直接影响绿化方式，绿化还有助于加强道路的线形特征与道路的连续性。

5. 重视植物的四季变化

植物有一个很重要的特征，就是大多数植物能随着季节的变化而呈现出不同的形态特征和色彩，这种现象被称为植物的季相变化。在街道绿化中，要考虑到植物的这一重要特点，使街景四季变化，春夏秋冬各有相宜的景色。因此，只重视行道树的种植是不够的，要把乔木和灌木、花卉、草坪结合起来，才能形成公园般的城市环境。

6. 重视绿化对视线的诱导作用

城市的交通干道的行车速度较高，特别是城市快速路与市郊的高速路或高等级公路的修建，从行车安全与驾驶员的心理状态来看，均需要视线诱导。在弯道及凸形竖曲线道路上种植高大乔木可以预示路

线的变化，有很好的视线诱导作用。这种视线诱导可以使用路者在视觉上产生线形的连续性从而提高了行车的安全性。

7. 绿化要保证道路有足够的净空与横净距

道路的绿化树木要保证侧向有足够的横净距，同时枝叶不应侵占道路行车的必要净空，以保障安全。有些地方绿化的树冠下净空不够，使驾驶员及其他用路者有胁迫感。

8. 注意功能与美化的结合

不同性质的道路，应根据用路者的观赏特点，采用不同的绿化方式。绿化有遮阴、隔声、防尘、装饰、遮蔽、视线诱导、地面覆盖等功能作用，但必须要与街道景观有机地配合起来，这样才能充分发挥其改善环境的特殊作用。

二、城市道路绿化的植物选择

根据上述原则和要求，道路绿化应选择适应道路环境条件、生长稳定、观赏价值高和环境效益好的植物种类。乔木、灌木、花卉、草坪和地被植物等都是道路绿化可以选择的植物种类。

1. 乔木选择

乔木应选择深根性、分枝点高、冠大浓荫、生长健壮、适应道路环境条件，且落果对行人不会造成危害的树种。具体来说，应选用下列树种：

1）以乡土树种为主，从当地自然植被中选择优良的树种。另外，经过长期驯化考验的外来树种在合适的情况下也是可以选择的。例如，华北、西北及东北地区可用油松、华山松、红松、樟子松、槐、臭椿、栾树、刺槐、银杏、复叶槭、柳属、榆属、白蜡树属、云杉属、桦木属、落叶松属等乔木；华东、华中地区可选择广玉兰、香樟、泡桐、薄壳山核桃、悬铃木、无患子、重阳木、枫香、柳属、银杏、女贞、榔榆、喜树、青桐、合欢、榆、南酸枣、榉树、构树、枫杨、枳橙、枇杷、楸树、乌柏、鹅掌楸、刺槐等乔木；华南地区可考虑香樟、大王椰子、蝴蝶果、石栗、榕属、木菠萝、椰子、红花羊蹄甲、马尾松、桉属、银桦、南洋楹、木棉、蒲葵、杧果、盆架子、台湾相思、白兰、洋紫荆、大花紫薇、凤凰木、木麻黄、悬铃木、扁桃、人面子、白千层等树种。

2）结合城市特色，优先选择市树及骨干树种。例如，成都市市树为银杏、北京市市树为国槐和侧柏，它们都适应城市当地条件，是优良的道路绿化树种。

3）道路各种绿带常可配置成复层混交的群落，要选择一批耐阴的小乔木，如锦熟黄杨、栀子、水栀子、杜鹃属、竹柏、红茴香、金银木、小檗属、十大功劳属、胡枝子属、大叶冬青、小蜡、红背桂、大叶黄杨、枸骨、九里香、棕榈等。

4）郊区公路绿带可考虑选用一些具有经济价值的树种，如乌柏、枫香、杨、榆、水杉、银杏、油桐、女贞、杜仲、白千层等。

2. 灌木选择

作为道路绿化的灌木有花灌木和观叶灌木等，观花灌木应选择花繁叶茂、花期长、生长健壮和便于管理的树种；绿篱植物和观叶灌木应选用萌蘖力强、枝繁叶茂、耐修剪的树种。道路绿化中常用的灌木有大叶黄杨、女贞、海桐、红花继木、火棘、龟甲冬青、珊瑚树、十大功劳、中华蚊母树、红叶小檗、侧柏、龙柏、木槿、杜鹃等。

3. 花卉选择

一些草本花卉也能应用于道路绿化中，无论是单独使用，还是与其他道路绿化材料混合使用，都会有出众的表现。它们的优势主要表现在以下三个方面：一是性价比高，花卉中有许多是从野生花种中选育出来的，有极佳的抗性——抗热、抗旱、耐贫瘠、自播力强，因此耐粗放的栽培和管理方式，大大降低了管理成本；二是有众多可筛选的品种，可使花色五彩缤纷、花期由春到秋、使用范围由南到北；三是可以迅速形成壮丽的景观，草本花卉可以在短时间内形成大片的花海、花带，大部分花卉都有极丰富的花量和长久的花期。

适合在道路绿化中使用的一、二年生草本花卉有波斯菊、百日草、蛇目菊、硫华菊、二月兰、蓝香芥、花菱草、矢车菊、虞美人、金盏菊、半支莲、孔雀草、轮峰菊、满天星、七里黄、屈曲花、异果菊；多年生品种有狭叶金鸡菊、大花金鸡菊、蜀葵、草茉莉、黑心菊、滨菊、常夏石竹、三寸石竹、须石竹、天人菊、野菊花、蓝亚麻、紫松果菊。在具体设计中，可选用单一品种，也可几个品种混合使用。

4. 草坪和地被植物选择

草坪和地被植物的选用也是道路绿化中不容忽视的一个方面，它有利于形成道路的立体景观层次，丰富城市植被，降低扬尘，使道路景观做到“黄土不露天”。尤其在一些特殊路段，如立交桥和高架桥下、交通岛、较宽的中央分车带和路侧绿化带，选用草坪和地被植物作为绿化材料与其他植物材料配合使用都是最佳的选择。具体来说，草坪应选择萌蘖力强、覆盖率高、耐修剪和绿色期长的种类，如南方地区选用狗牙根属和结缕草属的草坪，北方地区选用黑麦草属和高羊茅属的草坪；地被植物应选择茎叶茂密、生长势强、病虫害少和易管理的木本或草本观叶、观花植物，如在道路护坡的北坡向和大型立交桥下，应该多选用耐阴湿的地被植物，并且求得与上层树木的色彩和姿态搭配得当，如八角金盘、洒金桃叶珊瑚、十大功劳、蕨类、葱兰、石蒜、玉簪等，使一般乔木、灌木难以生长良好的地方处处生机盎然，得自然之趣。

三、城市道路绿带设计

道路绿带包括行道树绿带、路侧绿带、分车绿带和交通岛绿地等，下面就它们的设计特点分述之。

1. 行道树绿带设计

（1）行道树的树种选择　按一定方式种植在道路的两侧并形成浓阴的乔木称为行道树。它的生长环境除了具备一般的自然条件，如光、温度、空气、土壤、水分等外，其还受城市的特殊环境，如建筑物、地上与地下管线、人流、交通等因素影响。因此，行道树生长环境条件是非常复杂的，选择行道树的树种时应综合考虑到这些因素，按照上述原则安排高大、挺拔、浓荫、分枝点高、少病虫害的乔木。

（2）行道树的种植方法

1）树带式。在人行道和车行道之间留出一条不加铺装的种植带，为树带式种植设计（图 4-18）。这种种植带宽度一般不小于 1.5m，以 4~6m 为宜，可植一行乔木和绿篱或视不同宽度可种植多行乔木和绿篱。一般在交通流量不大的情况下采用这种种植方式，有利于树木生长。种植带树下应铺设草坪，以免裸露的土地影响路面的清洁，同时要留出适当的距离铺装过道，以便人流通行或汽车停靠。

2）树池式。在交通流量较大、行人多而人行道又狭窄的街道上，宜采用树池的形式（图 4-19）。一般树池以正方形为好，大小以 1.5m×1.5m 为宜；若为长方形，以 1.2m×2m 为宜；还有圆形树池，其直径不小于 1.5m。行道树宜栽植于几何形的中心。

（3）行道树定干高度及株距　行道树的定干高度，应根据其功能要求、交通状况、道路的性质、道路的宽度及行道树距车行道的距离、树木分枝角度而定。苗木出圃时，其胸径一般为 12~15cm，树干分枝角度较大的，干高就不得小于 3.5m，分枝角度较小者，也不得小于 2m，否则会影响交通。

图 4-18　树带式种植设计

图 4-19　树池式种植设计

另外，行道树的株距一般以 4~5m 为宜，但在南方如用一些高大乔木，也可采用 6~8m 株距。故视具体情况而定，以成年树冠郁闭效果好为准。

（4）行道树与工程管线之间的关系　随着城市进程的加快，各种管线不断增多，包括架空线和地下管网等，一般多沿道路走向布设各种管道，因而与城市街道绿化产生许多矛盾。因此，一方面要在城市总体规划中考虑树木与建筑物、构筑物、架空线和地下管线的合理间距；另一方面又要在详细规划中灵活安排，为树木生长创造有利条件。

2. 路侧绿带设计

路侧绿带是位于道路侧方，布设在人行道边缘与道路红线之间的绿带。从广义上讲，路侧绿带也包括建筑物基础绿带。路侧绿带根据用地条件的不同，其宽度不一，形式丰富多样。有的路侧绿带较窄，可能只有 2~3m，有的路侧绿带宽度超过 10m，可用规则的林带式配置或培植成花园林荫道（图 4-20）。例如，洛阳的关林大道道路两侧的绿化带宽度为 17m，植物配置采用乔、灌、草相结合的方式，植物品种多样，形成了较好的植物群落。

路侧绿带较宽时，可将其设计成开放式绿地（图 4-21），也称为街道小游园。该绿带以植物为主，可用树丛、树群、花坛、草坪等布置。乔木和灌木、常绿树和落叶树相互搭配，层次要有变化，内部可设小路和小场地，供人们入内休息。有条件的可设一些建筑小品，如亭廊、花架、宣传廊、景观灯、水池、喷泉、假山、座椅等，丰富景观内容，满足群众的需要。

图 4-20　路侧绿带设计

图 4-21　路侧绿带设计成开放式绿地

3. 分车绿带设计

分车带上的绿化称为分车绿带，也称为隔离绿带。其位于上行与下行机动车道之间的为中间分车绿带；位于机动车道与非机动车道之间的或同方向机动车道之间的为两侧分车绿带（图4-22）。分车带绿地起到分隔组织交通与保障安全的作用。分车带的宽度，依行车道的性质和街道的宽度而定，高速公路的分车带的宽度可达5~20m，一般公路也要4~5m，最低宽度也不能小于1.5m。

图4-22　深南大道分车绿带与行道树绿带

分车绿带上的植物配植除考虑到增添街景外，还要以满足交通安全的要求，不能妨碍驾驶员及行人的视线为原则，一般窄的分车绿带上只能种植低矮的灌木、花卉及草皮，如低矮、修剪整齐的杜鹃花篱，早春开花时如火如荼，衬在嫩绿的草坪上，既不妨碍视线，又增添景色。随着宽度的增加，分车绿带上的植物配植形式多样，可规则，也可自然。利用植物不同的姿态、线条、色彩，将常绿或落叶的乔木、灌木、花卉及草坪地被植物配植成高低错落、层次参差的树丛、观花或观叶孤植树、岩石小品等各种景观，以达到四季有景。

4. 交通岛绿地设计

交通岛也称为中心岛（俗称转盘），设置交通岛主要是组织交通，凡驶入交叉口的车辆，一律绕岛作逆时针单向行驶。交通岛多呈圆形，其绿地采用树带式种植。

交通岛的半径必须保证车辆能按一定速度以交织方式行驶。由于受到环道上交通能力的限制，因此在交通量较大的主干道上，或者有大量非机动车或行人众多的交叉口上，不宜设置环形交通。目前，我国大中城市所采用的圆形交通岛的直径一般为40~60m。

有时虽然交通岛的面积大，但因其主要功能是组织交通，提高交叉口的通行能力，所以也不能布置成供行人休息用的小游园或吸引游人的过于华丽的花坛，通常其以嵌花草坪、花坛为主，或者以低矮的常绿灌木组成简单的图案花坛，切忌采用常绿小乔木或大灌木以免影响视线。但在居住区内部，人流、车流比较小，以步行为主的情况下，交通岛就可以小游园的形式布置，从而增加群众的活动场地。

【实例解析】

［例1］　图4-23为深圳市深南大道景观，其设计很好地处理了交通和绿化的关系，大道如公园般设计，使用路者感到心旷神怡。

图 4-23　深圳市深南大道景观

［例 2］　图 4-24 为武汉市某交通岛路口绿化，此处的交通岛由两部分组成，圆形交通岛由常绿乔木和灌木形成组团景观，中心立灯柱。另外一块交通岛为三角形绿地采用低矮的灌木组成图案，中心立以雕塑，组织交通的同时也美化了环境。

图 4-24　武汉某十字路口圆形和三角形组合交通岛

项目 5
城市广场景观规划设计

项目导言与学习目标

项目导言

广场一般是指由建筑物、道路和绿化地带等围合或限定形成的开敞的公共活动空间。在我国城市建设高速发展的今天，城市广场正在成为城市居民生活空间的一部分，它的出现被越来越多的人喜爱。作为一种城市艺术建设类型，它既承袭传统和历史，又传递着美的韵律和节奏，它是一种公共艺术形态，也是一种城市构成的重要元素。在日益走向开放、多元、现代的今天，城市广场这一载体所蕴含的诸多信息，已经成为景观设计深入研究的课题。

知识目标

1. 了解城市广场的类型与特点。
2. 掌握城市广场的空间设计方法和城市广场景观植物的配置方法。
3. 了解广场的生态设计原则和方法。

能力目标

1. 参观附近某大型广场并分析其设计的优点与缺点。
2. 熟悉广场空间与周围建筑之间的关系。
3. 能完成广场景观设计方案，绘制广场设计平面图。

素质目标

1. 通过城市广场实地考察，提高学生团队合作精神，培养学生分析问题和解决问题的能力。
2. 通过完成城市广场实地考察报告，培养学生独立学习、分析总结和提高完善的能力。
3. 通过完成城市广场景观设计方案，培养学生的创新意识和创新能力。

任务 1　城市广场功能设计

任务描述：通过任务的完成，能分析城市广场的类型及特点。
任务目标：能合理分析城市广场的类型及特点。

【工作任务】

图 5-1 为西安大雁塔广场，分析该广场的类型、空间布局、设计特点以及景观要素等。

图 5-1　西安市大雁塔广场

【理论知识】

一、城市广场的类型

按照不同的分类方式来划分，城市广场的分类有多种。

（1）按广场形态分类　按照广场形态分类，城市广场可分为规整形广场、不规整形广场等。

（2）按广场剖面形式分类　按广场剖面形式分类，城市广场可分为以下两种：

1）平面型广场（图 5-2）。传统城市的广场一般与城市道路在同一水平面上。这种广场在历史上曾起到过重要作用。此类广场能以较小的经济成本为城市增添亮点。

图 5-2　平面型广场

2）立体型广场。立体型广场又包括以下两种类型：

① 上升式广场（图 5-3）。上升式广场构成了仰视的景观，给人们一种神圣、崇高及独特的感觉。在当前城市用地及交通十分紧张的情况下，上升式广场因其与地面形成多重空间，可以将人、车分流，使双方互不干扰，极大地节省了空间。

采用上升式广场可打破传统的封闭感，创造多功能、多景观、多层次、多情趣的“多元化”空间环境。

② 下沉式广场（图 5-4）。下沉式广场构成了俯视的景观，给人一种活泼、轻快的感觉，被广泛应用在各种城市空间中。下沉式广场应比平面型广场整体设计更舒适完美，否则不会有人特意在此停留。因此，下沉式广场的舒适程度非常重要，其中应建立各种尺度合宜的人性化设施，考虑到不同年龄、不同性别、不同文化层次及不同习惯的人们的需求，建立残疾人通道，强调“以人为本”的设计理念。下沉式广场因其是地下空间，所以要充分考虑绿化效果，以免使人感到窒息，产生阴森之感，其中应设置花坛、流水、草坪、喷泉等。

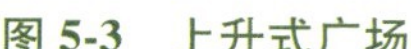

图 5-3　上升式广场

图 5-4　下沉式广场

（3）按广场的主要构成要素分类　按广场的主要构成要素分类，城市广场可分为建筑广场、雕塑广场、水上广场、绿化广场等。

（4）按广场在城市规划结构中的不同地位分类　按广场在城市规划结构中的不同地位分类，城市广场可分为城市中心广场、区级中心广场、地方性广场（小区中心、重要地段、建筑物前的广场）。

（5）按广场的功能特征分类　按广场的功能特征分类，城市广场可分为市政广场、纪念广场、交通广场、商业广场、文化休闲广场、宗教广场等。

1）市政广场。市政广场是指用于政治文化集会、庆典、游行、检阅、礼仪、传统的节日活动的广场。市政广场多修建在市政府和城市行政中心所在地，是市政府与市民定期对话和组织集会活动的场所。市政广场的出现是市民参与市政和管理城市的一种象征。它一般位于城市的行政中心，避开繁华的商业街区，有利于形成广场稳重的气氛。同时，市政广场应具有良好的可达性及流通性，通向市政广场的主要干道应有相当的宽度和道路级别，以满足大量密集人流畅行的要求。

市政广场的布局形式一般较为规则，广场上的标志性建筑物是广场空间的主景。为了加强稳重庄严的整体效果，建筑群一般呈对称布局，标志性建筑也位于轴线上，不宜布置娱乐性建筑，可适当布置休闲及休憩性建筑及小品。由于市政广场的主要目的是供群体活动，所以广场应该有开敞的集会空间，如硬化铺装地或疏林草地，其中还可以适当点缀小品。

2）纪念广场。纪念广场是指纪念某些重要事物或重大事件的广场。广场的中心、侧面应以纪念雕塑、纪念碑、纪念物或纪念性建筑物作为标志物，主体标志应位于广场的构图中心。其布局及形式应满足纪念的氛围和象征性的要求。

纪念广场的选址非常重要，因为其具有深刻严肃的文化内涵，所以应尽量远离喧闹繁华的商业区或其他干扰源。主题纪念物应根据纪念主题和整个场地的大小来确定其尺度大小、设计手法、表现形式、材料、质感等。形象鲜明、刻画生动的纪念主体将大大加强整个广场的纪念效果。

3）交通广场。交通广场是城市交通系统的有机组成部分，是交通的连接枢纽，起交通、集散、联系、过渡及停车等作用。交通广场可以从竖向的布局上解决复杂的交通问题，分隔车流和人流，并且有足够的面积和空间，满足车流、人流的安全需要。

交通广场的一种类型是设在人流大量聚集的车站、码头、飞机场等处，具有提供高效便捷的交通流线和人流疏散功能；另一种类型是设在城市交通干道交汇处，通常有大型立交系统。由于城市干道交汇处交通噪声和空气污染严重，因此此类广场应以交通疏导为主，避免在此处设置多功能、容纳市民活动的广场空间，同时采取平面、立体的绿化种植吸尘降噪。

4）商业广场。商业广场是指用于集市贸易、购物的广场，或者商业中心区以室内外结合的方式，把室内商场与露天、半露天市场结合在一起的广场。商业广场应采用步行街的布置方式，除购物外，还可满足人们休憩、交游、餐饮等多功能要求，它是城市生活的重要中心之一。商业广场在注重经济效益的同时，还应兼顾环境效益和社会效益，以达到促进商业繁荣的目的。例如，20 世纪 90 年代后期的深圳东门地区商业街区的改造工程，改造之前该地区虽然是市区内较为繁华的小商品集贸市场，但因缺乏统一的规划和有效的管理，商业店铺杂乱无章，购物街道空间拥挤局促，人车混行，缺乏支持购物行为的休息场所和公益设施。改造后的东门商业地区的购物环境焕然一新，街区内的步行商业街、购物和休闲内广场使购物空间整体有序，具有较强的地域文化氛围，更增强了该地段商贸活动的生机和活力，市民在购物的同时享受到现代舒适的购物空间环境，取得了社会效益、环境效益、经济效益三大效益的综合平衡。另外，天津市文化街、南京夫子庙广场都是改造很成功的例子。

5）文化休闲广场。文化休闲广场主要是为市民提供良好的户外活动空间，满足节假日休闲、交往、娱乐的功能要求，兼有代表一个城市的文化传统、风貌特色的作用。因此，文化休闲广场常选址于代表一个城市的政治、经济、文化或商业中心地段（老城或新城中心），有较大的空间规模。在内部空间环境塑造方面，常利用点面结合、立体结合的广场绿化、水景，保证广场具有较高的绿化覆盖率和良好的自然生态环境。广场空间应具有层次性，在对外围界面进行第一次限定之后，常利用地面高差、绿化、建筑小品、铺地色彩、图案等多种空间限定手法对内部空间做第二次、第三次限定，以满足广场内从集会、庆典、表演等聚集活动到较私密性的情侣、朋友交谈等的空间要求。在广场文化塑造方面，常利用具有鲜明城市文化特征的小品、雕塑及具有传统文化特色的灯具、铺地图案、坐凳等元素烘托广场的地方文化特色。

二、城市广场的特点

城市广场是指在城市中具备开放空间的各种功能和意义，并且有一定规模要求的广场。现代城市广场不仅丰富了市民的文化生活，同时也折射出当代特有的城市广场文化现象，成为城市精神文明的窗口。

1. 性质上的公共性

现代城市广场作为现代城市市民户外活动的一个重要组成部分，有其公共性。随着人们生活节奏的加快，传统封闭的文化习俗慢慢被现代文明开放的精神所替代，人们越来越喜欢户外活动。在广场上的人们不论年龄、身份、性别有何差异，都具有平等的游憩和交往的权利。

2. 功能上的综合性

广场的最初功能是供交通、集会、宗教礼仪、集市之需，以后逐步发展到具有纪念、娱乐、观赏、社交、休闲等多种功能。现代城市广场应满足现代人多种户外活动的功能要求，它是广场产生活力的最原始动力，也是广场在城市公共空间中最具魅力的原因所在。

3. 空间场所上的多样性

现代城市广场功能上的多样性决定了其内部空间场所具有多样性特点，以达到实现不同功能的目的。不同的人群在广场所需要的空间不一样，如歌舞表演者需要有相对完整的空间；情人约会需要有相对私密的空间；儿童游乐需要有相对开敞独立的空间等。

4. 文化休闲性

现代城市广场作为城市的“客厅”，是反映现代城市居民生活方式的窗口，注重舒适、追求放松是人们对现代城市广场的普遍要求，从而表现出休闲性特点。广场上的各种设施（如铺装、水体、雕塑、花坛等）都为游人提供了舒适的环境空间。现代城市广场的文化性特点主要表现在两个方面：一个是现代城市广场对城市已有的历史、文化进行反映；另一个是现代城市广场对现代人的文化观念进行创新，即现代城市广场既是当地自然和人文背景下的创作作品，又是创造新文化、新观念的手段和场所，是一个以文化造广场、又以广场造文化的双向互动过程。

【实例解析】

［**例 1**］　武汉市洪山广场位于道路交叉口处，又是地铁线路出口，可以作为交通广场，由于其紧邻湖北省政府，有一定市政广场性质，同时，改造后的广场增加了更多休息活动空间（图 5-5、图 5-6），满足了城市居民休闲娱乐需求，因此洪山广场也成了综合性的城市广场。

图 5-5　改造前后的洪山广场

图 5-6　洪山广场上休闲空间

[例 2]　江西九江抗洪广场（图 5-7）位于九江长江大堤下，远离喧闹的商业区。该广场就是为了纪念 1998 年九江市遭遇百年一遇的洪水时，军民团结，众志成城，抵御洪水而建设的。广场中央立高大的抗洪纪念碑，警醒人们不忘此段可歌可泣的历史。

图 5-7　江西九江抗洪广场

[例 3]　如图 5-8、图 5-9 所示，交通广场具有提供高效便捷的交通流线和人流疏散功能。

图 5-8　汉口火车站站前广场

图 5-9　永州市火车站站前广场

[例 4]　北京西单文化休闲广场总占地面积 2.2 万 m^2，其中广场占地 1.5hm^2。早期广场设计为下沉式广场，整体呈环形，由台阶可以下到广场中心。位于广场中心的采光玻璃锥是整个广场的代表性建筑，通过透明的锥形玻璃顶将自然光线引入地下空间。广场上为棋盘状的绿地。2018 年西单文化广场启动升级改造，充分体现了“减量、提质、增绿”的核心理念。广场现状的地下四层将减量为地下三层，广场绿化面积将增至 1 万 m^2，同时增加地下停车位，改善周边的交通状况。最南侧的牌坊在拆除多年之后被重新树立起来，凸显了中国元素。2021 年 4 月北京西单文化广场正式以全新的形象亮相，它打破了自然、商业、艺术的边界，从高楼林立到绿树成荫，实现在公园里逛街的意境生活（图 5-10）。

图 5-10 北京西单文化休闲广场改造前后

任务 2 城市广场空间设计

任务描述：通过任务的完成，分析城市广场空间围合类型，营造适宜的城市广场序列空间。

任务目标：能合理分析城市广场的空间围合类型，营造适宜的城市广场序列空间。

城市广场空间设计

【工作任务】

图 5-11 为四角敞开的城市广场，分析其空间设计方法。

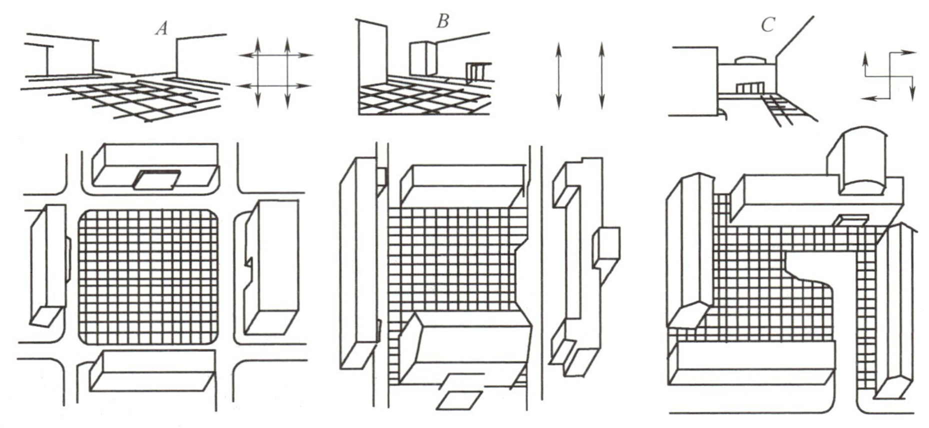

图 5-11 四角敞开的城市广场

【理论知识】

在城市广场设计中，空间设计问题是最重要的问题之一，也是最难把握的问题之一。广场的空间设计问题实际上是与下列几个问题密切相关的：第一，城市广场的空间形态问题；第二，城市广场的空间围合问题；第三，城市广场的空间尺度问题，即城市广场的空间尺度是大了还是小了，以及尺度对人的感情、行为的影响，或者说人的感情与行为决定了城市广场的空间尺度大小；第四，城市广场的序列空间问题，即城市广场周边的建筑和道路与城市广场空间之间的关系。只有解决了上述四个问题，才能设计适宜的、人性化的城市广场空间。

一、城市广场的空间形态

有限定的空间才能称为广场。影响及限定广场空间形态的主要因素有：周围建筑的体形组合与立面所限定的建筑与绿地环境，街道与广场的关系、广场的几何形式与尺度、广场的围合程度与方式、主体建筑物与广场的关系及主体标志物与广场的关系、广场的功能等。若简单按照城市广场空间的区域划分模式来讲，城市广场空间包括广场的竖向界面、底面及空间中的设定物，以下按照这种划分模式来介绍。

1. 竖向界面

竖向界面包括空间界面和功能界面。空间界面是围合广场空间的要素，又是广场的边界。从物质本体来看可分为硬质边界（建筑物）和软质边界（非建筑物）部分，如街道、绿化等，前者对城市广场起限定作用，后者起弱限定作用。建筑物及绿化对城市广场的作用有三方面：第一，通过围合限定城市广场的空间形式；第二，建筑物、绿化边界成为城市广场环境的主要观赏内容，并且通过其界面的虚化形成“灰空间”参与到城市广场空间中；第三，形成标志和丰富的空间层次。

功能界面并不一定是物质的界面，而是通过类似功能的连续形成类似界面的效果。例如，意大利的小型城市广场周围建筑的使用功能类似，主要都是咖啡馆、酒吧等，因而形成了界面效果；上海南京路商业界面的连续不仅是空间界面的连续，同时也是由功能界面的连续形成的。

2. 底面

底面也是构成城市广场空间，影响城市广场空间形态的重要组成部分，它是广场的基础，对人们有重要意义。底面不仅结合竖向界面共同划分出多样化的空间，同时还有很好的观赏作用（图 5-12）。

图 5-12　作为底面的广场铺装

3. 空间中的设定物

空间中的设定物包括人工构筑物和非人工设置物。

广场的人工构筑物由两大功能主体构成，一个是主体标志物，另一个是非主体标志物。主体标志物包括建筑物、纪念碑、雕塑及水景等。主体标志物通过其形象向人们传达信息并参与到人们的环境意想中去，它的作用加上人们的感受与历史文化的联想，使主体标志物产生丰富的形象想象力，从而使其具有城市的象征作用和标志作用，并且产生社会意义。非主体标志物是指广场中及周边的各种辅助设施和环境小品。

非人工设置物是指绿地、古树名木等非人工制造、生产的广场环境中的要素。

二、城市广场的空间围合

城市广场的围合从严格意义上说可以围合到三维空间，即上、下、左、右、前、后六个面均存在界面的围合。但是一般广场的顶平面多为透空，故空间围合常常在二维层面上。城市广场的空间围合有以下四种情况（图 5-13）：

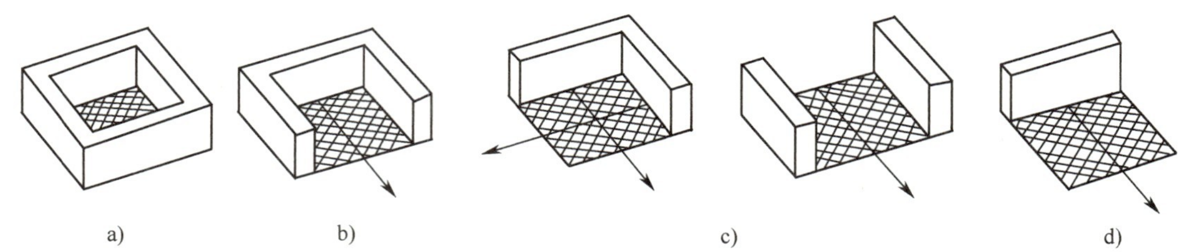

图 5-13　城市广场空间围合示意

1. 四面围合的城市广场（图 5-13a）

当城市广场规模较小时，四面围合的广场围合感极强，具有强烈的内聚力。从空间形态上看，古典广场大多具有封闭性特点，具有空间体特点。这种四面围合的封闭性广场空间具有下列特点：广场周围的围合界面要有连续感和协调感；广场空间应具有良好的围护感和安宁感；在广场空间中应易于组织主体建筑。

封闭性空间由于四角封闭而使广场具有良好的围合性。这种封闭性广场有别于格网形广场。在现代棋盘式城市结构中，格网形广场由于道路的贯通使四角形成缺口而削弱了广场的封闭性。

广场的空间围合与广场的空间尺度与界面高度有关，要求所围合的地面有适合的水平尺度。如果广场占地面积过大，与周围建筑的界面缺乏关联时，就不能形成有形的空间体。许多失败的城市广场都是由于地面太大，周围建筑高度过小，从而造成墙界面与地面的分离，难以形成封闭的空间。

空间的封闭感还与围合界面的连续性有关。从整体看，广场周围的建筑立面应该从属于广场空间，如果其垂直面之间有太多的开口，或者立面的剧烈变化或檐口线的突变等，都会减弱外部空间的封闭感。当然，有些城市空间只能设计成部分封闭，如大街一侧的凹入部分等。

2. 三面围合的城市广场（图 5-13b）

当四个界面去掉一个时，对空间而言往往形成一个开敞的面，形成一种朝向某一景观的开敞空间，这种形式的广场称为三面围合广场。但这一开敞面仍以小品、栏杆等形成限定元素。三面围合的广场围合感较强，具有一定的方向性和向心性。

在半封闭空间中，主要建筑往往放在与开敞面相对应的位置上，入口放在开敞面上。这样，当人们由外部进入限定空间时，会首先欣赏主体建筑宏伟壮丽的景观；同理，由主要建筑内向外望，又可以欣赏围合界面以外的开敞景色。

3. 两面围合的城市广场（图 5-13c）

两面围合的广场空间限定较弱，常常位于大型建筑与道路转角处，空间有一定的流动性，可起到城市空间的延伸和枢纽作用。围合方式常有平行布置竖向界面、L 形布置竖向界面两种，前者方向感、通行感强，后者相交处区域空间被限定向外呈开放性。

4. 一面围合的城市广场（图 5-13d）

一面围合的广场封闭性很差，规模较大时可以考虑组织二次空间，如局部上升或下沉。

总的来说，四面围合和三面围合是最传统的，也是最多见的广场布局形式，封闭感较好，有较强的领域感。两面围合和一面围合显得空间开放，设计时应根据需要选择合适的广场空间或多种空间形式结合起来使用。广场围合常见的有建筑物围合和非建筑物围合，建筑物如楼群、柱廊对广场空间起强限定作用。另外，广场的底面通过有高差的特定地形或不同的地面铺装等对广场空间也形成围合作用。

三、城市广场的空间尺度与界面高度

1. 空间尺度

广场设计中的围合、尺度、比例等关系是古典广场设计理论的核心，这些视觉经验是广场设计的基础之一，随着相关学科的发展，也将历久弥新。

（1）古典广场的平面及划分尺度　广场的领域感尺度上限是390m，在这一尺度范围内可以创造宏伟、深远的感觉，超出这一尺度范围，就超出人的视力范围，使人看不清东西。

通过欧洲大量中世纪广场尺寸的调查和视觉的测试得出：距离一旦超出110m，肉眼就认不出是谁，只能大致辨出人形和动作，因此，110m被普遍认为是广场最佳空间尺寸，超出110m就会产生广阔的感觉。

对于空间层次划分问题，一般认为，在20~25m时，人会感觉比较亲切，在此距离内，人与人的交往是一种朋友、同志式的关系，大家可以比较自由地交流，一旦超出这个距离范围，人们很难辨出对方的表情和声音。但是只要在此距离内，或是有重复的节奏感，或是材质有变化，或是地面高差有变化，即使在大空间中也能够打破单调。

（2）现代广场规模尺度探索　城市广场作为城市的公共活动空间，其重要的功能和作用已被社会广泛接受，从已经建成和正在修建的城市广场来看，它的规模似乎越来越大。广场的规模即广场的大小，应从两个方面考虑：首先要考虑广场的最小规模，即广场至少应该达到多大规模才能具备城市广场应该具备的内容和意义；其次要考虑广场的最大规模，即广场在达到多大规模后再增大则其综合效益会下降。

（3）城市广场的最小规模　从生态效益角度考虑，在区域范围内保持一个绿化环境，对城市文化来说是极其重要的。从卫生学角度、保护环境的需要和防震防灾的要求出发，城市绿化覆盖面积应该大于市区面积的30%。根据科学测定，绿化面积只有大于$500m^2$才能对环境起积极作用，大于$0.5hm^2$才能对生态环境起有效作用。从增加城市绿地面积、发挥有益的生态效益角度出发，城市广场的最小规模至少应该达到$0.5\sim1hm^2$。

（4）城市广场的最大规模　城市广场的规模如果过于庞大，在空间感受上会让人觉得空旷、冷漠、不亲切。在《外部空间设计》一书中，作者芦原义信提出“十分之一”理论，即外部空间可以采用内部空间尺寸8~10倍的尺度，并且由此推断出外部空间的宜人尺度应该控制在约57.6m×144m，与欧洲大型城市广场的平均尺寸190ft㊀×465ft大体上是一致的。

2. 界面高度

当广场尺度一定（人的站点与界面距离一定时），广场界面的高度影响广场的围合感（图5-14）。

1）当人与建筑物的距离（D）与建筑立面高度（H）的比值为1∶1时，水平视线与檐口夹角为45°，可以产生良好的封闭感。

2）当人与建筑物距离（D）与建筑立面高度（H）的比值为2∶1时，水平视线与檐口夹角为30°，这时是创造封闭性空间的极限。

3）当人与建筑物距离（D）与建筑立面高度（H）的比值为3∶1时，水平视线与檐口夹角为18°，这时高于围合界面的后侧建筑成为组织空间的一部分。

4）当人与建筑物距离（D）与建筑立面高度（H）的比值为4∶1时，水平视线与檐口夹角为14°，这时空间的围合感消失，空间周围的建筑立面如同平面的边缘，起不到围合作用。

㊀ 1ft=0.3048m

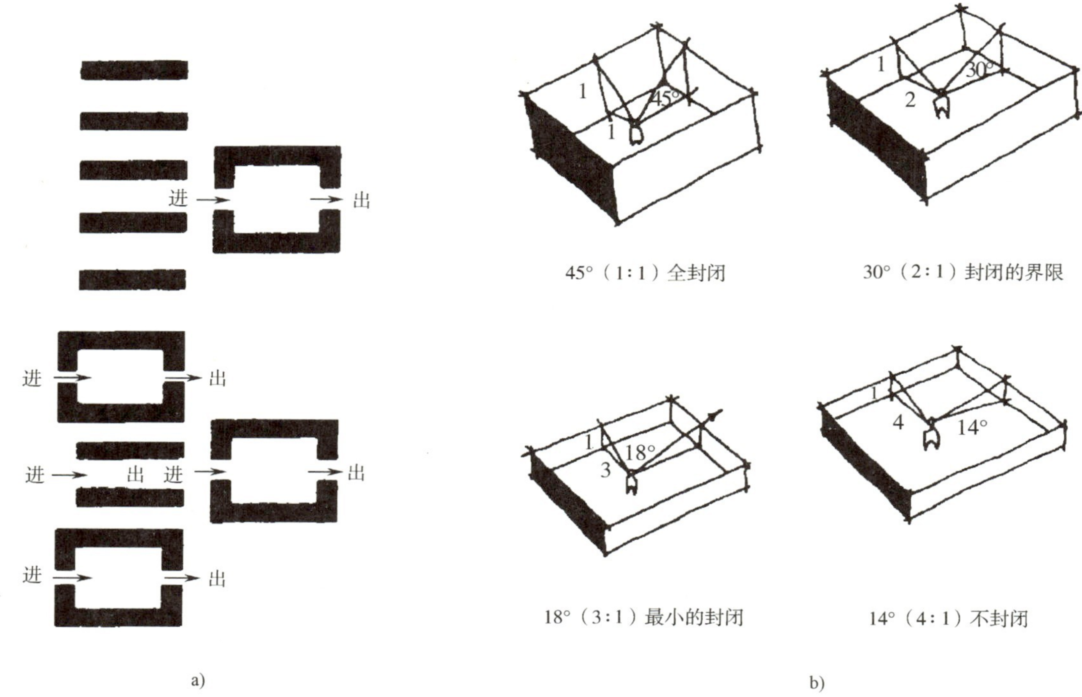

图 5-14 空间围合举例

a）不同平面形式的空间围合感 b）不同高度的空间围合感

引入城市的丘陵绿地是另一种类型的城市空间，它们的空间尺度与广场空间不同，其尺度是由树木、灌木及地面材料决定的，而不是由长和宽等几何性指标限定的，其外观是自然赋予的特性，具有与建筑物相互补充的作用。

因此，根据上述理论，广场宽度的最小尺寸等于主要建筑物的高度，最大不得超过其高度的 2 倍，建筑与视点的距离（*D*）与建筑高度（*H*）之比的比值介于 1~2 之间是最紧凑的广场尺寸（表 5-1）。

表 5-1 广场垂直视角与空间感受

D/*H* 值	垂直视角（视野范围约 60°圆锥）	空 间 感 受
D/*H*<1	<27°	有紧迫感，不适合形成广场
D/*H*=1	<27°	可以观察建筑细部与局部，广场的空间尺度最小
D/*H*=2	=27°	最佳视角，可整体地观察建筑
D/*H*=3	>27°	建筑总体有远离感，收敛性不足，可清楚观察建筑主体
D/*H*>3	>45°	物像容易变形为透视

四、城市广场的序列空间

城市空间如同建筑空间一样，可能是封闭的独立性空间，也可能是与其他空间联系的空间群。一般情况下，当人们体验城市空间时，往往是由街道到广场或从广场的一个空间到另一个空间的这样一种流线，人们只有从一个空间到另一个空间运动时，才能欣赏它、感受它。广场空间是由道路、界面、空间区域、标志性节点等共同构成的，它们组成了有趣的广场空间序列。

1. 道路的导线作用

道路是活动主体可移动的路线，包括引导人们进入广场的街道和进入广场内部各功能区进行活动的道路，它是广场空间的基本要素，其他有关要素都是沿着它布局并通过路径来实现功能的。

引导人们进入广场的道路与广场的连接方式对广场的空间特点起决定性作用，广场的围合空间特征是一切广场艺术效果的最基本条件。古代广场的例子表明古人细心地避免广场边缘上由于道路造成的缺口，以便使主要建筑物前的广场能够保持很好的封闭，设计者力图使广场的每一个角落只有一条路进入，如果有必然的第二条路，则被设计成终止于距广场一段距离以外，以避免来自广场的视线。现代有很多做法是让两条互为直角的道路在广场的旁边汇合，造成广场封闭感的消失，破坏广场的连续性。

人们在广场中运动，所产生连续性的感受都是从道路引导的空间性质和形式中派生出来的，道路系统在广场设计中是作为支配性的组织力量而存在的。如果设计者在设计中建立的一条路径能成为大量人流或参加者实际的运动路线，并且和与此相毗连的范围的设计相适应，使人沿着这条路径在广场空间中的运动产生持续的和谐感受，那么这个广场设计是成功的。

2. 界面的限定作用

广场通过界面限定并引导序列空间的展开。

广场界面起着联系广场与周边建筑，以及限定广场空间区域的重要作用。例如，由著名建筑设计师贝聿铭承担设计的波士顿市政厅广场便充分利用广场边界与周边建筑形成良好的结合。广场地面上丰富的拼铺图案，一直从市政厅内部铺装至广场，将室内外空间连为一体。广场以台阶状跌落与坎布里大街和梅明马克大街连接加强了广场与城市空间的渗透，增加了空间的层次和丰富性，形成了迷人的广场界面。

欧洲古典广场在如何利用界面上做得很好：通向广场的道路安排尽可能避免城市广场结构过于开敞，纪念物与建筑物沿着边缘布置与周边建筑交相辉映，形成既有围合、又序列明确的动人景象。

界面形成的空间区域具有两向尺度，使观察者有“进入内部”和“走出内部”的感觉。广场中的任何空间区域都不是孤立的，它们共同形成有机的空间序列，从而加强广场的整体作用与吸引力。

3. 标志性节点对广场空间的引导作用

标志性节点为广场空间的点状因素，如建筑物、纪念物、标识等。标志性节点是广场空间的重要元素，影响着广场空间的艺术特质和空间品质，并且它以特殊的形态、位置辅助道路和空间界面形成良好的广场空间序列。

道路、界面和界面形成的空间区域、标志性节点等构成广场空间序列。一般良好的空间序列可划分为前导、发展、高潮和结尾几个部分，人们在这种序列空间中可以感受到空间的变幻、收放、对比、连续、烘托等变化多端的乐趣，有活力的城市广场空间还要与周围的空间有连续性。广场景观不应是一种静态的情景，而应具有一种空间意识的连续感，序列景观是揭示这种现象的途径。广场空间总是与周围其他空间、道路、建筑等相连接，这些空间因素是广场空间的延伸与连续，并且不可分割。这种有机的空间序列加强广场的作用力与吸引力，并且以此衬托与突出广场，这就需要在城市广场设计中将建筑、道路和广场进行一体化设计。

【实例解析】

［例 1］ 图 5-15 为上海人民广场，其周边的建筑群包括上海市政府、规划展览馆、上海戏剧院等，这些都成为广场上的标志。

［例 2］ 图 5-16 为梵蒂冈圣彼得广场，广场略呈椭圆形，两侧由两组半圆形大理石柱廊环抱，恢弘雄伟。广场中央矗立着一座方尖石碑，形成人们的视觉焦点。

图 5-15　上海人民广场

图 5-16　梵蒂冈圣彼得广场

任务 3　城市广场景观设计

城市广场
景观设计

任务描述：根据某城市广场地形图完成广场景观绿地设计。
任务目标：能合理选择城市广场绿化树种，能合理设计城市广场景观绿地。

【工作任务】

图 5-17 为某城市广场地形图，广场长 294m，宽 172m，地形平坦。要求根据城市广场景观设计的相关知识，按照图纸尺寸要求完成城市广场景观绿地设计。

图 5-17　某城市广场地形图

通过对图 5-17 的认真分析，要完成城市广场景观绿地设计，需要掌握城市广场景观规划设计的方法和技能，涉及城市广场景观规划设计的原则、各类城市广场的设计特点、城市广场空间的营造等。具体要解决以下问题：

1）城市广场主题明确、设计新颖、体现地方特色和文化内涵。

2）城市广场空间丰富，满足人们休憩、娱乐、运动等活动的需要。

3）城市广场植物种植形式合理、植物种类丰富，具有很好的生态功能和观赏功能。

4）城市广场铺装样式美观、丰富。

5）城市广场景观小品新颖、满足需求。

现将任务分解为以下五个方面：

1. 现场调查研究

（1）基地现状调查　现场勘察测绘，调查气候、地形、土壤、水系、植被、建筑、管线。

（2）环境条件调查　调查四周景观特点、发展规划、环境质量状况和设施情况。

（3）设计条件调查　查看基地现状图、局部放大图、现状树木位置图、地下管线图、主要建筑物的平面图和立面图。

2. 城市广场景观总体规划设计

总体规划设计是指总平面图设计。总平面图包括功能分区、园路、植物种植、硬质铺装、比例尺、指北针、图例、尺寸标注、文字标注等内容。

3. 城市广场景观详细设计

1）剖面图和立面图详细表现地形、建筑、植物。

2）局部节点详图表现局部景观节点、亮点。

3）效果图是指园景透视图、表现整体设计的鸟瞰图。

4. 文本制作

文本制作包括封面、封底、目录、页码、设计说明、总平面图、效果图、分析图、局部节点详图、意向图等的制作。

5. 项目汇报

制作项目汇报PPT。

【理论知识】

广场绿地可以降低城市建筑密度，美化城市景观，改善城市环境，同时可供市民进行休憩、游戏、集会等活动，在发生灾害时还可以起紧急疏散和庇护等作用。根据有关规定，广场绿地率不小于65%。

一、广场景观绿地规划设计原则

1. 功能与形式统一

广场绿地规划设计，首先要从广场绿地的性质和主要功能出发，具体到每种不同的广场，其种植形势和要求是不同的。设计时必须根据不同的广场特点、空间的不同功能要求，对广场空间进行合理的植物配置。乔木、灌木、草坪要有一个合理的配置比例，达到最佳的功能和美化效果。

2. 经济适用的原则

经济适用的原则是指因地制宜、巧于因借，充分利用原有地形地貌，尽量减少土方工程，用最少的投入和最简单的维护达到设计与当地风土人情及文化氛围相融合的境界。在树种选择上也应注意选用一些经济实用的易管理树种，建筑周围的土壤由于建筑施工经常有建筑垃圾等阻碍植物生长，则必须选用耐瘠薄、抗性强的树种。而且现在很多广场的管理也跟不上，导致植物的生长状况不良，因此更需要选择适合当地环境的树种。

3. 美化环境的原则

广场景观绿地设计是一种多维立体空间艺术的设计，是以自然美为特征的空间环境设计，有平面构图，也有立体构图，同时又是把植物、建筑、小品等综合在一起的造型艺术。绿化要有统一的形式，在统一的形式中再求得各个部分的变化。要充分利用对比与调和、韵律节奏、主从搭配等设计手法进行规划设计。规则式广场绿化要多对植、列植；自然式绿地应采用不对称的种植方式，以充分表现植物材料的自然姿态。

4. 生态性原则

广场绿地设计不仅要考虑植物配置与建筑构图的均衡，以及对建筑的遮挡与衬托，更要考虑居民生活对通风、光线、日照的要求。因此，花木搭配应简洁明快，树种选择应按三季有花、四季常青来设计，并且区分不同的地域，因地制宜。北方地区常绿树种应不少于总树种的2/5，北方冬春风大，夏季烈日炎炎，绿化设计应以乔、灌、草复层混交为基本形式，结合开阔的方便管理的草坪，营造空气清新、鸟语花香的生态绿色环境。

5. 适地适树

树种的选择要满足植物的生态要求，使植物能健康成长。一方面应因地制宜，适地适树，使种植植物的生长习性和栽植地点的生态条件基本上能得到统一；另一方面为植物创造合适的生态条件，只有这样才能使植物健康成长。广场绿地多建在建筑群当中，原有土壤土质破坏严重，建筑垃圾很多，植物的生境条件不好，因此应以耐贫瘠、抗性强、管理粗放的乡土树种为主，结合种植速生树种，保证种植成活率和环境及早成景。同时还必须考虑乔木、灌木、藤本、草本、花卉的适当搭配，以及平面绿化与立体绿化的多种手段的运用。

6. 合理的组织空间

绿化空间的组织要满足人在绿地中活动时的感受和需求。当人处于静止状态时，空间中封闭部分给人以隐蔽、宁静、安全的感受，便于休憩；开敞部分能增加人们交往的生活气息。当人在流动时，分割的空间可起到抑制视线的作用，通过空间分割可创造人所需的空间尺度，丰富视觉景观，形成远、中、近多层次的空间深度，满足人的多种需求。

例如，用墙体、绿篱和攀缘植物分割，当分割体高度为30~60cm时，空间还是连续的，人坐着也能向外观赏，没有封闭感，只是空间被隔开了。当分割体高度为0.9~1.7m时，视线受阻，出现封闭感。随着分割高度的增加，封闭感增强。

根据不同的使用功能，通过改变地面高差和铺装的变化来分割空间也是常用的手法。同时，地面铺以质感不同的材料效果更为显著。硬质铺地砖同草皮形成质感的对比，绿地底界面高差的变化增加了深度感，采用下沉式或上升式广场给人一种独特的领域感。广场沿街边界可用灌木、绿篱分割内外空间。

7. 利用自然景观，体现绿色

人是自然的产物，自然的东西更容易在人的头脑中产生和谐与美好的感觉。因此，广场绿化应尽可能地将原有的有价值的自然生态要素保留下来并加以有效利用，将其组织到广场绿地当中去，避免为了追求形式上的美感而对原有的自然环境进行破坏。不论是新建的广场绿地还是改造的旧城区，总会有一些现存的植物存在，特别是一些大树要尽量将它们组织到广场的绿地系统中，通过已有植物自然生长营造良好的生活环境，这样就不必等新栽的植物缓慢生长，如此就会有较好的绿化环境，节省了大量的资金，并且不会给后期的养护管理工作带来负担。

为了提高广场的景观绿化质量，绿化要充分利用自然环境，广场内以自然植物景观且多以绿色植物为主，增加整个空间的绿量。广场内应多种植高大的乔木，因为成片的高大的乔木不仅可以改善城市环境，还可为低层植物的生长创造较好的生态条件，高大的乔木下面还可以作为人们活动、娱乐的休闲场地。广场内应实现绿化的多样性，建立乔灌草多层次的复合结构的植物群落，增加开放性空间的绿化，在有限的空间内创造最好的绿化效果，为使用者创造一个良好的自然环境（图5-18）。

图 5-18　小广场的设计体现美化原则和生态原则

二、广场绿地种植设计方法

在广场绿地中植物种植设计是影响绿地景观效果的重要因素，植物配置的好坏，不但直接影响到环境景观的效果，也影响到日后的绿化管理。植物种植设计与绘画雕塑有所不同，它不一定在种植完成时就能充分体现设计意图，而往往要经过多年植物长成后才能看出最佳设计效果。在植物种植设计过程中，不但要遵循一般园林美学的基本原则，还要充分了解配置地的环境、气候、光线、土壤状况、空间大小等，选择最佳材料做到适地适树，使植物种植达到最佳观赏效果和最佳生长效果。

1. 广场绿地的种植设计应注意的因素

1）由于植物是具有生命的设计要素，其生长受到土壤肥力、排水、日照、风力及温度和湿度等因素的影响，因此进行设计之前需了解广场相关的环境条件，然后才能确定、选择适合在此条件下生长的植物。

2）在城市广场等空地上栽植树木，土壤作为树木生长发育的“胎盘”，无疑具有举足轻重的作用。因此，土壤的结构必须满足三个条件：可以让树木长久地茁壮成长；土壤自身不会流失；对环境的影响具有抵抗力。

3）城市广场的绿化种植设计应满足城市广场中不同类型和功能要求。广场的植物配置是城市广场绿化设计的重要环节，主要包括两方面的内容：第一，各种植物相互之间的配置，根据植物种类选择树丛的组合、平面和立面构图；第二，城市广场植物与城市广场中的其他要素如广场铺地、水景、道路等相互间的整体关系。适合广场种植的植物分为六类：乔木、灌木、藤本植物、草本植物、花卉及竹类。植物作为三维空间的实体，以各种方式交互形成多种空间效果，植物的高度和密度影响空间的塑造。

2. 广场绿地种植设计形式

根据形状、习性和特征的不同，城市广场上绿化植物的配植，可以采取一点、两点、线段、面、垂直式或自由式等布局方式，在保持统一性和连续性的同时，显露其丰富性和个性。广场植物的种植形式有排列式种植（可采用对植、列植等种植形式）、集团式种植（可采用林植、篱植等种植形式）、自然式种植（可采用孤植、丛植、群植等种植形式）、广场花卉种植、广场草坪与地被植物种植等。

（1）排列式种植　排列式种植属于整形式，主要用于广场周围或长条形地带，用于隔离或遮挡，或者做背景。其特点是整齐庄重，富有序列感，适宜比较规则的广场（图 5-19）。排列式种植主要有对植和列植两种种植方法。对植主要用于强调建筑、道路、广场的出入口，在构图上形成配景和夹景，对植很少做主景。列植景观比较整齐、统一、有气势，多用在广场道路两边和公共设施前，配合建筑形成统一的景观，并且形成很好的遮阴效果。

（2）集团式种植

1）篱植。篱植是由灌木和小乔木以近距离的株行距密植，栽成单行或双行的、结构紧密的规则种植形式，也称为绿篱或绿墙（图 5-20）。绿篱有组成边界、围合空间、分隔和遮挡场地的作用，也可作为雕塑小品的背景。

图 5-19　规则形广场的排列式种植

图 5-20　广场上绿篱围合的小空间

绿篱的类型根据高度的不同可分为绿墙（高度在 1.6m 以上）、高绿篱（高度为 1.2~1.6m）、中绿篱（高度为 0.5~1.2m）、矮绿篱（高度在 0.5m 以下）；根据功能要求与观赏要求不同分为常绿篱（由常青植物组成）、花篱（由观花植物组成）、果篱（由观果植物组成）、刺篱（由带刺的植物组成）等。

2）林植。林植是较大规模成片成带的树林状的种植方式。比起群植来说，植物数量多且外形上较整齐和有规则。树林可粗分为密林和疏林。密林又分为单纯密林和混交密林。疏林种植要三五成群、疏密相间、有断有续、错落有致才能使构图生动活泼。疏林还常与草地和花卉结合，形成草地疏林和嵌花草地疏林。

林植常用在铺装广场上，形成丰富、浑厚的空间效果（图 5-21）。若将城市广场以林植的方法做成林荫广场的形式，其中植物的色彩和生物特性不仅可带来很好的生态效益和环境效益，也可作为受人欢迎的活动集会场所。一般来说，选择林荫广场的树种时要注意乔木应主干挺拔、冠大荫浓、形状美丽、树体洁净、落叶整齐、少病虫害，以及无飞絮、毒毛、臭味和无污染的种子或果实。

（3）自然式种植　自然式种植是采用人工模拟自然的植物配置方法。与整形式不同，它的种植特点是植物不受统一株行距限制，而是错落有序地布置，形成不同的景致，生动而活泼。这种布置形式因不受地块大小和形状的限制，可以解决植物与地下管线间的矛盾。这种布置形式是在人造空间中维持生态平衡的有效途径，但要注意密切结合环境。

广场中自然式种植形式主要有孤植、丛植和群植等几种形式。

（4）广场花卉种植　广场是人群停留、集散相对较多的地方，多需要较开敞的视野。低矮的花卉是广场绿化中不可缺少的材料，其种类繁多，色彩鲜艳，易繁殖，是广场绿地中经常用作重点装饰和色彩构图的植物材料，在丰富绿地景观方面有独特的效果。在广场上常用各种草本花卉创造形形色色的花池、花坛、花境、花台、花箱等（图 5-22 ~ 图 5-30）。

图 5-21 广场林植景观

图 5-22 广场花池

图 5-23 广场模纹花坛

图 5-24 广场花坛与雕塑

图 5-25 广场立体花坛

图 5-26 广场花台

图 5-27　广场花钵

图 5-28　广场花境

图 5-29　广场木质花箱

图 5-30　广场花柱

（5）广场草坪与地被植物种植　广场草坪与地被植物是城市广场绿化设计运用最普遍的手法之一。它们可供观赏、游戏，具有视野开阔、增加景深和层次、充分衬托广场形态美感的特点（图 5-31），尤其是地被植物在广场绿化中应用极为广泛，在树木下、岩石旁、草坪上均可栽植，配合乔木和灌木形成不同的生态景观效果。

图 5-31　草坪与地被植物在广场中的应用——大连人民广场

三、广场的树种选择

城市广场的树种要适应当地土壤与环境条件，掌握选树种的依据并因地制宜才能达到合理、最佳的绿化效果。

1. 城市广场上影响树种生长的因素

城市广场上影响树种生长的因素有土壤、空气、温度、日照、湿度及空中、地下设施等。种植设计、树种选择，都应将此类条件首先调查并研究清楚。以下从一般情况角度来介绍广场的土壤与环境条件。

（1）土壤　由于城市长期建设的结果，土壤情况比较复杂，土壤的自然结构已被完全破坏。广场下面很多是城市地下管道、旧建筑基础或旧的路基础和废渣土。因此，城市土壤的土层不仅较薄，而且成分较为复杂。由于人为的因素（踩踏、车压或曾经做地基），致使土壤板结，孔隙度较小，透气性差。土壤不透气、不透水，使植物根系窒息或腐烂，土壤板结还会使植物的根系延伸受阻。

另外，由于各城镇的地理位置不同，土壤情况也有差异。一般南方城市的土壤相对偏酸性，土壤含水量较高；北方土壤多呈碱性，孔隙度大，保水性差。沿海城市的土壤土层较薄，盐碱量大，而且土壤含水量低。因此，城市不同，土壤条件各有特点，需要综合考虑。

（2）空气　城市道路、广场附近的工厂、居住区及汽车排放的有害气体和烟尘，直接影响着城市空气。这些有害气体和烟尘一方面直接危害植物，使其出现污染病症，破坏其正常发育；另一方面，降低光照强度，减少光照时间，改变了空气的物理化学结构，影响光合作用，降低植物的抗病能力。

（3）光照和温度　城市地理位置不同，光照强度和长度及温度也各有差异。影响光照和温度的因素有纬度、海拔高度、季节变化，以及城市污染状况等。广场的光照还受周围建筑和自身方向的影响。

（4）空中、地下设施　城市的空中、地下设施交织成网，对树木生长影响极大，常常限制、抑制甚至破坏树木生长，再加上车辆繁多，往往会碰破树皮、折断树枝等。

2. 城市广场树种选择注意的问题

城市广场的环境条件是很复杂的，在选择树种时还要考虑到广场性质、功能等其他要求，因此依据具体情况，慎重选择合适的树种，使其达到最好的生态、景观效果。在种植设计中，应注意以下六点：

（1）选择树种要考虑植物生长的地域性　当我们在进行种植设计时，必须选择广场所在地的生长优势树种，其中包括土生土长的乡土树种和生长良好的外来树种。从当地自然植被中选择优良的树种是最方便的办法，但不排斥经过长期驯化考验的外来树种。例如，在华南选择广场树种时可考虑香樟、榕属、桉属、木棉、台湾相思、红花羊蹄甲、洋紫荆、凤凰木、黄槿、木麻黄、悬铃木、银桦、马尾松、大王椰子、蒲葵、椰子、木菠萝、扁桃、杧果、人面子、蝴蝶果、白千层、石栗、盆架子、桃花心木、白兰、大花紫薇、南洋楹、蓝花楹等；华东、华中地区可选择香樟、广玉兰、泡桐、枫杨、重阳木、悬铃木、无患子、枫香、乌桕、银杏、女贞、刺槐、喜树、合欢、榔榆、榆、榉树、构树、薄壳山核桃、柳属、南酸枣、枳、青桐、枇杷、楸树、鹅掌楸等；华北、西北及东北地区可用杨属、柳属、榆属、槐、臭椿、栾树、白蜡属、复叶槭、元宝枫、油松、华山松、白皮松、红松、樟子松、云杉属、桦木属、落叶松属、刺槐、银杏、合欢等。

（2）选择树种要考虑广场绿地的自然环境条件　在进行种植设计时，必须对该广场所在地的自然环境条件进行详细的勘察，从而确定适合在此条件下生长的植物。因此，设计师要有植物的生态习性方面的知识并熟练掌握栽培技术。例如，重庆为山城，岩石多，土壤瘠薄干旱，高温，雾重，污染严重，可选择黄葛树、小叶榕、川楝、构树、臭椿、泡桐等；天津地下水位高，碱性土，可选择白蜡、绒毛白蜡、槐、旱柳、垂柳、侧柏、杜梨、刺槐、臭椿等。复层混交的群落，应选择一批耐阴的小乔木及灌木，如大叶米兰、山茶、厚皮香、悬铃木、竹柏、桂花、红茴香、大叶冬青、君迁子、含笑、虎刺、扶桑、海桐、九里香、红背桂、大叶黄杨、锦熟黄杨、栀子、水栀子、杜鹃属、棕榈、棕竹、散尾葵、丁香属、小蜡、枸骨、酒瓶兰、老鸦柿、棣棠、海仙、草绣球、珍珠梅、太平花、金银木、小檗属、十大功劳属、胡枝子属、构属及溲疏属等。

(3) 根据植物的外部形态特征选择树种　根据植物的外部形态特征选择树种即根据规划对空间及景观的需要，选择具有不同形态和观赏特性的植物，从而最终确定植物的品种、规格、种植点和密度。例如选择市花、市树及骨干树种，如新会——葵城的蒲葵，福州——榕城的小叶榕，广州——棉城的木棉。北京市市树为国槐和侧柏，槐冠大荫浓，适应当地的景观风格，是优良的广场绿化树种。

在植物种植设计中，在充分理解总体规划思想的基础上，了解当地的植物群落基础，确定绿地的基调树种、骨干树种及针叶树与阔叶树、乔木与灌木的大致比例，然后进行平面分布。通常在设计中以广场的风格性质、大小、功能要求及周边环境选择基调树种1~4种，骨干树种5~6种。

(4) 根据广场绿地的性质与功能特性来确定树种　例如，在设计广场中的儿童活动场地时，要尽量选用分枝高、树大荫浓、色彩丰富的树种，品种相对来说要多些，阔叶树比例适当增加；禁止使用有刺、有毛、有毒等对儿童身体健康造成危害的树种。若广场空间有微地形变化则最宜进行自然式配置，如在微地形隆起处配置复层混交的人工群落，用马尾松、黑松、赤松或金钱松等作为上层乔木；用毛白杜鹃、锦绣杜鹃、杂种西洋杜鹃作为下木；用络石、宽叶麦冬、沿阶草、常春藤或石蒜等作为地被，这种配置就会形成一种幽静的空间，优美异常。纪念性广场绿地中应适当增加常青树种和针叶树种等。

(5) 根据绿地总体规划要求的空间构成来选择树种　在进行总体规划时，总是要把广场绿地分割成多个开放空间及闭合空间。植物不仅能辅助地形、建筑等加强空间感，其本身也是一种重要的空间构成要素。我们可以根据不同的空间形式（开敞空间、半开敞空间、顶平面覆盖空间、封闭空间及垂直空间）来选择树种。例如，上层用高大乔木，中层用小乔木、高大灌木，下层用中小灌木、地被构成封闭空间，并且适当利用落叶树、常青树搭配，在不同的季节形成不同的空间感。

(6) 根据植物造景美学特性来选择树种　在设计中，经常会利用植物的美学功能，即它的观赏性来选择树种。利用植物的群体美及个体美来造景，也就是利用植物大小、形态、色彩、质地等特性来设计景观。总之，我们在种植设计时，应根据总体规划的空间要求、景观要求及植物的生长特性来选择树种，配置植物。

【实例解析】

南京雨花台纪念广场的植物配置（图5-32、图5-33）：雨花台烈士纪念碑前广场的二层平台两侧的6棵大雪松，旁边分片配置规则的蜀桧、龙柏色块；两侧高大石壁边，配置了高6m、宽2m的珊瑚树绿

图5-32　南京雨花台纪念广场

篱，下层配置高1m的圆柏绿篱；东、西、北三面坡地，主要栽植雪松、柏树等，周边成片配置枫香、三角枫、五角枫、鹅掌楸、梓树等高大乔木和桂花、紫薇等灌木。连绵的松柏林涛，烘托了纪念广场的主题和肃穆的意境，各类红叶树表现了血染的风姿。紫薇花开、丹桂飘香，也丰富了景观。

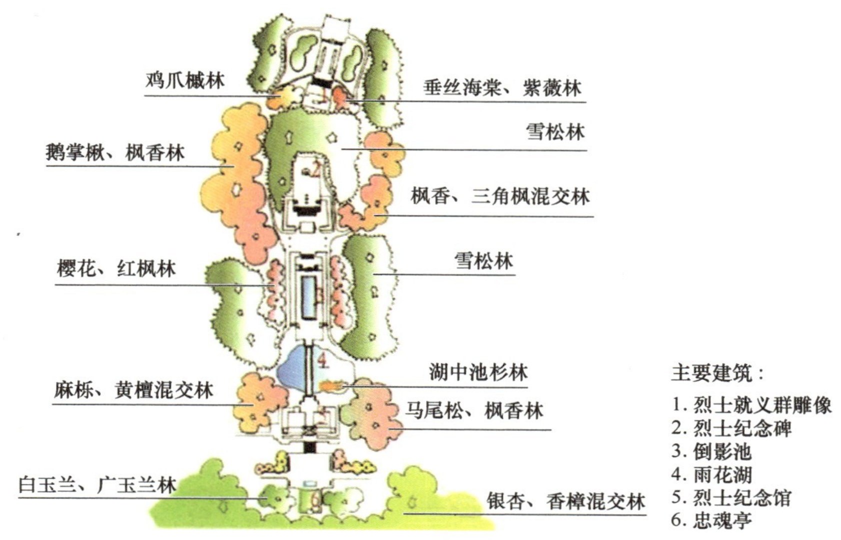

图5-33　南京雨花台纪念广场的植物配置平面图

相关链接

马鞍山市花雨广场改造设计方案及说明[⊖]

1. 场地概况

花雨广场（图5-34～图5-42）位于马鞍山市花雨路北侧，背靠南湖公园，周边环境优美，总面积为

图5-34　广场设计方案鸟瞰图

⊖ 方案由南京市规划设计院张川先生提供。

32000m^2 左右，平面布局以雕塑为中心，周边为四块等大的方形绿地，形状规整，几何结构特征突出。由于广场独特的周边环境——“背山面水靠城”使广场具有其他场所没有的优势，广场已成为广大市民游览休闲的首选场地，它也成为城市的客厅与名片。花雨广场兴建于 1997 年，当时的布局以四块绿地围绕中间雕塑形成一体。建成后改造过两次，现状植物以草地、彩叶地被和小灌木为主，广场以其独特的周边环境和区位吸引着众多市民前往休闲。但是它作为城市的窗口，仍存在形态单一、功能不完善、设施缺乏、植物种植设计单调等诸多问题。因此，对广场进行改造十分必要。广场改造时间为 2004 年，2008 年在花雨广场又实施了“绿荫工程”，以改善城市生态环境，丰富景观效果。

景点说明
1 花雨广场入口草坪置石
2 装饰雕塑花台
3 花灌木模纹色带
4 方形草坪系列
5 弧形条石坐憩空间
6 方形花灌木
7 林荫树阵
8 入口嵌草系列
9 置石草坪
10 城市文化墙
11 城市之林
12 花池
13 花坛系列
14 艺术廊架
15 花架
16 滨水花带
17 弧形条石凳
18 观赏花坛
19 水生花卉带
20 攀缘藤本花卉墙

图 5-35　广场设计方案总平面图

N
0m 10m 40m

广场分区
1 广场中心集会大型活动区
2 城市文化休闲区
3 林荫休憩区
4 小型集会活动区
5 广场主入口区
6 “玉兰春富贵”主题植物文化区
7 滨水休闲区
8 小型交流单元
9 植物景观绿化区

图 5-36　广场功能分区图

图 5-37　广场局部景观植物设计

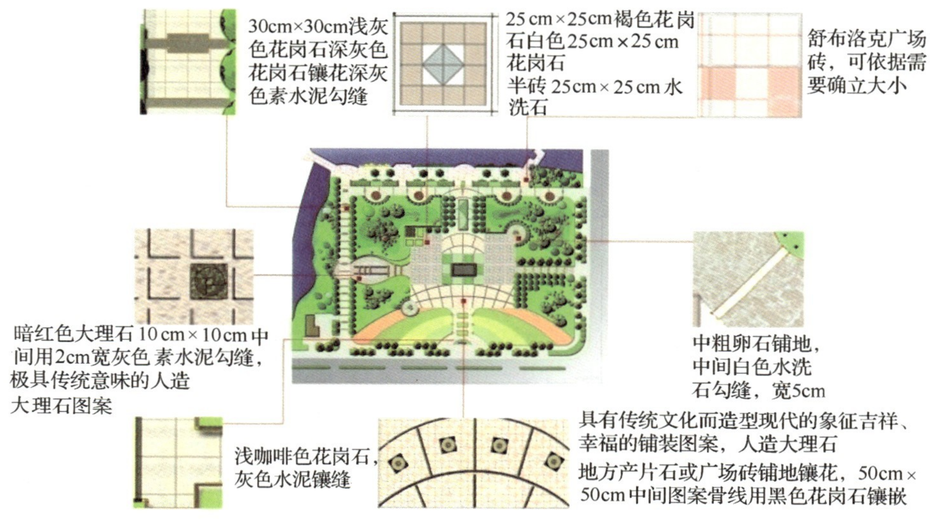

图 5-38　广场铺装设计

图 5-39　广场局部透视图

图 5-40　广场儿童活动区透视图

图 5-41 广场局部景观意向

图 5-42 广场设施意向

广场现状尚存在以下问题：

1）场地植物景观单调，广场上的植物种类单一。植物主要为草坪和花灌木，缺乏乔木、小乔木和灌木的搭配，对花坛及花池的利用很少，使得植物景观单调，缺乏层次感。植物的长势差，草坪面积过大，灌木品质差，乔木少，没有考虑植物的季相变化，没有突出植物的文化内涵。

2）广场可坐率低，缺乏供人们休憩的设施和交流的场所。广场需补充座椅，条石凳等多种坐憩设施。

3）广场景观设施少，夏天与雨天没有可庇护的场所，严重影响广场的使用率。

4）广场铺装有待改造，四个入口处的红色铺装材料要更换，铺装的文化性和艺术性不够，应与广场的整体设计联系起来。铺装材质单一、变化少，有提升艺术品质的空间。

5）广场空间过于单调。从广场的平面形式来看，几何形的平面强化了场所的形式感，但在大的结构确立的前提下，广场的局部可以通过设计手段来丰富广场的平面形态，解决现状过于单调和生硬的形式。针对四片草地，可通过局部设计打破四个相同的规整的矩形，如局部圆及曲线平面的镶套，用异于草坪的材质来打破立面单调。竖向缺乏变化，除中心广场外，没有中间大小的空间过渡，如以家庭为单

位的小空间及情侣私密空间，不能满足广场中各种交流行为的要求。

2. 设计策略

1）以植物造景为主，充分发挥植物在平面形态塑造、立面变化及色彩方面的优势，并且充分利用植物的遮阴功能。

2）尊重广场原有的大格局，灵活多变地设计大小不同、形状多变的小空间，丰富广场的形态，改变广场过于简单的平面形式。

3）充分考虑人们在广场中的行为习惯与要求，布置可休憩、可展开活动、可观周边湖光山色的景点。

4）强化广场与城市的界面关系，对广场的主次空间进一步明确、完善。

3. 设计内容

1）在广场的南部设计向心的同心圆花灌木带，一方面强化了主入口的空间形态，另一方面对广场外的人有一种诱导作用。同时，花灌木层层高起，丰富了广场立面。

2）在广场四块大草坪上设计以四季为主题的植物景观，使广场景象四季变化，四时之景不同。同时在广场西侧的带状绿地原有植物的基础上设计“玉兰春富贵”的主题植物景观，提高广场的文化性。

3）广场上适当布置供人们小型集会、少量人交流的大小不同的空间，在平面上用顺滑的曲线来打破原有过于僵硬空间，立面上多变化。

4）根据整体设计布置铺装，使铺装在引导人的行为及构图上与场地的特征取得联系。

5）在文化方面，利用文化墙和铺装来展示马鞍山市的历史文化和风土人情。

6）在遮阴树阵场地适当布置灯光及音响。

通过改造设计，增加了富有生机活力的公共活动空间，促进人与人之间、人与环境之间的交流，满足不同人群的需求，遵循了人性化和自然化；同时立足城市文化，通过雕塑、小品、植物等元素实现城市文脉的延续，营造适合市民生活和休憩的多元化场所。

4. 投资估算

本次改造面积约 26134m^2，其中绿化面积约 16840m^2。总造价约 429. 74 万元。

项目 6 滨水景观规划设计

项目导言与学习目标

项目导言

滨水是一个特定的空间地段，是指与江河、湖泊、海洋毗邻的土地、建筑和绿地等，亦指城镇临水体的部分。滨水地区在孕育着丰富的自然生态资源、营造恬静优美的景观环境的同时，又可作为人们生活的场所，有时还作为开展游乐活动的场所被加以利用。滨水绿地作为一种重要的环境资源，能够提高环境质量、丰富地域风貌，同时为人们提供各种生活和休闲空间。滨水景观规划设计可以更好地保护生物丰富多样的栖息地，同时为人们创造丰富多样的文化娱乐活动的场地。

知识目标

1. 了解滨水景观的特征与类型。
2. 了解滨水景观的设计原则。
3. 理解和掌握亲水景观的设计方法。

能力目标

1. 通过参观实习，对滨水景观的特点有一定的感性认识。
2. 能分析滨水景观中某个景区或景点的设计手法和设计优缺点。
3. 图 6-1 为我国中部地区某城市沿江大道滨水区域，请根据所学知识对图中临水处进行景观设计，要求绘出总平面图和局部效果图。

通过对图 6-1 的认真分析，要想完成滨水景观规划设计，需要掌握滨水景观规划设计的方法和技能，涉及滨水景观的生态设计、立体设计、文化设计、亲水设计及空间要素设计等。具体要解决以下问题：

1）滨水景观主题明确、设计新颖、体现地方特色和文化内涵。

2）滨水景观空间丰富，满足人们休憩、娱乐、运动等活动的需要。

3）滨水景观植物种类丰富，具有很好的生态功能和观赏功能。

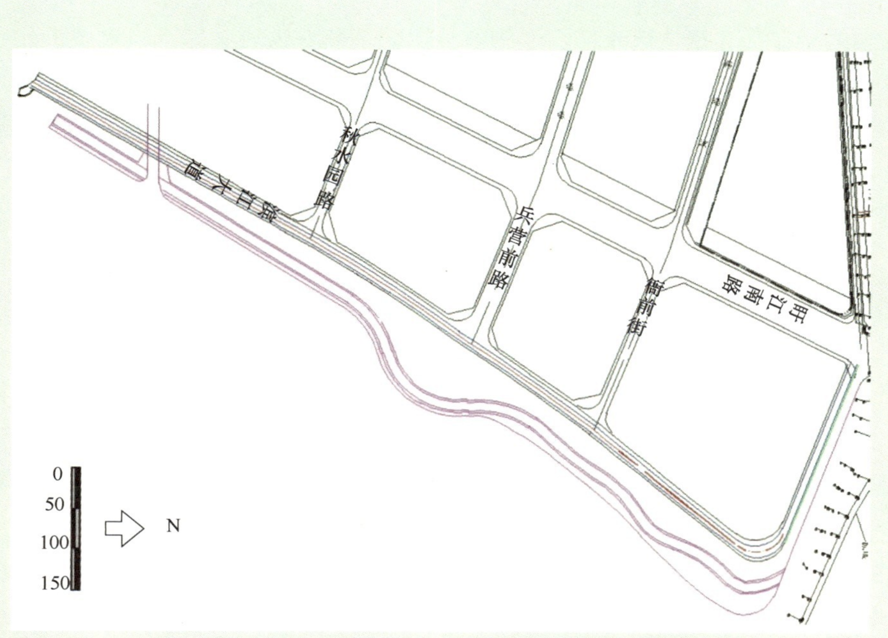

图 6-1　滨水绿地地形图

4）滨水景观铺装样式美观、丰富。

5）滨水景观小品新颖，满足需求。

素质目标

1. 通过滨水景观实地考察，提高学生团队合作精神，培养学生分析问题和解决问题的能力。
2. 通过完成滨水景观实地考察报告，培养学生独立学习、分析总结和解决问题的能力。

任务 1　滨水景观生态设计

滨水景观生态设计

任务描述：通过任务的完成，分析滨水景观的生态设计。

任务目标：能合理分析滨水景观生态设计，能合理进行滨水景观生态设计。

【工作任务】

参观学校所在城市某滨水景观，分析滨水景观生态设计的方法。

【理论知识】

一、滨水景观的特征与类型

1. 滨水景观的特征

由于滨水区特有的地理环境，以及在历史发展过程中形成的与水密切联系的特有文化，使滨水区具有有别于城市其他区域的景观特征。

（1）自然生态性 滨水生态系统由自然、社会、经济三个层面叠合而成，自然生态性是城市滨水区最易被人们感知的特征。在城市滨水区，尽管有人工的不断介入或破坏，但水域仍然是城市中生态系统保持相对独立和完整的地段，其生态系统也较城市中其他地段更具自然性。

（2）公共开放性 从城市的构成看，城市滨水区是构成城市公共开放空间的主要部分。市民、游客可以参与丰富多彩的娱乐、休闲活动，如游泳、划船、冲浪等多种多样的水上活动。滨水绿带、水街、广场、沙滩等为人们提供了休闲、散步、交谈的场所。滨水区已成为人们充分享受大自然恩赐的最佳区域。

（3）生态敏感性 从生态学理论可知，两种或多种生态系统交汇的地带往往具有较强的生态敏感性、物种丰富性。滨水区作为不同物种的生态交汇地，同样具有较强的生态敏感性。滨水区自然生态的保护问题一直都是滨水区规划开发中首先要解决的问题，包括潮汐、湿地、动植物、水源、土壤等资源的保护。同时，滨水区作为开发区的主要活动空间，与市民的日常生活密切相关，对城市生活也有较强的敏感性。这要求滨水区在开发、规划设计中，要充分考虑公众的各种要求，保护公众利益，提高市民的环境意识与参与意识，创建一个市民真正喜爱的滨水空间。

（4）文化性、历史性 大多数的城市滨水区在古代就有港湾设施的建造。城市滨水区成为城市最先发展的地方，它对城市的发展起着重要的作用。港口一直都是人口汇集和物资集散、交流的场所，不仅有运输、通商的功能，而且是信息和文化的交汇地，在外来文化与本地固有文化的碰撞、交融过程中，渐渐形成了兼收并蓄、开放、自由的文化——港口文化，这也是港口城市独特的活性化的内在原因。滨水区很容易使人追思历史的足迹，感受时代的变迁。

（5）多样性 滨水景观的多样性包括以下三种类型：

1）地貌组成的多样性。滨水环境景观由水域、陆域、水陆交汇三部分组成。

2）空间分布的多样性。滨水空间是建筑、城市、景观三个层次的叠合。

3）生态系统的多样性。由于水生系统、陆生系统、水陆共生系统的多样性而表现出滨水景观构成的丰富性。

2. 滨水景观的类型

（1）按土地使用性质分类 按土地使用性质，滨水区可以分为滨水商业金融区、滨水行政办公区、滨水文化娱乐区、滨水住宅区、滨水工业仓储区、滨水港口码头区、滨水公园区、滨水风景名胜区、滨水自然湿地等。

（2）按空间特色与风格分类 按空间特色和风格，滨水区可以分为以下三类：

1）以中国江南水乡为代表的东方传统滨水区，典型代表是周庄（图 6-2）、同里等，其主要特点是水陆两套互补的交通系统，形成多种多样的滨水街道和广场，以及形式多样、尺度适宜的桥梁景观等。江南水乡可以充分体现出东方传统滨水空间的有机性、自然性、历史文化性等。

2）以意大利水城为代表的西方传统滨水区，典型代表是意大利著名的水上城市威尼斯（图 6-3）。与江南水乡相比，除了在滨水建筑特征上所体现的文化传统不同外，从滨水空间上看，意大利水城的城市河道空间更具有层次感，滨水广场、街道的开放性更强，更强调滨水活动的多样性。

3）现代滨水区，典型代表是武汉东湖绿道（图 6-4 和图 6-5）、美国巴尔的摩内港区等。随着全球城市化的进展，许多滨水区正面临着各种各样的冲击，原来和谐共荣的滨水环境正在消失。

（3）按空间形态分类 按空间形态，滨水区分为以下两种类型：

1）带状狭长形滨水空间，如城市的江、河、溪流等。由于江、河、溪流的宽度不同，形成的带状滨水空间也不同。例如，江南水乡的滨水空间与上海黄浦江的滨水空间就明显不同，前者滨水尺度小，两岸关系更为密切；后者则尺度大。

图 6-2　周庄水乡

图 6-3　威尼斯水城

图 6-4　东湖绿道（一）

图 6-5　东湖绿道（二）

2）面状开阔型滨水空间，如湖、海等。此种滨水空间由于一边朝向开阔的水域，往往更强调临水一边的景观效果。

（4）按滨水区的景观生态学性质分类　按滨水区的景观生态学性质，滨水区分为以下两种类型：

1）作为斑块性质的滨水区，具体地说，主要是指斑块类型中的环境资源斑块，如局部地区的湖沼、池塘区域。在环境资源斑块与基质之间，生态交错比较宽，两个群落之间的过渡比较缓和。

2）作为廊道性质的滨水区，主要是指江、河，其主要效应表现在能限制城市无节制发展，有利于吸收、排放、降低和缓解城市污染，减少中心区人口密度和交通流量，使土地集约化、高效化。作为廊道的滨水区，包括河道、河漫滩、河岸和高地区域。城市河流廊道的主要功能在于其生态价值和社会经济价值。

二、滨水景观的生态设计

滨水景观的生态设计依据景观生态学原理，模拟自然滨水，保护生物多样性，增加景观异质性，强调景观个性，促进自然循环，构架城市生境走廊，实现景观的可持续发展。

滨水景观设计的前提和基础是必须保护自然生态。在滨水景观中，最基本的自然景观是自然界缓慢发展变化形成的又经过人类生活、生产活动的变迁而留存下来的景观。有树、草、鱼、鸟及水、土、石等自然物体的滨水绿地景观，才能称为真正的滨水景观。关于滨水景观的自然保护对策有以下三点：

1. 使用天然材料构筑人工景物

如果滨水绿地中的水工结构使用天然石材，如河中固有的卵石和块石等，不仅给在那里生息的生物提供了良好的生存环境，也为这些生物提供了必要的生活资源。但是，如果滨水绿地改造后的河槽，三面都是混凝土结构，就成了只有水容器功能的单一构造的水工结构，人们就很难见到多种多样的生物群体了。

在近年来的城市化进程中，为确保绿地和空地，人们正在重新认识保留自然状态的护岸林和缓冲水池的重要性。护岸林及与此相关的干砌石构筑的各种设施多半作为古迹和文物来看待，所以要尽可能地保护其自然状态。

2. 恢复自然植被

为实现滨水区的自然生态保护，最好在保护原有自然植被的基础之上，对滨水流域中固有的植物或群体进行保护和恢复。在保护自然植被时，要尽量避免在水边进行人工绿化，应保护当地原有的树种和植物。堤防植树要注意树种的选择，树种的组合一定要与植树的地带环境相适宜。

3. 保护水质

水质是滨水景观的前提条件，在水质差的滨水区治理时，景观规划设计必须要把水质保护计划考虑进去。滨水区本身有水体自净能力，随着河水的流动，依靠沉淀作用和生物活动使水质得到净化。但是，滨水区中流入的污染物多半超过滨水区的水体自净能力。在将污水排放到滨水区之前进行排污处理，是阻止污染物质排放到滨水区中的重要方法。例如，在家庭设置家用合并净化池来处理生活污水；利用植物或一些过滤材料的净化功能来净化水道等措施来保护水质。

【实例解析】

图6-6为东湖绿道滨水景观，东湖绿道位于湖北省武汉市东湖生态旅游风景区内，总长101.98km，为国内5A级城市核心区环湖绿道。东湖绿道分为听涛道、湖中道、白马道、郊野道、森林道、磨山道和湖山道七段主题景观道，充分依托东湖山、林、泽、园、岛、堤、田、湾八种自然风貌，将东湖变成市民亲近自然的城市“生态绿心”。东湖绿道被联合国人居署列为“改善中国城市公共空间示范项目”，以创建“世界级绿道”为宗旨，以千年之作、传世经典的信念，将东湖绿道打造成最美丽、最幽静、最具湖光山色、最富人文气息的滨湖绿道，以道串珠、把东湖打造成“城市名片”，让市民游客“慢享生活”，成为武汉打造“宜居城市”的闪亮名片。

图6-6　东湖绿道二期璀璨岛滨水景观

任务 2　滨水景观文化设计

滨水景观
文化设计

任务描述：通过任务的完成，分析滨水景观的文化设计。

任务目标：能合理分析滨水景观文化设计，能合理进行滨水景观文化设计。

【工作任务】

参观学校所在城市某滨水景观，分析滨水景观文化设计的方法。

【理论知识】

城市滨水区域对于城市的特色具有重要的展示和传承作用。对城市滨水公园景观的规划设计，应该重视传统区域文化的独特作用，将当代文化与传统本土文化相结合，能够勾起人们对于本地文化的怀念与自豪，使得人们在游赏过程中满足视觉体验与精神的双重追求。通过对本土文化的展示，保护和更新城市滨水区域的历史文化，传承风俗民情，突出滨水风光特征，本着以人为本的原则和目的，使得城市河网的历史地段成为体现历史文化，彰显现代城市文化魅力的景观。本土文化的现代传承，具体主要体现在：①通过现代设计手法展现本土历史文化特征；②传统理水手法应用于现代城市水景；③尊重现状景观文化的基础上合理尝试西方水景设计理论。对于本土文化的现代传承，能够保护、提升并且促进城市的自然、历史、人文的发展。

【实例解析】

中山岐江公园场地总面积 10.3hm^2，其中 3.6hm^2 的水面与岐江河相联通，而岐江河又受海潮影响，日水位变化可达 1.1m。原场址是中山著名的粤中造船厂，公园设计中合理地保留了原场地上最具代表性的植物、建筑物和生产工具，运用现代设计手法对它们进行了艺术处理，将船坞、骨骼水塔、铁轨、机器、龙门吊等原场地上的标志性物体串联起来，记录了船厂曾经的辉煌和火红的记忆，形成一个完整的故事，保存了人们的回忆，对本土文化进行了传承和再现。公园设计“追求时间的美，工业的美，野草的美，落差错愕的美；珍惜足下的文化，平常的文化，曾经被忽视而将逝去的文化”。设计所要体现的是脚下的文化——日常的文化，作为生活和城市的记忆、历史文化；设计所要表现的美是野草之美、平常之美（图 6-7）。

图 6-7　中山岐江公园本土植物

琥珀水塔原是一座已存在五六十年的水塔，但当它被罩进一个泛着现代科技灵光的玻璃盒后，却有了别样的价值。同时，岛上的灯光水塔，又起到引航的功能。骨骼水塔剥去其水泥的外衣，露出钢筋骨架，涂刷红色，变身景观雕塑（图 6-8）。

船坞在保留的钢架船坞中抽屉式插入了游船码头和公共服务设施，使旧结构作为荫棚和历史纪念物而存在。新旧结构同时存在，承担各自不同的功能，形式的对比是过去与现代的对白（图 6-9）。

图 6-8 中山岐江公园旧水塔旧貌换新颜，变身“琥珀水塔”“骨骼水塔”

图 6-9 中山岐江公园船坞

任务3 滨水景观亲水设计

任务描述：通过任务的完成，分析滨水景观的亲水设计。
任务目标：能合理分析滨水景观亲水设计，能合理进行滨水景观亲水设计。

【工作任务】

参观学校所在城市某滨水景观，分析滨水景观亲水设计的方法。

【理论知识】

受现代人文主义极大影响的现代滨水景观设计更多地考虑了人与生俱来的亲水特性。以往，由于人们惧怕洪水，因而建造的驳岸总是又高又厚，将人与水远远隔开。而科学技术发展到今天，人们已经能较好地掌握水的四季涨落特性，因而亲水性设计成为可能。如何让人与水进行接触式的交流，是处理这类景观设计时应着重探讨的问题。具体设计时，一般采用三种不同的处理手法：一是亲水木平台；二是亲水花岗岩或水泥大台阶；三是挑入湖中的木坐凳或栈道。这样的处理达到了不管四季水面如何涨落，人们总能触水、戏水、玩水的目的。

【实例解析】

[**例 1**] 中山岐江公园日水位变化可达 1.1m，在最高和最低水位之间的湖底修筑 3~4 道挡土墙，由此形成一系列梯田式水生和湿生种植台。梯田式种植台及步道，不仅可以应对水位的波动，更能让人们近距离体验植物的多样性，满足人们亲水的需要（图 6-10）。

在此梯田式种植台上，空挑一系列方格网状临水步行栈桥，它们也随水位的变化而出现高低错落的变化，人们能接近水面和各种水生、湿生植物和其他生物（图 6-11）。

图 6-10 中山岐江公园梯田式种植台

图 6-11 中山岐江公园栈道式亲水设计

［例 2］ 为了防洪安全，在做边坡处理时，也可以结合亲水需求，打造可供娱乐的活动空间。防洪护坡采用石块堆叠，尺度宜人，鼓励人们走到水边（图 6-12）。

［例 3］ 桥不再是笔直的几何状，桥面由一个个圆形拼接而成，灵动又活泼（图 6-13）。

图 6-12 堤坡式亲水设计

图 6-13 桥面式亲水设计

任务 4 滨水景观元素设计

滨水景观元素设计——水景、绿化、建筑设计

任务描述：通过任务的完成，分析滨水景观元素设计。

任务目标：能合理分析滨水景观元素设计，能合理进行滨水景观元素设计。

【工作任务】

参观学校所在城市某滨水景观，分析滨水景观元素设计的优劣。

【理论知识】

一、水景设计

水来自广袤无垠的大自然，它带来动的喧嚣、静的平和和韵致无穷的倒影。人类对水有着天生的亲近感，随着人们对回归自然的强烈渴望及对环境生态化的高度重视，现代旅游与水景更是密不可分。如何去营建适于且能吸引人欣赏的水景，是景观设计师必须思考的问题。好的景观规划设计不仅可以产生可观的经济效益，还可衍生无可估量的社会综合效益，尤其在涉及旅游景区、城市房地产等诸多方面，其内容非常丰富，而水景观规划设计又是重中之重。

水景有自然水景和人工水景。这里所指的水景是指关于水的景观、景色，主要是从游憩的角度进行分类的。

1. 自然式水景（驳岸、景观桥、木栈道）

自然式水景与海、河、江、湖、溪等相关联。这类水景设计必须服从原有自然生态景观、自然水景线与局部环境水体间的空间关系，正确利用借景、对景等手法，充分发挥自然条件，形成纵向景观（图6-14）、横向景观（图6-15）和鸟瞰景观。应能融合旅游区内部和外部的景观元素，创造出新的亲水景观形态。

图6-14 自然式溪流纵向景观

图6-15 河流横向景观设计效果图

2. 园林式水景（瀑布跌水、溪流、生态水池）

园林式水景通常以人工化水景为主，根据旅游环境空间的不同，采取多种手法进行引水造景（跌水、溪流、瀑布、涉水池等）。从景观的角度看，水态可以分为五大类型，即喷涌、垂落、流变、跌水及静态（图6-16）。

图6-16 静态人工涉水池

3. 泳池式水景（游泳池、人工海滩浅水池）

泳池式水景以静为主，营造一个让游泳者在心理和体能上都放松的环境，同时突出人的参与性特征（如水上乐园、海滨浴场等）。

4. 装饰式水景（喷泉类、倒影池）

装饰式水景不附带其他功能，起到赏心悦目、烘托环境的作用，这种水景往往构成环境景观的中心。装饰式水景是通过人工对水流的控制（如排列、疏密、粗细、高低、大小、时间等）达到艺术效果，并且借助音乐和灯光的变化产生视觉上的冲击，进一步展示水体的活力和动态，满足人的亲水要求（图6-17）。

图 6-17　芝加哥白金汉喷泉

二、水际植物群落设计

在景观规划建设中，重视水体的造景作用，处理好植物与水体的景观关系，不但可以营造引人入胜的景观，而且能够体现出景观真善美的风姿。在造景过程中，在水岸旁或点缀几棵大树，或种上球类植物及丛生植物等，在空间上、密度上合理布置，都能产生不同的艺术效果。不管是静态水景还是动态水景，各类水体的植物配置都离不开用花木来创造意境。

水景植物分为浮叶植物、挺水植物、沉水植物、岸边植物及水边植物。无论面积大小的植物配置，与水边的距离一般应有远有近、有疏有密，切忌沿边线等距离种植，避免单调古板的行道树形式。在某些情况下又需要造就浓密的“垂直绿障”，因此水景植物的配置应灵活多变。

1. 水边的植物配置

水边植物配置应讲究艺术构图。我国园林景观中一直主张水边植以垂柳（图 6-18），营造柔条拂水的意境，同时在水边种植落羽松、池松、水杉及具有下垂气根的小叶榕等，均能起到线条构图的作用。但水边植物配置切忌等距种植或进行整形式修剪，以免失去画意。在构图上，注意应用探向水面的枝、干，尤其是似倒未倒的水边大乔木，起到增加水面层次和富有野趣的效果。

图 6-18　水边的植物配置（以垂柳为主）

2. 驳岸的植物配置

驳岸分为土岸、石岸、混凝土岸等，其植物配置原则是既能使山和水融成一体，又对水面的空间景观起着主导作用。土岸边的植物配置，应结合地形、道路、岸线布局，有近有远、有疏有密、有断有续，曲曲弯弯，自然有趣。石岸线条生硬、枯燥，植物配置原则是露美、遮丑，使之柔软多变，一般配置岸边垂柳和迎春，让细长柔和的枝条下垂至水面，遮挡石岸，同时配以花灌木和藤本植物，如变色鸢尾、黄菖蒲、燕子花、地锦等来局部遮挡（忌全覆盖、不分美丑），增加活泼气氛。

3. 水面的植物配置

水面景观低于人的视线，与水边景观呼应，加上水中倒影，最宜观赏。水中植物配置用荷花，以体现“接天莲叶无穷碧，映日荷花别样红”的意境。但若岸边有亭、台、楼、阁、榭、塔等景观建筑，或设计种有优美树姿、色彩艳丽的观花、观叶树种时，则水中植物配置切忌拥塞，留出足够空旷的水面来展示倒影。

4. 堤、岛的植物配置

水体中设置堤、岛是划分水面空间的主要手段，堤常与桥相连。堤、岛的植物配置不仅增添了水面空间的层次，而且丰富了水面空间的色彩，其倒影成为主要景观。岛的类型很多，大小各异。环岛以柳为主，间植侧柏、合欢、紫藤、紫薇等乔木和灌木，疏密有致、高低有序，既增加了层次，又具有良好的引导功能。

另外，可用一池清水来扩大空间，打破郁闭的环境，创造自然活泼的景观，如公园局部景点、居住区花园、屋顶花园、展览温室内部、大型宾馆的花园等，都可建造小型水景园，配以水际植物，勾勒出清池涵月的画面。

三、建筑物与构筑物设计

1. 滨水区建筑物

滨水区建筑物可以采取以下措施进行控制和引导：

1）降低临水建筑密度，使滨水空间与城市通透。

2）调整临水建筑和街道的布局方向，形成有利于滨水生态渗透、能量流动及水陆风的通透风道。

3）根据交通量和盛行风向，使街道两侧的建筑上部逐渐后退，不仅满足视觉和心理感受，更重要的是借以扩大风道，降低污染和温室效应。

2. 滨水区构筑物

滨水区构筑物的类型与风格的选择主要根据滨水区景观风格的定位来决定，反之，滨水区的景观风格也正是通过构筑物来加以体现的。滨水区的景观风格主要包括古典景观风格和现代景观风格两大类。例如，扬州市古运河滨河风光带的规划，以体现扬州古运河文化为核心，通过古运河沿岸文化古迹的恢复、保护建设，再现古运河昔日的繁华与风貌，滨水区内部与周边构筑物均以扬州典型的“徽派”建筑风格为主。而对于一些新兴的城市或区域，滨水区景观风格的定位往往根据城市建设的总体要求选择现代风格的景观，通过雕塑、花架等构筑物体现城市的特征和发展轨迹。

四、岸边绿化设计

1. 滨水岸边绿化规划的基本原则

（1）植物品种选择的地方性原则　以培育地方性的耐水性植物、活水性植物为主，同时高度重视滨水的植物群落，它们对于河岸水际带的生态环境的形成至关重要。

（2）规划中的自然化原则　城市滨水的绿化应尽量采用自然化规划。不同于传统的种植设计，自然化的绿化规划要求植物的搭配——地被、花草、低矮灌木丛与高大树木的层次和组合，应尽量符合水滨自然植被群落的结构，避免采用几何式的造园种植方式。在滨水生态敏感区引入天然植被要素，如在合适地区植树造林恢复自然林地，在河口和河流分合处创建湿地，转变养护方式，培育自然地被，同时建立多种野生生物栖息地。这些自然群落具有较高的生产力，能够自我维护，只需适当的人工管理就行，具有较高的环境、社会和美学价值，同时在能耗和人力上具有较高的经济性。

2. 绿化的层次

（1）乔木　乔木以其树高和发达的根系构成了滨水绿化最上层和最下层，尤其是在缺乏绿地的城市滨水区，乔木的生长冠幅使其在较少的绿地率上获得较大的覆盖率，进而影响滨水区的生态。乔木生长要求的土层厚度较厚，一般不小于 1.5m。在城市滨水区土层厚度较浅的地方可种植浅根系或须根系的植物，以保证生长。乔木发达的根系有利于防止水分和土壤的流失，以及防止水流的冲刷，保证滨水绿化环境的稳定性。许多滨水湿地自然景观的退化就是从乔木的大量散失开始的。可以说，乔木是其他植物乃至动物的保护伞和庇护所。

在景观上，滨水区的乔木应在尺度上同水体形成协调和呼应，大片的林地分隔了城市的喧嚣，营造了滨水区静谧舒适的环境。在大尺度的空间里，乔木成了绿化的先导和特色，是形成统一绿化景观的有效手段。滨水区常用的绿化乔木有垂柳、香樟、水杉、水松、落羽杉、重阳木、无患子、玉兰、广玉兰、池杉、三角枫等。

在乔木种植方面，武汉的东湖和杭州的西湖都是颇为成功的例子。乔木成林、成带、成环状将湖围绕起来，将湖的自然与城市的喧嚣隔开。树种的选择上也很有特色，杭州的苏堤一桃一柳间植，桃红柳绿，树影婆娑，充分体现了西湖滨水区柔美的景观个性（图 6-19）。

图 6-19　杭州西湖苏堤植物景观

（2）灌木　灌木构成了绿化层次的中间层。与乔木相比，其根系生长所需要的土壤较浅，大概为 0.3~1.2m；与草本相比，其自身又有丰富的色彩和形态，所以即使没有大面积的种植也可以构成美丽的景观。但在绿化中，灌木不可独当一面，由灌木类植物构成的绿地的层次单调、不稳定，景观显得琐碎。灌木类尤以开花类灌木用在滨水区绿化的种类多，其色彩艳丽，季相变化丰富，选择性大，适应性强。在滨水区广场中，人工铺装多而土壤较少时，可以以盆花、花钵的形式摆放。但花灌木也存在自身的缺点，尤其是花灌木花期长短不一，开花期和败花期景观差异大，这就需要比较多的人工养护和管理，保证良好的滨水景观。常用于滨水区绿化的灌木有黄杨、杜鹃、西洋凤仙、海桐、扶桑、凤尾兰、一品红、红背桂、月季、八仙花等。

（3）草本　草本植物处于滨水绿化的较低层，这里不仅指通常意义上的草坪植物，也包括那些低于 20cm 的地被植物。草本植物往往需要大面积的栽植才能形成一定规模和景观。同时，草本植物也是城市滨水区见缝插绿的好材料。同乔木、灌木一样，草本植物对防止滨水区的水土流失、维持生态平衡发挥着重要作用（图 6-20）。草本植物的生长虽然不像乔木、灌木一样有迎水性、亲水性，但在滨水区大面积伸向水面的缓坡草坪，却给人们提供了非常好的休憩场所。即便不临水，草坪也是人们易接受的一个绿化层。草坪还能降低热辐射，人们可以在草坪上嬉戏，享受滨水的空气和阳光。滨水区常用的绿化草本植物有马尼拉草、水仙类、蟛蜞菊、铺地柏、沿阶草、苍兰等（图 6-21）。

图 6-20 滨水区边缘景观

图 6-21 水岸边草本植物

3. 绿化规划与防洪工程规划之间的矛盾

大多数滨水带景观规划设计项目都首先要做防洪整治，然后再考虑景观规划。按防洪的标准，水利部门希望水边或堤上不要种树；而景观规划则希望有大树遮阴，这是滨水景观规划设计中一个极为突出的矛盾。在进行景观规划设计时除了考虑景观要求外，还要考虑防洪技术要求。防洪常水位、防潮水位等，都是滨水景观特有的问题，滨水规划设计首先要满足这些条件。

五、水道设计

1. 水道平面处理

在解除河道瓶颈的基础上，尽量保持河道的自然弯曲（图 6-22），河道断面收放有致，不可强求平行等宽。尽可能多地安排一些蓄水湖池，这种袋囊状结构不仅有利于防洪，而且对景观和生态都具有重大意义。尽可能使城市水系形成网络，有益于构建城市生态系统的基础框架。

图 6-22 自然弯曲的河道

2. 水道断面处理

在我国很多地方，冬季河道水量较少，夏季水涝季节又有瞬时径流量，从防洪出发需要较宽的河道断面，较宽的河道断面又使得这些地区的河道在一年之内大部分时间无水或水量极少，解决这一矛盾的方法就是采用多层台地式的断面结构，使低水位河道可以保证一个连续的蓝带，同时可以满足较少年份的防洪要求。当发生较大洪水时允许淹没滩地，而在平时枯水季节这些滩地又是城市中理想的开敞空间，具有极强的亲水性。例如，汉口江滩滨水区就是采用此种结构形式（图6-23），在较少的年份，洪水来临时允许淹没下层台地，所以下层台地设计非常简洁，也可以节省大量投资；在更多的时间里，这些台地都是很好的市民休闲活动和亲水的空间。

图 6-23　汉口江滩台地式断面结构处理

3. 河岸处理

在河岸处理上，应该以稳定的软式河岸取代钢筋混凝土和石砌挡土墙的硬式河岸。效仿自然河岸，不仅能够维护河岸的生态功能、美学价值，而且有利于降低造价和管理费用。对于坡度缓或腹地大的河段，可以考虑保持自然状态，配合植物种植，达到稳定河岸的目的。在较为陡峭的坡岸或水位不稳定的地段，在使用水泥和石块护岸时，可用适当留洞或挖槽的方法，增加空隙，以便种植植物，打破单调的硬线条，增加河岸生机，同时也为滨水动物提供了生存空间。

4. 湿地保护

湿地在自然渗透地表径流、延滞洪峰、维持地下水的补给与排泄、水质控制、沉积物的稳定、营养物的滞留、去除和转化等方面发挥着极重要的作用。湿地系统的保护与生态恢复已经成为现代滨水区生态建设的一项重要内容。

图 6-24　河滩地可以作为各种游憩场地

5. 河滩地的利用

由于采取了多层台地式的处理，河滩地的亲水性得到了充分支持，其适宜大众游憩的各种活动，如漫步、慢跑、儿童游戏、日光浴、放风筝等(图 6-24)。规划中要注意常水位、洪水位之间的关系，确保建成环境的安全性。

六、驳岸设计

滨水景观元素设计——驳岸设计

在滨水景观设计中，驳岸的处理是个重点，人们往往在这方面投入资金较多，但效果并不理想，造成资金的浪费。在驳岸处理方式上，应该鼓励用生态驳岸即运用植物、石头和土壤等生态材料来构建滨水驳岸，以代替钢筋混凝土和石砌挡土墙的硬式河岸。这样不仅能够维护滨水驳岸的生态功能、美学价值，而且有利于降低造价和管理费用。对于坡度缓或腹地大的滨水地段，可以考虑保持自然状态，配合植物种植，达到稳定河岸的目的。我国传统的“治河六柳”法就是这方面的总结。对于较陡的坡岸或冲蚀较严重的地段，在使用水泥和石块护岸时，可以通过挖洞加圈的方法，种植树木花草，打破单调的硬线条，增加河岸生机。对河底处理也是一样，尽量保持自然状态，促进地下水补充。下面介绍三种生态驳岸：

1. 刚性驳岸（图 6-25）

刚性驳岸主要是指由刚性材料如块石、混凝土块、砖、石笼、堆石等构成，但建造时不用砂浆，而是采用干砌的方式，留出空隙，以利于河岸与河道的交流，利于滨河植物的生长的方法。随着时间的推移，驳岸会逐渐呈现出自然的风貌。

另一种处理方式是将驳岸沿经过改造的台阶式地形分级设置，台阶面可种植植物，也可作为休息或散步的场所。与上一种方式相比，这种结合地形的方法需要有足够的用地。

刚性驳岸可以抵抗较强的流水冲刷，能在短期内发挥作用，并且占地面积相对小，适合用地紧张的城市滨水区。它的不足之处在于可能会破坏滨水地带的自然植被，导致现有植被覆盖和自然控制侵蚀能力的丧失，同时人工的痕迹也比较明显。

2. 柔性驳岸

柔性驳岸可分为两类：自然原型驳岸（图 6-26）和自然改造型驳岸。自然原型驳岸是直接将适于滨河地带生长的植被种植在驳岸上，利用植物的根、茎、叶来加固驳岸。这种驳岸类型适用于用地充足、岸坡较缓、侵蚀不严重、最接近自然状态的滨水地带。

图 6-25 刚性驳岸

图 6-26 自然原型驳岸

自然改造型驳岸主要用植物切枝或植株，或者将其与枯枝及其他材料相结合，来防止侵蚀、控制沉淀，同时为生物提供栖息地。

柔性驳岸的建设常与生物工程、生物技术侵蚀控制、生物稳固或土壤工程等专业技术联系在一起，这些方法和技术是目前滨水景观建设中，包括驳岸建设中发展最为迅速的领域，下面是几种自然改造型驳岸类型：

（1）树桩　将活的、易生根的树木切枝直接插入土壤中，利用根系固着土壤，枝叶削减流水能量，适合于水岸交错带和驳岸带。

（2）柴笼　将植物切枝系成圆柱状的柴捆，顺等高线方向放置于岸坡上的浅渠内，适合于驳岸带。

（3）树枝压条　将活体切枝以交叉或交叠的方式插入土层中，适合于水岸交错带和驳岸带。

（4）枝条捆包　将树枝压条、木桩和压紧的回填土结合使用，适合于水岸交错带和驳岸带。

（5）植被格　将植物切枝层间的土壤用自然或合成的织物材料包裹，与树枝压条结合使用，适合于岸底带和水岸交错带。

（6）木笼墙　将原木连锁放置呈箱形，内部回填适宜的材料和植物切枝层，切枝在木笼内生根并伸入岸坡，适合于岸底带。

（7）树枝沉床　将带有分枝的植物切枝顺斜坡方向放置，形成沉床，切枝被切的另一端插入坡脚保护结构中，适合于水岸交错带。

（8）树木铺面　用缆锁将一连串完整的枯树捆在一起，铆入河岸，适合于岸底带。

（9）原木与根系填料铺面　将原木与根系填料铆入河岸，为生物提供栖息地，适合于岸底带和水岸交错带。

（10）休眠树干　将树干以正方形或三角形的形式种植在驳岸上，适合于水岸交错带。

（11）棕纤维卷　用棕丝细绳将棕纤维系成圆柱形结构物，放置于坡脚，适合于岸底带和水岸交错带。

3. 刚柔结合型驳岸

刚柔结合型驳岸综合了以上两种方法的优点，具有人工结构的稳定性和自然的外貌，见效快、生态效益好。两者结合的方式很多，以下为常见的两种类型：

（1）种植植物的堆石　将由大小不同的石块组成的堆石置于与水接触的土壤表面，再把植物插入石堆中使斜坡更加稳定。植物的根系可提高土体强度，植被可遮盖石块，使驳岸外貌更加自然。

（2）与植物结合使用的插孔式混凝土块　将预制的混凝土块以连锁的形式放置于岸底的浅渠中，再将植物扦插于混凝土块之间和驳岸上部，其上覆土压实，再播种草本植物。

在以上类型的驳岸设计中，植物选择是关键性的问题，生态驳岸的成功与否与选择植物有直接的关系。植物选择最根本的原则是适地适树，首先要保证所用植物能在不需要太多的养护管理条件下顺利成活；其次要选择根系发达的植物，以利于稳固驳岸；再次要注意不同种植物的共生性和互补性，避免恶性的种间竞争。

滨水驳岸建设是涉及策划、规划、设计、施工、维护、管理全过程的系列工程，每个环节既自成体系，又相互影响、相互检验，具有循环作用的特点。加强驳岸建设的监测与反馈，可以积累宝贵的经验，并可及时发现问题，避免不必要的损失。

【实例解析】

［**例 1**］　图 6-27 为某滨水景观丰富的水边植物配置，植物随着驳岸走势蜿蜒曲折，强化水道线形。

［**例 2**］　图 6-28 为滨水景观的水面植物——睡莲，为水面增添了无限绿意。

图 6-27　某滨水景观的水边植物配置

图 6-28　滨水景观水面植物——睡莲

［**例 3**］　图 6-29 中的滨水景观采用自然原型驳岸，水边植物景观利用缓坡处理进行立体设计。

［例4］　图6-30为武汉汉口江滩装饰性构筑物——雕塑，体现汉口的码头文化。

图6-29　自然原型驳岸

图6-30　武汉汉口江滩的装饰性构筑物——雕塑

相关链接

清雄奔放　逸兴遄飞

——安陆市江滨公园规划设计

1. 现状

对于景观环境设计，最重要的是要分析与预见项目现有的与可能形成的场地空间结构，理解项目的特定需求，把握场所的核心特征。

（1）工程背景　近几年来，随着社会精神文明的不断发展、丰富，社会各界以更高的鉴赏水平对景观的综合效益提出了新的要求。安陆市各级领导、安陆市人民以其独特的眼光、超前的观念、开放的思想，提出建设安陆市江滨公园，以发展城市绿地系统，提高城市的整体形象和文化品位。

（2）地理位置　安陆市位于湖北省东北部涡水中游，东临孝感，西界京山，南濒云梦，北望京戏山。东西长61km，南北宽46km，市区东南距武汉武昌116km。

（3）气候条件　安陆市属于北亚热带季风气候区。春、秋短，夏、冬长，四季分明。年平均气温15.8℃，南高、中部和西北低，历年平均降水量为1117mm，无霜期246天，年平均日照时数2172.2h。一年中，吹偏北风时间最多，频率为39%；偏南风次之，频率为22%；除无正西风外，其他各种风向的风均有，年平均风速3.2m/s。

（4）场地分析　公园分为东区、西区。其中，东区总面积8.5hm^2（不包括解放大坝边上1.6hm^2沼泽地），西区总面积20hm^2。公园位于府河边上。府河多年平均水位为34.95m，府河防洪堤为50年一遇，高40m左右。东区为一条狭长的地带，总长度约1.8km，最窄处陆地宽15m左右。

2. 设计理念

（1）规划依据

1）安陆市城市总体规划。

2）安陆市志。

3）公园设计规范及国家有关城市建设规范。

4）本工程在技术、经济和环境等方面的实际条件。

5）安陆市城市地形图。

（2）公园性质定位

1）集休闲、娱乐、观赏、探趣为一体的综合性市级公园。满足不同年龄、文化层次的游人的需求，既富有现代气息、时代特征，又具有地方文化特征。

2）作为安陆市城市建设中一条亮丽的风景线及城市重要滨水观赏地带，是城市绿地系统中一条重要的城市生态走廊。

3）作为安陆市旅游景点的重要组成部分，与其他旅游景点组成一个丰富的旅游观光体系。

（3）设计理念定位（图 6-31）　安陆市城市文脉既包含着楚文化的雄厚、端直，又富有诗人文化的雄伟、壮观、清新、含蓄。深入挖掘安陆市地方文化内涵，用艺术手法加以提炼、升华，总结出公园规划的主题：“清雄奔放，逸兴遄飞”。

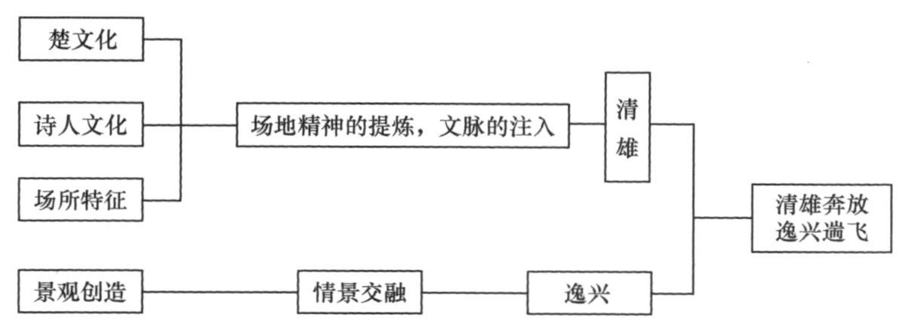

图 6-31　安陆市江滨公园的设计理念定位

“清”一方面表现诗人文化的柔美、精细、委婉、曲折尽致；另一方面突出安陆市自然风貌清新、怡人。

“雄”既体现楚文化的雄厚、壮观，又洋溢着诗人风格的气势磅礴、雄奇壮丽之美。

主题体现了安陆市文脉中的壮大开阔、气势磅礴、清闲俊逸，象征着安陆人民对深厚历史文化的继承、发扬，充满着奋发、向上的精神。

（4）设计原则

1）地方精神的原则。强调每一地方都有其自然和文化的历史积淀，两者相融从而形成了地方特色及地方文化内涵。本方案尊重地方精神、本土文化。

2）高立足点的原则。方案设计在分析现有其他景观优势的基础上，加以吸收、升华，创造出富有安陆市地方特色，富有现代气息的高质量、高品位的景观空间。

3）以人为本的原则。满足人的主观意愿，充分考虑人的心理感受，创造出合理有序、尺度适宜的景观空间。

4）亲水性的原则。充分利用滨水场地特点，以及良好的景观视线、景观观赏点，创造出宜人的亲水景观空间。

5）可持续发展的原则。公园分东西两区，统一规划，分期建设。充分保护生态景观，发挥滨水景观独特的优势。

6）整体性与独立性的原则。东西两岸在总体格调协调统一下，又根据场地、功能、建设目标的不同，各自富有特色景观之美。

7）循环与再生原则。规划遵循景观元素的循环利用原则，充分利用自然气候、人文景观，创造出生态性的可循环利用的景观空间。

（5）景观空间脉络　基于基地现状条件特征，结合对安陆市城市总体规划方向的理解与分析，充分展示总体规划战略、规划理念，规划提出“带状的生态花园”的景观空间脉络理念。江滨公园景观空间可浓缩提炼为“一带多点”。

“一带”，即本工程府河两岸的东西两个长条形绿色景观空间，作为城市的绿色景观轴。

“多点”，即有序分布于景观绿轴上的景观节点，犹如嵌在绿轴上的一颗颗明珠。

3. 规划

（1）概念性规划　江滨公园是安陆市城市发展、城市绿化体系及市区景观、绿化水平的重要标志。公园景观设计适应现代社会发展的潮流，同时具备必要的超前意识，以满足一定时间内人们对环境质量的要求。

1）将生态效益放在公园设计的首位。随着安陆市现代化建设步伐的不断加快，人们对环境质量的需求日益提高，作为城市景观绿化的重要组成部分，江滨公园的性质已不单纯局限于休憩和娱乐、旅游范围，美化环境、净化空气、调节气候的生态型景观园林是公园规划内容之一。因此，安陆市江滨公园的景观设计首先以生态系统为基础，将公园的生态效益放在首位，以提高城市整体环境质量，维护市区生态平衡。

2）追求现代、自然、新颖。安陆市江滨公园的规划思想具有现代感、自然感、新颖感，给人们带来美的享受。江滨公园在景观设计上以现代造园思想和造园材料来体现景观空间的小中见大、步移景异。

3）凸显地方特色。公园景观规划突出体现地方特色，简洁、明快、优雅、清新，在充分利用原有地形的基础上，使城市的历史特点、地方文化积淀与公园景观巧妙而有机地融合，创造出一个环境优雅、明快清新、景观丰富、具有地方特色的城市公园。

（2）详细规划　东区规划总面积约10.09hm^2，分3个部分、8个景点分区。其中，府河大坝至护国河边的龙头市遗址，面积约5.4hm^2，分别设有文化广场、沙滩娱乐、民俗展览等。护国河至府河大桥段面积约1.59hm^2，设有休闲广场、晓风残月等。府河大桥至规划中的橡皮坝位置面积约3.1hm^2，设诗风古韵、百花园、望泊听雨等。

西区总面积约20hm^2，与现有的禄福岛、金泉花园结合，开发成集休闲、娱乐、旅游观光为一体的综合性生态园。西区有4个大分区：生态广场、沙滩游乐、过渡区、综合娱乐区。

（3）景观视线规划　引导好府河两岸江滨公园的景观视线，把握公园与周围区域的关系，把公园建成具有立体景观视线的公园。

（4）游览道路规划

1）东区：一级游览道路宽度3m，贯穿园中各个景区；二级游览道路宽度2m，通向景区各景点；三级游览道路宽度1.5m，为园中游览小径。

2）西区：一级游览道路宽度3.5m（电瓶车道），贯穿全园；二级游览道路宽度2.5m；三级游览道路宽度1.5m。

3）水上游览交通：充分利用府河水面游览路线，创造立体性游览空间。

（5）景观植物规划

1）规划基本原则。适地适树，突出地方植物。强调植物的群落效果，充分利用植物来营造不同的景观空间，满足功能和特定景观的特殊要求；强调植物群落丰富的林缘线和林冠线，形成层次鲜明、色彩富有变化的植物景观。

2）景观树种选择。乔木树种包括香樟、水杉、池杉、文玉兰、垂柳、银杏、大叶合欢、桂花、三角枫、朴树、红枫、椤木石楠、杜英、黄花槐等。灌木树种包括含笑、海桐、南天竹、红叶乌柏、云南黄馨、火棘、山茶、杜鹃、小叶黄杨、梅、蜡梅、海棠等。地被及草本植物包括马尼拉、高羊茅、马蹄金、麦冬、鸢尾等。

4. 详细设计

（1）广场区　广场（图 6-32）以安陆市地方文化内涵为线索，突出表现安陆市地方文化的淳厚、古朴。广场以两条相交景观轴线相结合，突出表现雄健 、豪放、壮丽。主入口处跌水与广场中央水车、雕塑形成一组主景，立意源于安陆市民间劳动“车水锣鼓”之意境。整个文化广场在空间上给人雄阔、博大之感，在力度上给人以刚劲、雄健之美。

图 6-32　广场设计效果图

广场周围以绿色树林为背景，突出表现空间的含蓄、悠远。广场一边设一个上升式观赏台，以满足安陆市人民在节假日举行娱乐、表演之用。

（2）儿童活动区　活动区内设计儿童娱乐场。场地采用高质量的塑胶场地及现代化的高档塑料游乐设施，与美观适宜的植物群落相结合，保证儿童游乐场在具备趣味、安全、娱乐的同时又有美丽的场区景观，成为观赏的一景（图 6-33）。

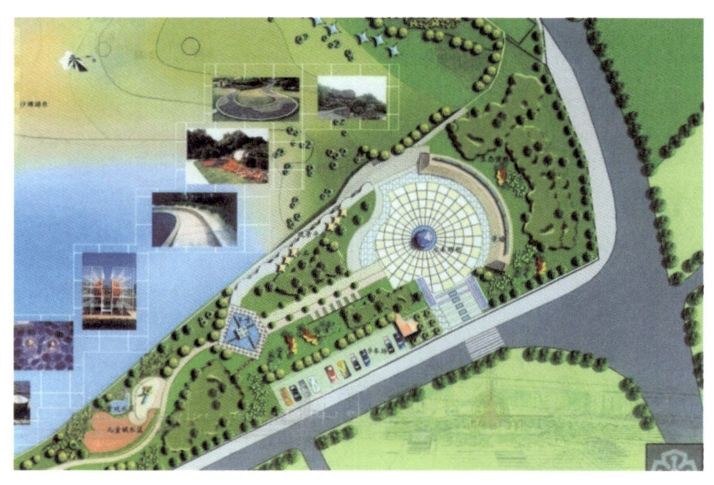

图 6-33　广场与儿童活动区设计平面

（3）沙滩活动区　沙滩活动区设在广场堤岸下，解放大堤坝边。设计时，利用这块难得的半岛式环境，创造宜人的亲水空间。沙滩上设沙滩排球场地等，使游人可最大限度地与府河水亲近，创造出放松、热烈的滨水景观空间。

（4）民俗风情展区　绿地中间是龙头寺遗址，此处景观视线开阔，河堤还遗留着古老的青石护堤。该遗址具有一定的科学研究价值、历史价值。每一块锈色斑斑的青石都承载着安陆市深厚的历史文化，以及安陆人民治理府河的历史，另外龙头寺遗址在老百姓心中已具有特殊的地位及感性的认识。规划设计时，应深入挖掘场地特色及精神内涵，加以艺术升华，努力保护场地中的历史积淀及丰富的历史景观资源，建立能展示安陆市风土民情、地方面貌的民俗风景展区。以浮雕、场地雕塑、碑亭等形式，展示安陆市地方风土人情，游人在此可细细品味安陆市独特的民俗风情(图6-34)。

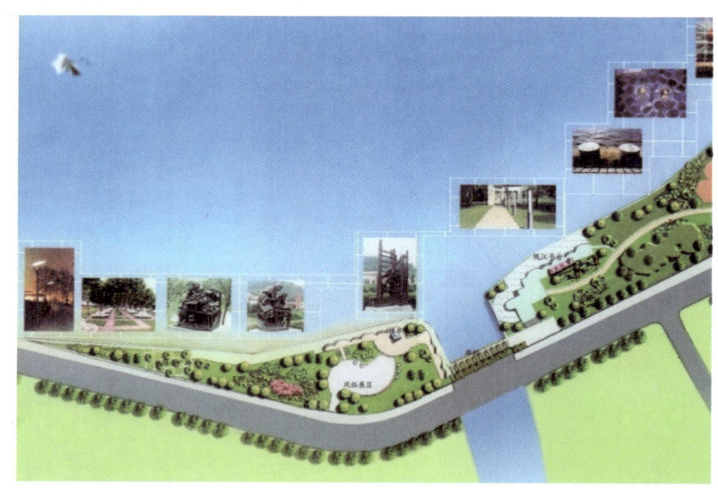

图6-34　沙滩活动区与民俗风情展区设计平面

(5) 休闲广场（图6-35）　创造尺度适宜、空间有序的林下休闲空间。广场上布置跌水、艺术性小品、休闲凳，游人可在林下驻足休息，也可凭栏远眺，收览对岸之景；广场上以富有安陆地方色彩的银杏树列植。秋季银杏叶为黄色，呈现出壮观的秋色景观。

(6)“晓风残月”区（图6-36）　此区位于居住区对面。规划设计时尊重原规划思想，形成与居住区风格相协调的入口景观，公园入口与小区入口景观形成一条垂直于府河的景观轴线，在景观意境创造上，以居住人群主要游览时间为依据（重点在早晨、夜晚），创造优美的时间性、空间性景观——“晓风残月”区。

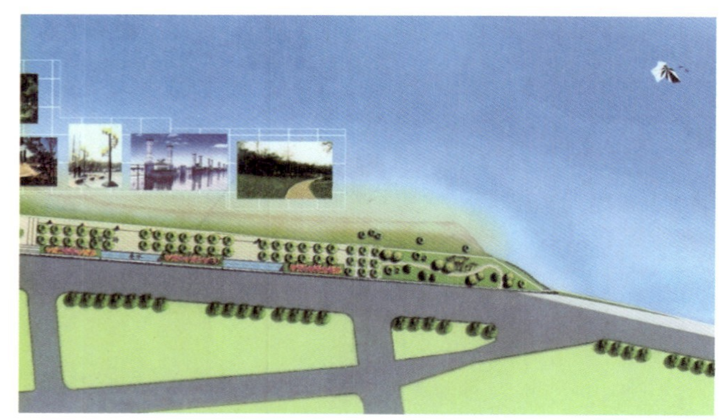

图6-35　休闲广场设计平面

图6-36　“晓风残月”区设计平面

(7)“诗风古韵”区（图6-37）　深入提炼诗人之浩气、逸兴，用含蓄、优美的景观设计语言加以表达。“诗风古韵”区营造出浓浓的休闲、清雅、曲径通幽之意境。区中设小桌凳，游人可在此品茗、休闲。周围的市民更可全家集聚在此充分享受休闲安乐的时光。周围的诗文碑刻，是此景区的点睛之笔。设计时，把诗文化内涵与现代人的生活联系起来，让诗文化深入到游人心中，让更多人了解安陆的诗文化特征。

(8) 百花园（图6-38）　百花园是“诗风古韵”区与“望泊听雨”区之间的过渡地带，以植物景观为主，突出植物群落的自然搭配，强调各种花灌木的成群配置，上层乔木选用落叶树种和常绿树种相结合，如银杏、枫香、日本樱花、香樟、女贞等；下层布置多种花灌木，如八仙花、火棘、杜鹃、丰花月季、紫叶小檗等，形成季相变化丰富的景观区。

（9）“望泊听雨”区（图 6-38）“望泊听雨”区是府河水上游览路线的开端，也是公园在南面的重要入口。规划设计时，通过尺度宜人的小品、旱喷、张拉膜、建筑与各种自然景观相结合塑造朦胧、清雅、淡远的意境。“望泊听雨”区使游人一踏入园就体会到一种空间感和景观的意境美，通过景观引导，让游人触景生情。

图 6-37　“诗风古韵”区设计平面

图 6-38　百花园与“望泊听雨”区设计平面

项目 7 居住区景观规划设计

项目导言与学习目标

项目导言

居住区景观建设的好坏直接影响着人居环境质量的高低。居住区景观规划设计，应注重景观与周围环境的联系，组织统一协调又丰富多样的绿色空间，最大限度地提高绿地率；应注重人性化的空间设计，为各类人群提供舒适、健康的户外活动场地，特别是儿童游乐场地和老年人活动场地的设计，应处处体现“设计为人”的原则；同时，将景观园林与社区文化、日常生活有机结合，营造良好的居住区生态环境和高雅的社区人文环境。

知识目标

1. 了解居住区的含义与分级。
2. 了解居住小区的设计特点和各类景观设施的设计方法。
3. 了解居住区绿地的组成。
4. 重点掌握居住区总体空间布局方法和居住组团绿地的设计方法。

能力目标

1. 参观附近一些高质量的居住区，能对其环境价值作评价。
2. 学会分析居住区中广场和小游园设计手法和设计优缺点。
3. 完成下述能力训练项目

图 7-1 为华中地区某市一小区的规划总平面图，表 7-1 指出了该图中的公建、小品，表 7-2 为居住区用地平衡表。请对照表 7-1 仔细读图纸，参考表 7-2 中的数据，在①、⑥、⑦、⑧、⑩、⑫等公建、小品中任选 2~3 处作详细规划，要求如下：

1）先确定整个居住小区景观设计的理念和主题，再确定各分区和景点的设计思路，各分区规划设计的思路要与小区的理念和主题协调。

2）比例尺自定。

3）景观植物设计应尽量利用当地现有植物。

图 7-1　某小区规划总平面图

表7-1　某小区公建、小品一览表

编　号	名　称	编　号	名　称
①	入口广场，钻石雕塑	⑦	景观步道
②	会所（含智能化中心、物流中心、公共卫生间、餐厅、酒吧、健身房等）	⑧	中心坡地景观
		⑨	水泵，配电房
③	幼儿园	⑩	庭院绿地（含儿童及老年活动中心）
④	网球场、篮球场、羽毛球场	⑪	停车位
⑤	商业区	⑫	亲水平台
⑥	水池	⑬、⑭	人防地下室

注：①~⑬为公建、小品等编号。

表7-2　居住区用地平衡表

	用　地	面积/hm^2	所占比例（%）	人均面积/(m^2/人)	备　注
	居住区规划总用地	14.747 一期10.595 二期4.152	—	—	
	一、居住区用地（R）	14.747	100	42.60	
1	住宅用地（R01）	9.954	67.5	28.75	
2	公共服务设施用地（R02）	1.445	9.8	4.17	
3	道路用地（R03）	1.504	10.2	4.35	
4	公共绿地（R04）	1.844	12.5	5.33	
	二、其他用地（E）		—	—	

4）绘平面规划图2~3张，选取其中一张绘效果图。

5）绘景观小品的效果图一张，表现手法不拘。

6）写不少于500字的文字说明。

素质目标

1. 通过居住区景观实地考察，提高学生团队合作精神，培养学生分析问题和解决问题的能力。
2. 通过完成居住景观实地考察报告，培养学生独立学习、分析总结、归纳完善的能力。
3. 通过完成居住区景观设计方案，培养学生创新意识和创新能力。

任务1　居住区规划设计的要求与原则

任务描述：通过任务的完成，能分析居住区规划设计是否合理，能合理设计居住区各类环境。

任务目标：能合理设计居住区生态空间环境、物质空间环境、精神空间环境、信息空间环境、交往空间环境。

居住区景观设计原则与步骤

【工作任务】

参观学校所在城市某居住区，分析其规划设计是否合理，并且写一份简短的分析报告。

【理论知识】

一、居住区的含义与功能

城市居住区是指城市中住宅建筑相对集中布局的地区，简称居住区。居住区依据其居住人口规模主要可分为十五分钟生活圈居住区、十分钟生活圈居住区、五分钟生活圈居住区和居住街坊四级。

1. 十五分钟生活圈居住区

以居民步行十五分钟可满足其物质与生活文化需求为原则划分的居住区范围；一般由城市干路或用地边界线所围合，居住人口规模为 50000～100000 人（约 17000～32000 套住宅），配套设施完善的地区。

2. 十分钟生活圈居住区

以居民步行十分钟可满足其基本物质与生活文化需求为原则划分的居住区范围；一般由城市干路、支路或用地边界线所围合，居住人口规模为 15000～25000 人（约 5000～8000 套住宅），配套设施齐全的地区。

3. 五分钟生活圈居住区

以居民步行五分钟可满足其基本生活需求为原则划分的居住区范围；一般由支路及以上级城市道路或用地边界线所围合，居住人口规模为 5000～12000 人（约 1500～4000 套住宅），配建社区服务设施的地区。

4. 居住街坊

由支路等城市道路或用地边界线围合的住宅用地，是住宅建筑组合形成的居住基本单元；居住人口规模为 1000～3000 人（约 300～1000 套住宅，用地面积 2～4hm^2），并配建有便民服务设施。

随着社会经济的迅速发展、生活水平的日益提高，人们对居住质量的要求越来越高，对住宅需求已逐渐从“居者有其屋”转向了“居者优其屋”的有益身心健康的绿色住宅，能生活在一种至美的环境中成为人们生活的理想追求。现代居住区大多成片开发、形成群落，其中单体建筑——住宅，提供人们庇护场所，其群落间隙——居住建筑所围合的外部空间即景观空间，则让人们动静各异地从事交通、交流、休息、锻炼和嬉戏等各种户外活动。另外，在同一场所，人们在其间目的各异，逗留时间长短不同，行为丰富多彩，这些在很大程度上决定了其活动场所——居住区景观空间的多功能性、多义性、多元性和空间与时间的多维性、兼容性。

二、居住区用地构成

居住区用地包括住宅用地、配套设施用地、公共绿地以及城市道路用地。

1. 住宅用地

住宅用地是指住宅建筑基底占地及其四周合理间距内的用地（含宅间绿地和宅间小路等）的总称。而建筑空间是一种私用空间，是居住区中的基本空间，规划设计好住宅空间是居住区建设的主要任务。

2. 配套设施用地

对应居住区分级配套规划建设，并与居住人口规模或住宅建筑面积规模相匹配的生活服务设施；主要包括基层公共管理与公共服务设施、商业服务业设施、市政公用设施、交通场站及社区服务设施、便民服务设施的用地。

3. 公共绿地

为居住区配套建设、可供居民游憩或开展体育活动的公园绿地。公共绿地是为各级生活圈居住区配建的公园绿地及街头小广场。对应城市用地分类G类用地（绿地与广场用地）中的公园绿地（G1）及广场用地（G3），不包括城市级的大型公园绿地及广场用地，也不包括居住街坊内的绿地。

4. 城市道路用地

城市道路用地包括居住区道路、小区路、组团路及非配建的居民小汽车、单位通勤车等停放场地。

三、居住区规划的综合指标

各级生活圈居住区用地应合理配置、适度开发，其控制指标应符合下列规定，见表7-3~表7-6。

表7-3　十五分钟生活圈居住区用地控制指标

建筑气候区划	住宅建筑平均层数类别	人均居住区用地面积/（m^2/人）	居住区用地容积率	居住区用地构成（%）				
				住宅用地	配套设施用地	公共绿地	城市道路用地	合计
Ⅰ、Ⅶ	多层Ⅰ类（4~6层）	40~54	0.8~1.0	58~61	12~16	7~11	15~20	100
Ⅱ、Ⅵ		38~51	0.8~1.0					
Ⅲ、Ⅳ、Ⅴ		37~48	0.9~1.1					
Ⅰ、Ⅶ	多层Ⅱ类（7~9层）	35~42	1.0~1.1	52~58	13~20	9~13	15~20	100
Ⅱ、Ⅵ		33~41	1.0~1.2					
Ⅲ、Ⅳ、Ⅴ		31~39	1.1~1.3					
Ⅰ、Ⅶ	高层Ⅰ类（10~18层）	28~38	1.1~1.4	48~52	16~23	11~16	15~20	100
Ⅱ、Ⅵ		27~36	1.2~1.4					
Ⅲ、Ⅳ、Ⅴ		26~34	1.2~1.5					

注：居住区用地容积率是生活圈内，住宅建筑及其配套设施地上建筑面积之和与居住区用地总面积的比值。

表7-4　十分钟生活圈居住区用地控制指标

建筑气候区划	住宅建筑平均层数类别	人均居住区用地面积/（m^2/人）	居住区用地容积率	居住区用地构成（%）				
				住宅用地	配套设施用地	公共绿地	城市道路用地	合计
Ⅰ、Ⅶ	低层（1~3层）	49~51	0.8~0.9	71~73	5~8	4~5	15~20	100
Ⅱ、Ⅵ		45~51	0.8~0.9					
Ⅲ、Ⅳ、Ⅴ		42~51	0.8~0.9					
Ⅰ、Ⅶ	多层Ⅰ类（4~6层）	35~47	0.8~1.1	68~70	8~9	4~6	15~20	100
Ⅱ、Ⅵ		33~44	0.9~1.1					
Ⅲ、Ⅳ、Ⅴ		32~41	0.9~1.2					
Ⅰ、Ⅶ	多层Ⅱ类（7~9层）	30~35	1.1~1.2	64~67	9~12	6~8	15~20	100
Ⅱ、Ⅵ		28~33	1.2~1.3					
Ⅲ、Ⅳ、Ⅴ		26~32	1.2~1.4					
Ⅰ、Ⅶ	高层Ⅰ类（10~18层）	23~31	1.2~1.6	60~64	12~14	7~10	15~20	100
Ⅱ、Ⅵ		22~28	1.3~1.7					
Ⅲ、Ⅳ、Ⅴ		21~27	1.4~1.8					

注：居住区用地容积率是生活圈内，住宅建筑及其配套设施地上建筑面积之和与居住区用地总面积的比值。

表 7-5　五分钟生活圈居住区用地控制指标

建筑气候区划	住宅建筑平均层数类别	人均居住区用地面积/（m^2/人）	居住区用地容积率	居住区用地构成（%）				
				住宅用地	配套设施用地	公共绿地	城市道路用地	合计
Ⅰ、Ⅶ	低层（1~3 层）	46~57	0.7~0.8	76~77	3~4	2~3	15~20	100
Ⅱ、Ⅵ		43~47	0.8~0.9					
Ⅲ、Ⅳ、Ⅴ		39~47	0.8~0.9					
Ⅰ、Ⅶ	多层Ⅰ类（4~6 层）	32~43	0.8~1.1	74~76	4~5	2~3	15~20	100
Ⅱ、Ⅵ		31~40	0.9~1.2					
Ⅲ、Ⅳ、Ⅴ		29~37	1.0~1.2					

注：居住区用地容积率是生活圈内，住宅建筑及其配套设施地上建筑面积之和与居住区用地总面积的比值。

表 7-6　居住街坊用地与建筑控制指标

建筑气候区划	住宅建筑平均层数类别	住宅用地容积率	建筑密度最大值（%）	绿地率最小值（%）	住宅建筑高度控制最大值/m	人均住宅用地面积最大值/（m^2/人）
Ⅰ、Ⅶ	低层（1~3 层）	1.0	35	30	18	36
	多层Ⅰ类（4~6 层）	1.1~1.4	28	30	27	32
	多层Ⅱ类（7~9 层）	1.5~1.7	25	30	36	22
	高层Ⅰ类（10~18 层）	1.8~2.4	20	35	54	19
	高层Ⅱ类（19~26 层）	2.5~2.8	20	35	80	13
Ⅱ、Ⅵ	低层（1~3 层）	1.0~1.1	40	28	18	36
	多层Ⅰ类（4~6 层）	1.2~1.5	30	30	27	30
	多层Ⅱ类（7~9 层）	1.6~1.9	28	30	36	21
	高层Ⅰ类（10~18 层）	2.0~2.6	20	35	54	17
	高层Ⅱ类（19~26 层）	2.7~2.9	20	35	80	13
Ⅲ、Ⅳ、Ⅴ	低层（1~3 层）	1.0~1.2	43	25	18	36
	多层Ⅰ类（4~6 层）	1.3~1.6	32	30	27	27
	多层Ⅱ类（7~9 层）	1.7~2.1	30	30	36	20
	高层Ⅰ类（10~18 层）	2.2~2.8	22	35	54	16
	高层Ⅱ类（19~26 层）	2.9~3.1	22	35	80	12

注：1. 住宅用地容积率是居住街坊内，住宅建筑及其便民服务设施地上建筑面积之和与住宅用地总面积的比值。
2. 建筑密度是居住街坊内，住宅建筑及其便民服务设施建筑基底面积与该居住街坊用地面积的比率（%）。
3. 绿地率是居住街坊内绿地面积之和与该居住街坊用地面积的比率（%）。

新建各级生活圈居住区应配套规划建设公共绿地，并应集中设置具有一定规模，且能开展休闲、体育活动的居住区公园。公共绿地控制指标应符合表 7-7 的规定。

表 7-7　公共绿地控制指标

类　别	人均公共绿地面积/（m^2/人）	居住区公园		备　注
		最小规模/hm^2	最小宽度/m	
十五分钟生活圈居住区	2.0	5.0	80	不含十分钟生活圈及以下级居住区的公共绿地指标
十分钟生活圈居住区	1.0	1.0	50	不含五分钟生活圈及以下级居住区的公共绿地指标
五分钟生活圈居住区	1.0	0.4	30	不含居住街坊的绿地指标

注：居住区公园中应设置 10%~15%的体育活动场地。

居住街坊内集中绿地的规划建设，应符合下列规定：

1. 新区建设不应低于0.50m²/人，旧区改建不应低于0.35m²/人。

2. 宽度不应小于8m。

3. 在标准的建筑日照阴影线范围之外的绿地面积不应少于1/3，其中应设置老年人、儿童活动场地。

四、居住小区规划设计的要求与原则

居住小区景观构成要素可分为两种：一种是物质的构成，即人、绿化、水体、道路、设施小品等；一种是精神文化构成，即环境的历史文脉、特色等。两者不可分割，精神内涵通过物质要素体现，使物质要素更具文化性。

1. 居住小区景观的规划设计要求

（1）强调环境景观的共享性　居住小区规划时应使每套住房都获得良好的景观环境效果。首先要强调居住小区环境资源的均好性和共享性，在规划时应尽可能地利用现有的自然环境创造人工景观，让所有的住户均可享受这些优美环境；其次加强院落空间的领域性，强化围合功能强、形态各异、环境要素丰富、安全与安静的院落空间，利用各种环境要素丰富空间的层次，为人们提供相识、交流的场所，从而创造安静温馨、优美、祥和安全的居住环境。

（2）强调环境景观的文化性　崇尚历史、崇尚文化是近来居住小区景观设计的一大特点，开发商和设计师不再机械地割裂居住建筑和环境景观，开始在文化的大背景下进行居住小区的规划和策划，通过建筑与环境艺术来表现历史文化的延续性。例如，北京“观塘”、上海“九间堂”（图7-2），深圳“万科第五园”（图7-3）、广州“清华坊”等居住区无一不是在传统文化中深入挖掘，从而开发出兼具历史感和时尚感的纯正的中国风格的作品。

图7-2　上海“九间堂”

图7-3　深圳“万科第五园”

（3）强调环境景观的艺术性　居住小区环境景观设计开始关注人们不断提升的审美需求，呈现出多元化的发展趋势，提倡简约明快的景观设计风格。同时，环境景观设计更加关注居民生活的舒适性，不仅为人所赏，还为人所用。创造自然、舒适、亲近、宜人的景观空间，是居住小区景观设计的又一趋势。

2. 居住小区景观规划设计原则

（1）坚持社会性原则　随着社会经济的发展，人们的居住模式发生了变化，人们在工作之余有了更多的休闲时间，也将会有更多的时间停留在居住小区内休闲娱乐。居住小区环境设计，不仅是为了营造人的视觉景观效果，其目的最终还是为了居住者的使用，环境景观应亲切宜人。因此，各种小品、设施等造景要素，不仅在功能上要符合人们的生活行为，而且要有相应的文化品位，为人们在家居生活之余提供趣味性强且又方便、安全的休闲空间。

居住小区环境是人们接触自然、亲近自然的场所，居民的参与使居住小区环境成为人与自然交融的空间。例如，深圳一些居住区通过各种喷泉、流水、泳池等水环境，营造可观、可游、可戏的亲水空间，受到人们的喜爱。因此，要提倡公共参与设计、建设和管理，通过美化生活环境，体现社区文化，促进人际交往和精神文明建设。

（2）坚持经济性原则　居住小区设计要顺应市场发展需求及地方经济状况，注重节能、节材，注重合理使用土地资源；提倡朴实简约、反对浮华铺张，并且尽可能采用新技术、新材料、新设备，达到优良的性价比。

好的环境设计应结合气候条件、地质水文条件，在整体考虑的基础上达到节约用水、控制径流、补充地下水、减少和防止水文灾害等目的。尽可能保持区域内的湿地和水体以储存雨水，并且通过设计把水体和湿地结合到建筑的外部空间系统，为居民提供休息娱乐场所；尽可能利用广场、停车场和屋顶保持滞留的水，降低径流；用植物—土壤系统形成“过滤带”控制开发后的径流，根据土壤质地决定开发强度以保护渗透性土壤，从而增进地下水的恢复和补充。

（3）坚持生态原则　居住小区是建在自然生态环境中的，设计时应对环境作适应性的规划设计，尽量保持其良好的生态环境，改善其不良的生态环境，达到最佳的人、物、自然环境的协调。基于生态的环境设计思想，不仅是追求如画般的美学效果，还更应注重居住小区环境内部的生态效果。

（4）坚持个性原则　景观设计要充分体现地方特征和当地的自然特色，应体现所在地域的自然环境特征，因地制宜地创造出具有时代特点和地域特性的空间环境，避免盲目照搬。

我国幅员辽阔，自然区域和文化地域的特征都相差很大，居住小区景观设计要把握这些特点，营造出富有地方特色的环境。靠海的城市可充分利用海环境；靠江、湖、河的城市，应珍惜这一得天独厚的环境；位于丘陵地、山地的城市，可巧妙地运用坡地、平川、山顶构筑美妙的环境景观。例如，我国的重庆是在丘陵地上建成经济发达的世界性特大城市，错落有致的布局形成山地城市的特点；青岛“碧水蓝天白墙红瓦”体现了滨海城市的特色；海口“椰风海韵”则是一派南国风情；苏州“小桥流水”则是江南水乡的韵致。居住小区景观还应充分利用区内的地形与地貌特点，塑造出富有创意和个性的景观空间。

（5）坚持历史性原则　不同民族，不同的历史、文化环境，形成的民风、习俗各不相同，从而形成某一人群对聚居环境方式的某些认同感。在小区规划设计中，要尊重民风习俗、发展认同，使各不相同的民族能和睦共聚，组构文化交融的小区。例如，上海“新天地”的改造，就是在保留传统石库门里弄建筑空间格局、人文景观的基础上对建筑内部重新改建，对外部环境进行适当的调整，从而唤起人们对过去生活的回忆，同时这也是充分尊重历史、文化而成功开发的典范。

（6）坚持人性原则　居住环境的主体是人，因而“以人为本”的人性原则是最基本的原则。“以人为本”精神有着丰富的内涵，在居住小区的生活空间内，对人的关怀则往往体现在贴近人的细致尺度上（如各种园景小品等），居住小区环境设计应由单纯的绿化及设施配置，向营造能够全面满足人的各层次需求的生活环境转变。景观设计更多地从人体工学、行为学及人的需要出发研究人们的日常生活活动。人的生活活动，有生理的、心理的、社会性的综合需求，小区空间就要满足人的需要，创造宜人的人居环境（图 7-4）。

在设计中应始终注重社会化、人性化要求，居住小区绿化主要是满足人们游憩、活动、交流的功能，其环境氛围要充满生活气息，做到景为人用，富有人情味。例如，小游园应设计在居民相对集中且经常经过或自然到达的地方；在园林小品的设置中，应考虑到老人、儿童等特殊人群的具体要求，在达到放松身心的作用的同时确保其人身安全（图 7-5）。

图 7-4　小区环境设计满足人的社会交往需求

图 7-5　小区环境设计让人怡然自得

【实例解析】

图 7-6、图 7-7 为武汉大华南湖公园世家景观设计图。通过对用地的地理区位以及周边环境的分析研究，设计将使小区整体景观成为区域肌理的有机延续。处理好文化和景观主题的相互关系，景观功能和空间的相互关系，提升小区整体品质。以“上海印象”为主题，强力打造海派风情住宅区。

图 7-6　设计总平图

图 7-7 商业街人行主入口效果图

任务 2 居住小区的空间布局

居住小区空间布局

任务描述：通过任务的完成，能分析居住小区的空间布局。

任务目标：能合理分析居住小区的公用庭院空间围合的基本形式。

【工作任务】

参观学校所在城市的某居住小区，分析居住小区的公用庭院空间围合的基本形式，并且写一篇简短的分析报告。

【理论知识】

一、居住小区空间布局的形式

居住小区的空间布局问题，主要是指解决单个小区中院落空间的分布和设计问题。院落空间是小区空间构成的基本形式，由建筑、围墙等实空间，或者与透空花墙、栏栅、绿篱等柔空间，或者与虚空间要素围合而成，形成相对独立于外界环境的空间，人为地创造一个小环境。不同的小区，因其地形、地貌、气候条件不同，其所在地的经济、文化发展情况和地方传统、民俗特点各异，设计的院落空间也会不同。小区的规划布局形式一般有两种，即小区—组团式和独立式组团，与之相适应，小区院落群体组织常采用梯级院落组织形式，由宅间院落—邻里院落—组团院落—小区院落等逐级构成。根据用地规模大小不等，建筑层数和布局形式不同，梯级划分也不同，可按四级或三级或二级的级差来组织院落空间。

最基本的院落单元是宅前、宅间院落。低层的宅间院落只服务数十户。多层宅间院落则可服务近百户，小高层则服务一百多户，而高层围合的宅前、宅间院落可达数百户乃至数千户，因而梯级院落组成和层数的关系很大。若干个低层和多层的宅间院落单元，组构邻里院落单元；二三个邻里单元，围合一个组团院落空间；若干个组团单元，组建一座小区大院落。高层围合的院落，可以独立组成一个小社区，或者以组团单元参与围合，几个高层组团组成一个大的社区。

梯级院落组织手法有明确、清晰的规律和秩序，在空间创作中往往分解为宅前、宅间、邻里、组团、小区（或小社区）级院落来进行设计。

二、院落空间

院落空间，若是供给一户所用，则是私用院落，若是供给邻里单元及小区共用，则是公用庭院（公共绿地）。

1. 私用院落

在我国传统民居中，院落围合是其主要特征之一。北京的四合院，四面围合，呈闭合状，对外封闭，对内开敞，以内院组织正房及东、西厢房和南房，各有主次分工。傣族民居院落是另一种形式：以架空的竹楼（住宅）为中心，院内种植芭蕉、咖啡、柚子、柑橘等果树，竹林一片青翠，组成宅间天然屏风，环境幽雅，恬静舒适，四周以栏栅围合成院，呈现虚包实的围合形式。

中国传统的家族宅院常组合成套院的形式，有明确的轴线，以院落为单元，以巷、廊为纽带，形成院落组合系列，层层相套，虽是方形组合，然而极富韵味，统一中多变化。大的宅子，有前庭、中庭、侧院及后花园，用房、廊和围墙来围合界定空间。现代住宅的私用院落形式，在别墅和低层住宅中采用独院型布置，私用院落是低层住宅的特有优势，院落中间给人以安定感，它扩大了居室生活活动范围，直接与自然接触。有小院的家庭，特别是在南方，白天几乎有一半的时间活动在庭院中，休息、家务、文化生活等都可在庭院中进行，是幼儿、老人最喜欢的家庭生活活动场地。

私用院落的特殊形式——大阳台和屋顶花园，是专为住在楼房的住户考虑的，虽然离开了自然的土壤，但仍可以争取到与自然的风和阳光直接接触。利用挑出的大阳台，复式建筑的屋面空间用栏杆、女儿墙围合，既用以限定空间，又起安全保护作用。大阳台的朝向应为东、南向，早可观日出，晚可纳凉，日照条件好。阳台面向环境优美的一面，既可观景，又能呼吸新鲜空气。空中庭院，可以用于低层、多层和高层，视环境高度不同而呈现不同的景观要求和观景效果。

2. 公用院落

公用院落是聚居形式的重要活动空间，不仅起到供人们户外活动的作用，又是人们休闲式交往的场所。公用院落的围合，从形式上看，类似私家院落的围合方式，但在空间尺度上相差很大，它是以楼为单位进行围合。低层住宅楼每栋可容8~12户，多层一栋可达30~60户，而高层每幢则可以达到200户。不同体量建筑的围合，在尺度上相差数倍、数十倍。低层围合的小型院落，在空间尺度上有亲切宜人感，几十户相聚组成一个小的邻里单元。多层围合的庭院，可容百户，用地比较宽敞，可以布置小型广场、绿地。高层围合的院落，应称为"中心绿地"。

三、公用庭院空间围合的基本形式

居住建筑是空间围合的主体。

1. 单栋建筑的庭院围合

庭院和建筑相对应，或者庭院包围建筑，建筑成为庭院中的大型雕塑物。高层、塔式建筑处于较为独立的地块可用这一形式。例如，北京百环公寓为空旷式围合，单栋高层共200余套房，外庭院包围单栋高层的空间形式，采用楼周边开敞式绿地布置是很好的选择。

2. 两栋建筑的庭院围合

两栋建筑前后并排围合，或者呈曲尺形围合，组合成两端成直角边式的半空旷围合。

3. 三面建筑的庭院围合

中、左、右三面围合，形成拥抱状的稳定的三合院院落空间（图7-8）。

4. 四周建筑的围合

这种围合呈现封闭、稳定的院落特征。在建筑围合中，围墙、栏栅的参与，起到增强院落领域感的作用。例如，北京安慧北里居住区，居住建筑采用了三面围合和四面围合的院落形式，有的独自成院，有的用两组、三组小院相互拼合成一个相互联通的大院落。

图 7-8　三面建筑的庭院围合

5. 多栋建筑的组合形式

该形式在低层、多层社区中运用最广泛。一栋 3 ~ 5 层建筑，一般为 20 ~ 60 户，组成一个 200 ~ 300 户的组团单元，常用6 ~ 8 栋建筑组合形成。此组合形式又分为以下四种类型：

（1）行列式　这种形式在我国南方和北方都广泛使用。其特点是，特别重视建筑的朝向、通风和各户方位环境的均衡性。建筑按规定的日照间距，等距离成行成列布置，故形象地称为行列式。这种布置方法比较简单，用地方整、紧凑，内部小路横平竖直。院落呈现两栋前后围合的半开敞布置，前后左右重复排列。有的宅区，数十栋一律如此，如同“兵营”，显得雷同和单调。因而在布置时采用局部“L”形排列、斜向排列、错动排列、与道路呈一角度排列，或者用点式建筑参与布局，使其生动、多样，并且保持了它的良好朝向。

这种形式的住宅的朝向、间距、排列较好，日照通风条件较好，但是路旁山墙景观单调、呆板。绿地布局可结合地形的变化，采用高低错落、前后参差的形式，借以打破其建筑布局呆板单调的欠缺（图 7-9）。

（2）周边式　建筑沿着道路或院落周边布置的形式为周边式。这种形式有利于节约用地，提高居住区建筑面积密度，形成完整的院落，便于公共绿地的布置，能有良好的街道景观，也能阻挡风沙和减少积雪。但这种布置有一个很大的缺点，就是一些居室朝向差且通风不良，因此必须加以改良，即以四面围合的周边式为基形，组合成双周边式及半周边式。前者加密建筑，提高容积率，保留中心大院；后者是以南北向为主，加一个东西向建筑，组成三合院落，或者以两个凹形建筑对称拼合，形成中心院落。这两种形式，是在保持中心庭院的前提下，在朝向上和提高用地效益上的改良形式。

（3）异形建筑形式的组合布置　异形建筑形式是指建筑外形不规整的居住建筑形式，如“L”形、“凹”形、“弧”形、“Y”形等。用它们参与空间的围合，能形成更为丰富的空间组合形式。“L”形相互组合，形成四边围合，两角自然通透；“凹”形使两栋建筑相对或平行组合，前者形成中轴感强的方形内院，后者形成半周边围合小院；“弧”形相对于行列布置，其效果已和行列排列大不一样，其空间围合内聚力强，明确地划分为内向和外向空间；“Y”形的组合则形成多边形的全围合及半围合形式。这些建筑形式的自身排列及参与排列，产生不同的空间效果（图 7-10）。

（4）散点式　散点式是指结合地形，考虑日照和通风，将居住建筑自由灵活地布置，布局显得自由活泼。当建筑体量较小（多为低层和多层），长宽比接近时，这类建筑形式常被称为点式。在群体布置时，形成似围非围的相互流动的院落空间效果。在地形起伏变化的地段，更适于采用这种布置形式。

在实际规划设计中，群体组合是根据不同的地区、地块、地形条件来进行的。有时为了追求空间变化而采用多样的围合形式。例如，半周边和行列式的拼合，既形成一个较大的院落，又不降低容积率；又如，点式和行列式的组合能获得开敞宽阔的庭院，并且多一种房型可供挑选。

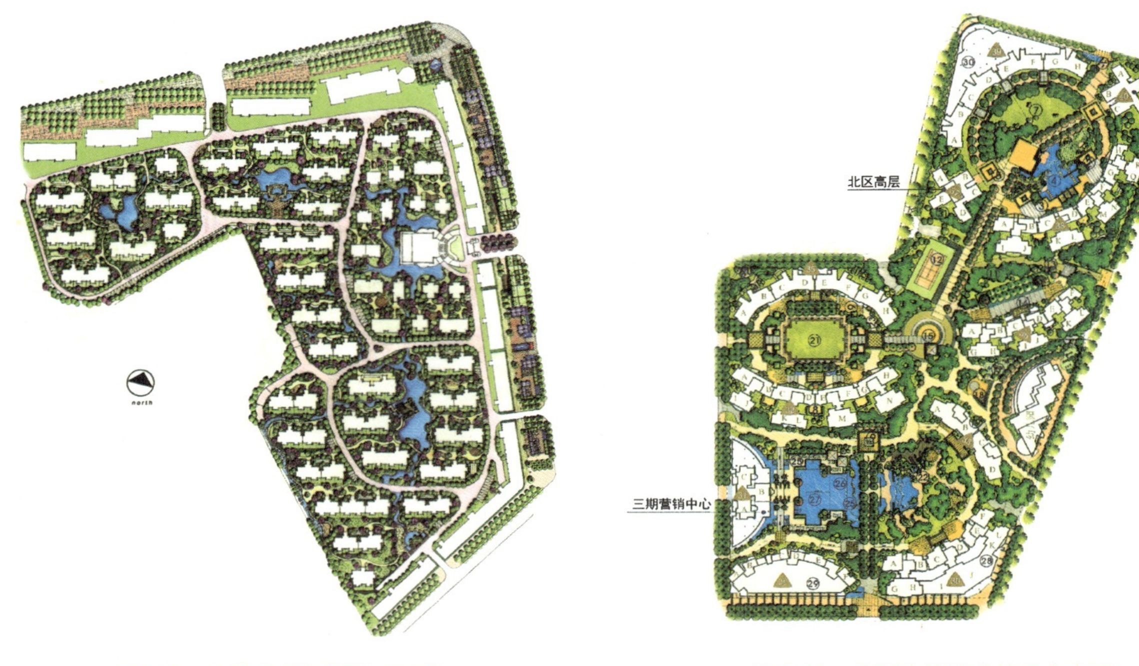

图 7-9　多栋建筑的行列式布局　　　图 7-10　异形建筑形式的组合布置

【实例解析】

如图 7-11 所示，杭州滨江城市之星采用周边围合式布局，精心设计的超 40000m^2 的中心绿地景观，设置小型高尔夫练习场、游泳池、戏水池、网球场、户外剧场等公共活动场地，通过景观池、喷泉、景墙、植物组团营造出舒适宜人的、绿意盎然的居住环境。

图 7-11　杭州滨江城市之星俯瞰

任务 3　居住小区公共服务设施规划设计

任务描述：通过任务的完成，分析居住小区各类公共服务设施规划设计的优劣。

任务目标：能合理分析居住小区各类公共服务设施规划设计的优劣，能合理规划布置居住小区公共服务设施。

【工作任务】

参观学校周围的居住小区，分析居住小区各类公共服务设施规划设计的优劣。

【理论知识】

一、公共服务设施的分类与分级

小区公共服务设施是为了满足居民物质生活和文化生活的需要，方便居民日常生活和活动而建设的一些公共建筑和设施。这些公共建筑和设施的外形特别，可丰富居住区建筑艺术面貌，它们常与居住区的公共绿地结合布置，以取得良好的环境效益和社会效益。

居住小区公共服务设施包括的内容：居民经常使用的公共建筑，如菜场、综合商店、粮店、煤店、中学、小学、托幼园、居委会、文化活动站；居民不常使用的公共建筑，如服装店、五金店、家具店、银行、医院、影剧院、照相馆等。

1. 教育类公共服务设施

（1）中学　中学的设置属于城市级及居住区级项目。兴建居住区，必须按人口计算配置中学，布置在适合的独立地段，保证规模和设施的完善，服务半径可控制在 1000m 以内。

（2）小学　小学不再是一个小区的内向性项目，可按一个或几个小区设置规模完整的小学，布置在一个综合小区一侧的独立地段。相邻小区的学生，以不跨越城市干道为宜，其服务半径控制在 500m 以内。

（3）托幼园　托幼园是小区重要的项目之一，一般安排在居住小区中心绿地的近旁，把最好的用地和环境给孩子。幼儿爱活动，活泼可爱，不爱受到干扰；幼儿需要接送，而且接送者有很多是老年人，因而常采用内向性布置（图 7-12）。高档次幼儿园在用地面积和设施水平上都高出一般标准，外向型服务是它的特色。早晚接送时，门口车水马龙，形同闹市，机动车停靠一边，在规划安排中，要不同于社会福利型幼儿园，不宜放在小区中心，而应外向。

图 7-12　武汉某小区级幼儿园

2. 商业服务经营类公共服务设施

商业服务经营类公共服务设施要有合适的服务半径，符合人们环境行为的人流导向，外向、聚集的相对独立的社区商业服务中心，特别受店家、商贩和居民的欢迎。它多采用沿街布置、半边街布置、小广场式布置及半凹入式布置等多种形式。社区商业服务中心应创造具有小区居住商业文化特质的，并能提供居民休闲、交往和购物的消费空间。

商业服务内容包括各类商店、副食店、早点餐饮、服务修理、集市等。这些服务设施需要适当进行分区整合，组织好交通运输和人流活动路线，完善清洁、卫生、市场管理，同时优化购物环境，不给社区带来干扰和污染。

3. 行政管理类公共服务设施

派出所、街道办事处、居委会、物业管理等需布置在较为明显的地方，也可以与其他建筑综合一处，辟出首层或一、二层，提供相对独立的环境。

4. 交往活动类公共服务设施

文化活动中心，老年、青少年活动中心或称会所，是居民最关心的活动空间，也是小区的必备项目，与住房同等重要。会所为室内公共活动空间，缺少了会所，就不能称为小区。

（1）会所的功能、性质　会所是小区的基本组成部分，是小区居民的室内活动交往空间。它与庭院的性质相同，二者可以统称为小区的室内和室外的公共活功空间，是小区文化的载体，为小区所公有。当住户在购房时，便同时购买了小区的公共环境：楼梯、电梯、廊道、门厅、室外道路、庭院环境和会所。会所是休闲性、文化性、公益性的活动场所，不是消费性服务项目，不是为赢利而设的。它的功能和性质决定了项目设置和管理的方式。

（2）会所的规模和项目设置　可根据小区规模大小、服务范围来设置相当规模的会所。

1）规模。按套（户）均建筑面积的1%~1.5%的建筑规模设置，各户均摊的建筑面积较少。按这一标准，1000户的小区设置800~1500m^2的会所，3000户的小区为2400~4000m^2。

2）项目设置。会所是文化活动中心的同义词，它不是酒店的服务中心，这是其项目设置的尺度。应安排交往性、文化性、休闲性的项目，为老年、少年及成年人安排适宜的活动空间。要考虑设施费用、运行成本必须与小区居民经济水平相接近，应是低成本、低消耗、参与性项目。

内容包括：①可供集会活动的多功能厅；②棋牌游艺室；③乒乓球、台球、健身等活动室；④图书、报纸、杂志等的阅览室；⑤老年人活动室，活动、听书、聊天、闲坐、交往的茶室等；⑥儿童活动项目、自主性消费项目。

规模小的会所，可以多项合并或减少项目，只需划分几个兼容性空间，以便动静分区或按老年、少年的活动特点分区及按时间来安排空间，达到功能与项目的兼容。规模大的会所，各个空间的划分可以细一些，空间可以更宽敞些，可以增加小区文化娱乐的业余社团活动空间，如舞蹈厅、音乐室、社团活动室、美术室、展厅等。

高档会所设置项目应适合较高消费人群的需要。在高档及中档标准的小区，会所中可设置美发、美容、桑拿浴室和咖啡厅、台球室、健身房、保龄球馆、泳池等，采用会员卡制，优惠小区住户，不以赢利为目的。但是这些设施项目不能取代大众性、公益性、社会文化性的活动空间，只是增设消费项目，而且营业性的、扰民的项目也不应放在高档会所中。

5. 市政公用类服务设施

市政公用类建筑工程包括热、电、气、电信、人防、消防、给水、排水、垃圾、公厕等的地下、地上管线及构筑物、建筑物。它们的先进性和安全运行是保证小区物质生活环境的基础。它们遍布小区各处，专业性很强，有的属于专门垄断性及半垄断性管理。市政公用设施的规划极为重要，切不可忽视，必须努力细致地进行组织安排。

二、公共服务设施与生活环境

小区要为人们提供舒适的居住生活环境，同时它也担负一定的社会功能。它是由自然环境、社会环境和居住环境构成的空间，既有室内居室，又有室外庭院；既有个体，又有群体；既有自然因素，又有人文因素；既有物质的内容，又有精神的内涵。

建筑、庭院、广场、街路、小品、设施等物质条件融入人与人、人与环境的关系，这就是小区空间环境的内涵。在空间划分中，私密性与公共性空间、交流接触空间与间隔独立空间应妥善布局安排。

物质空间设计给人的不仅仅是功能上的享用，它的美感、典雅、亲和、愉悦的氛围，也从物质空间中散发出来给人以精神上的享受。精心设计和安排的室内外公共活动空间，为人们提供了文化、娱乐的环境，它包含了生态学、美学、心理学、社会学等方面的内容。

三、公共服务设施的规划布置

1. 内向型布置

内向型布置是指公共服务设施按功能分组布置在小区中心。

2. 外向型布置

外向型布置是指公共服务设施布置于社区的周边外围。

3. 内、外分组布置

内、外分组布置是指公共服务设施按功能需要及扰民情况分组布置在社区内和社区外。

4. 布置于独立的地段

公共服务设施采用哪种布置形式，要因居住区的总体布置、规模大小、规划设计理念及城市情况而定。随着我国市场经济的发展和社区规划建设的实践，小区规划中内向型公建配置模式已不太适应商品经济的发展。商业性公建项目，按市场规律，以中心式集聚效益和外向型取代均衡分散和内向型。对于居民，它们可能稍稍远了一些，但商业气氛可以更浓，可选择性更强，同时对社区院落环境的干扰也更弱。

【实例解析】

尚璟瑞府小区（武汉）公共服务设施齐全，规划布置合理，小区引入北师大新标准体系幼儿园，建筑面积约 3600m^2，与小区商业街相连，步行距离 500m，同时连接小区外部主干道，方便家长接送（图 7-13）。尚璟瑞府小区商业服务设施包括超市、小吃街、商超、母婴店、药店、花店等，设置在小区中心地段，集中布置，在方便居民日常生活的同时又集中管理，不干扰和污染社区环境（图 7-14）。

图 7-13　尚璟瑞府小区配套幼儿园

图 7-14　尚璟瑞府小区配套商业街

任务 4　居住小区道路、停车设施设计

居住区道路交通设计

任务描述：通过任务的完成，分析居住小区道路、停车设施设计的优劣。

任务目标：能合理分析居住小区交通组织与道路规划设计、停车场规划设计、无障碍设计。

【工作任务】

参观学校周围的居住小区，分析居住小区交通组织与道路规划设计、停车场规划设计、无障碍设计。

【理论知识】

一、居住小区的交通组织与道路规划设计

小区道路是整个居住区空间的一部分，它和城市道路相比有一些不同点，因此它的设计也不同于城市街道的设计，主要表现在以下几个方面：①弱化机动车车行道，尽量减少机动车在小区内穿行，但也要保证搬家、消防等的需要。大的综合居住区，其小区规模较大，很难避免机动车入内。应采取适合的规划设计及管理办法，以控制车的进入量，降低车速，减轻对居民的干扰。②创造轻松、安全自由的道路环境，提供给不同环境行为的人们共用，保证人行系统的舒适性。③应具有良好的景观和特色。④要满足小区街道上人们的环境行为：出外上班、上学的人常选择最近的路径，他们属于步行较快、目的性强的人群；购物进出、返回家园的人属于目的性较强、轻松步行的人群；走向社区中心，漫步悠闲，属于目的性不强、随意溜达的人群；逗留、交谈、观望、纳凉、戏耍等属于滞留的人群。所有这些人群共聚于小区道路上，构成人们的环境行为，形成小区道路生活环境。

1. 小区路网系统

道路是居住区的构成框架，一方面它起到了疏导居住区交通、组织居住区空间的功能；另一方面，好的道路设计本身也构成居住区的一道亮丽风景线。居住区内道路系统布置要充分利用和结合地形，使之顺应地形，减少工程量及投资。要缩短到达目的地的距离，形成畅通方便、行程最短的路网，给居民上下班及生活上带来方便。道路系统要功能明确，为保证居住区的安静及居民的安全，过境交通不能穿越居住区，城市车辆不能穿行小区，限制通向城市干道的车道出口，出口间距一般不小于150~200m。居住区内主要道路的布置形式有十字形、田字形、T字形等，居住小区内部道路布置形式有环式、尽端式和混合式等。

居住小区道路系统根据规模的大小和功能要求，一般可分三级或四级，使之主次分明。居住小区道路可分为主路、次路、支路及小路，或者居住区级、居住小区级、住宅组团级道路及宅间小路四级，各级道路宽度见表7-8。

表7-8　居住区道路宽度设计表

道路名称	道路宽度
居住区道路	红线宽度不宜小于20m
居住小区道路	路面宽6~9m。建筑控制线内的宽度，采暖区不宜小于14m，非采暖区不宜小于10m
住宅组团道路	路面宽3~5m。建筑控制线内的宽度，采暖区不宜小于10m，非采暖区不宜小于8m
宅间小路	路面宽度不宜小于2.5m

当小区规模较大时（如15hm^2以上），道路系统常为三级或四级。为了内部交通方便，要减少机动车的穿越，道路系统常做成内环式、曲通式和折通式。主干道的组织，通达而不快速。组团路呈支状引向宅间路，或者呈半环状和小区干道相连接时也多为曲通式或折通式。例如，万县百安花园用地10.65hm^2，小区干道采用折通式和地块的形状相配合，设计成多折形。机动车无论从哪个入口进入社区都要走几个折线，迫使机动车减速，而人行却显得方便、自然。

2. 人车分流

现代社会，人们的出行离不开车，使用公交车、出租车、私人汽车等已很普遍，与小区关系最密切的是后两种用车形式。小汽车离家门越近越方便，但越近，对小区的干扰越大，最突出的是小区内人行安全问题，其次是噪声、废气污染问题。人们离不开车，又要避开它，对于方便用车又要避免人车交叉、影响安全的问题，人们用规划的方法把人与车的活动分开布置，即人车分流。

（1）平面分流　从平面布置上入手，使车行路线和人的活动路线互不交叉。平面分流常用的方法有两种：

1）车走外围，人可以在社区内安全自在地活动。

2）采用车行道进入到社区内一定的深度，做尽端式道路布置，减少用车人的步行距离，同时，人们的内部活动没有车行交叉的干扰，这种方式能有效地解决用车和避车的矛盾。尽端式车行路的设计可以和人行路网相连接，用警示及活动阻拦元素来分隔，必要时可联通使用，有利于搬家用车、防火车通行。

（2）立体分离　人和车从立体层面的上、下分行，完全避开交叉。这种方式在高层小区中用得最多，低层小区很少采用，主要有两种基本布置方式。

1）车走地下，人行地面。人在地面行走感到方便、舒适；车走地下，用坡道引导，直接入库，甚至可以直达本户的底层附近，与电梯口相接近，这种方式用于小区比较理想。

2）车走地面，人上行走天桥。这种布置方式，车行畅快，可以直达各楼门口，停车泊位可安排在建筑底层，用车最为方便。人们步行进出社区时必须要先上（下）一层楼，略感不方便。由于小区车行道与市区路面相平，人们往往会在下面车道上步行，而不上天桥，这就要求在规划布置时，诱导得当，恰到好处。也可在地面局部设计人车混行系统，把人行道布置好，保证步行的舒适和安全，同时充分设计上部空间，诱导上行，做到关心人们的步行环境。

另外还有其他一些布置方式。例如，车行半地下、人行半地上的局部处理方法；还有车走上空，用立交道路的方式跨过小区，这只能在特殊条件下采用。高架道路在小区内行驶，虽然解决了和人流的交叉，但工程费用大，而且对居民的干扰太大，除了噪声、废气之外，在视觉感受上也很不好，破坏了社区的安逸气氛。

二、停车场规划设计

居住区停车场景观设计

小区小汽车和自行车停车问题是近年来小区规划中的突出难题。由于私人用车增加，一些小区的路边及广场，甚至部分绿地都被占用停车，造成交通道路组织混乱，影响了社区的安宁环境。因而，在做小区规划时，要全面完善地解决停车泊位问题。首先对停车泊位进行预测，适当留有余地，进而正确选择泊车方式，尽可能做到：就近停泊，方便使用；人车分流（或半分流），保证安全；妥善隔离，避开污染。

停车泊位的安排和人车分与合的问题应紧密联系在一起考虑。安排方式有如下 3 种：

1. 小区地面安排停车泊位

在小区地面安排停车泊位时可利用小区的边角、外围场地（如后退红线的场地）、小区入口旁、组团入口旁预留的小场地。加宽小区道路地面，在路的一侧或两侧布置停车泊位；加宽楼间距布置车位；架空住宅楼则可利用住宅楼的底层空间，做半露天停车场。

2. 地下停车场

组团全地下车库是地面和地下完全分离的停车方式，地面为完整的院落，地下全部停车，人车分流、分置。可利用小区广场的地下、小学的操场地下，设置较大的地下停车场，充分利用空间，上、下各得其用。也可在宅间院落、组团庭院及小区中心公共绿地的地下建地下停车场，充分利用可以利用的地下空间解决泊位问题，但缺点是停车场顶上的覆土深度小，限制了绿地设计，不可种植乔木。

底层车库是利用建筑的半地下底层空间的一侧停车，另一侧为单元入口，面向庭院，车库为本单元住户专用，车库有小门通向楼梯间。利用台式建筑地下存车，从建筑设计入手，建筑开间、进深、柱网排列要与停车位相适应。此方式的缺点是房型方案受到一定的局限。

多层住宅半地下车库是采用多层的半地下及宅间、周边空间，做成半地下车库，节省坡段用地，获得四周的采光通风口。

3. 安排独立的地段建造车库

建单层或多层车库，相对集中地聚集车辆。

三、无障碍设计

居住区是为所有人服务的，因此在设计时要满足居住区中的老人及残疾人的需要。无障碍环境包括物质环境、信息和交流的环境。物质环境无障碍主要是要求：城市道路、公共建筑物和居住区的规划、设计、建设应方便残疾人的通行和使用，如城市道路应满足坐轮椅者、拄拐杖者通行和方便视力残疾者通行，建筑物应考虑出入口、地面、电梯、扶手、厕所、房间、柜台等设置残疾人可使用的相应设施和方便残疾人通行等。信息和交流的无障碍主要是要求：公共传媒应使听力、言语和视力残疾者能够无障碍地获得信息，进行交流，如影视作品、电视节目的字幕和解说，电视手语，盲人有声读物等。无障碍环境是残疾人走出家门、参与社会生活的基本条件，也是方便老年人、妇女儿童和其他社会成员的重要措施。加强无障碍环境建设是物质文明和精神文明的集中体现，是社会进步的重要标志，对提高人的素质，培养全民公共道德意识，推动精神文明建设等也具有重要的社会意义。

1. 缘石坡道设计

人行道的各种路口必须设缘石坡道。缘石坡道应设在人行道的范围内，并且应与人行横道相对应。缘石坡道可分为单面坡缘石坡道和三面坡缘石坡道，缘石坡道的坡面应平整且不应光滑。缘石坡道下口高出车行道的地面不得大于20mm（图7-15）。

单面坡缘石坡道可采用方形、长方形或扇形。方形、长方形单面坡缘石坡道应与人行道的宽度相对应。扇形单面坡缘石坡道下口宽度不应小于1.5m，设在道路转角处单面坡缘石坡道上口宽度不宜小于2m。单面坡缘石坡道的坡度不应大于1∶20。

三面坡缘石坡道的正面坡道宽度不应小于1.2m，其正面及侧面的坡度不应大于1∶12。

图7-15　缘石坡道设计方便老人和小孩

2. 盲道

盲道设计应符合下列规定：人行道设置的盲道位置和走向应方便视残者安全行走和顺利到达无障碍设施位置。指引残疾者向前行走的盲道应为条形的行进盲道（图7-16），在行进盲道的起点、终点及拐弯处应设圆点形的提示盲道（图7-17）。

盲道表面触感部分以下的厚度应与人行道砖一致。盲道应连续，中途不得有电线杆、拉线、树木及其他障碍物，盲道宜避开井盖铺设，盲道的颜色宜为黄色。

行进盲道的位置选择应按下列顺序，并符合下列规定：人行道外侧有围墙、花台或绿带，行进盲道宜设在距围墙、花台、绿地带0.25~0.50m处；人行道内侧有树池，行进盲道距缘石不应小于0.50m，行进盲道的宽度宜为0.30~0.60m，可根据道路宽度选择低限或高限；人行道成弧线形路线时，行进盲道宜与人行道走向一致。

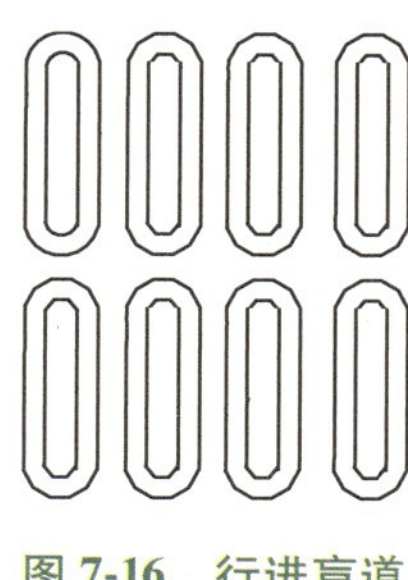

图 7-16　行进盲道

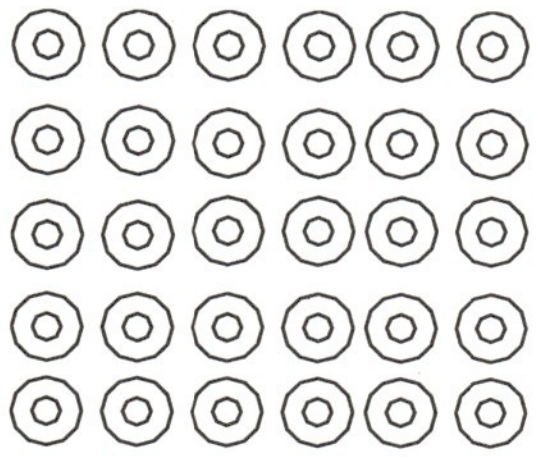

图 7-17　提示盲道

行进盲道触感条规格应符合表 7-9 的规定。

提示盲道的设置应符合下列规定：行进盲道的起点和终点处应设提示盲道，其长度应大于行进盲道的宽度。行进盲道在转弯处应设提示盲道，其长度应大于行进盲道的宽度。人行道中有台阶、坡道和障碍物等，在相距 0.25～0.50m 处应设提示盲道，提示盲道长度与各入口的宽度应相对应。

提示盲道触感圆点规格应符合表 7-10 的规定。

表 7-9　行进盲道触感条规格

部　　位	设计要求/mm
面宽	25
底宽	35
高度	5
中心距	62～75

表 7-10　提示盲道触感圆点规格

部　　位	设计要求/mm
面宽	25
底宽	35
高度	5
中心距	50

【实例解析】

［例 1］　如图 7-18 所示，某小区内道路按使用功能设计，道路采用砖材拼贴设置人行散步道，采用蓝色塑胶路面铺设运动跑步道，突出了人性化及细节美。

［例 2］　如图 7-19 所示，某小区内游步道设计蜿蜒曲折，使得空间以小见大，道路采用石材铺设，结合休闲座凳布置增加休息空间，色彩与小区建筑立面的色彩保持协调一致，突出整体美感。

图 7-18　结合使用功能进行道路设计

图 7-19　道路铺装蜿蜒曲折

任务 5　居住区绿地景观规划设计

居住区各类
绿地景观设计

任务描述：通过任务的完成，分析居住区公共绿地、宅旁绿地、道路绿地景观规划设计。

任务目标：能合理分析居住区各类绿地景观规划设计的优劣，能合理规划设计居住区公共绿地、宅旁绿地、道路绿地景观。

【工作任务】

完成项目能力目标中的能力训练项目——南波湾高尚小区的绿地景观规划设计。通过对图 7-1 的认真分析，要完成居住区绿地景观设计，需要掌握居住区绿地的系统构成，涉及居住区公共绿地设计、宅旁绿地设计、道路绿地设计等。具体要解决以下问题：

1）居住区绿地设计主题明确、设计新颖，体现地方特色和文化内涵。

2）居住区绿地空间丰富，满足人们休憩、娱乐、运动等活动的需要。

3）居住区绿地植物种类丰富，具有很好的生态功能和观赏功能。

4）居住区绿地铺装样式美观、丰富。

5）居住区绿地景观小品新颖，满足需求。

【理论知识】

居住区绿地景观建设是居住区建设的重要组成部分，是创造居住区良好的生态环境，满足居民的基本需求的重要保证，也是提升居住环境的品位和档次，提高居住区景观艺术性的重要前提。居住区绿地建设要从居住区的分级入手，在居住区总体布局阶段就预留相当面积的绿化用地，综合考虑绿地风格与建筑环境的协调关系，注重新颖性和实用性。

居住区绿地是一个广义的概念，不单指绿化用地，也包括一些体育和休憩活动场地及场地上的一些花坛、座椅、雕塑小品等设施，还包括一些道路铺装、水体等，这些也是需要特别注意的。

一、居住区绿地系统的构成

1. 公共绿地

公共绿地是指居住区内居民公共使用的绿地。这类绿地常与老人、青少年及儿童活动场地结合布置（表 7-11）。

（1）居住区公园　居住区公园绿地内的设施比较丰富，常位于居住区中心，以方便居民使用，步行到居住区公园最长约 10min 的路程，以 800～1000m 为宜。

（2）居住小区中心游园　居住小区中心游园主要供居住小区内居民就近使用，服务半径一般以 400～500m 为宜。

（3）居住生活单元组团绿地　居住生活单元组团绿地是最接近居民的公共绿地，以住宅组团内居民为服务对象。此类绿地中特别要设置老年人和儿童休息活动场所，往往结合住宅组团布置，离住宅入口最大步行距离以 100m 左右为宜。

表 7-11　各级公共绿地设置要求

名　称	设置内容	要　求	最小规模/hm^2
居住区公园	花木草坪、雕塑、茶座、老幼设施、停车场地和铺装地面等	公园内布局应有明确的功能划分	1.0

（续）

名　称	设置内容	要　求	最小规模/hm^2
居住小区中心游园	花木草坪、花坛、水面、雕塑、儿童设施和铺装地面等	游园内布局应有一定的功能划分	0.4
居住生活单元组团绿地	花木草坪、桌椅、简易儿童设施等	灵活布局	0.04

2. 专用绿地

（1）居住区内各类公共建筑和公用设施的环境绿地　如俱乐部、影剧院、少年宫、医院、中小学、幼儿园等用地的绿化，其绿化布置要满足公共建筑和公用设施的功能要求，并且考虑与周边环境的关系。

（2）道路绿地　道路两侧或单侧的道路绿化用地，根据道路的分级、地形、交通等情况不同进行布置。

（3）住宅旁和庭园绿化　居住区建筑四周的绿地应满足居民日常的休息、观赏、家庭活动和杂务等需要。

二、居住区公共绿地设计

由前面的分析可知，公共绿地分为三个级别，即居住区公园、居住小区中心游园及居住生活单元组团绿地。不管哪个级别的公共绿地，其设计目的都是为居住区营造一个良好的生态环境，并且满足居住区公民的户外活动需要，包括户外健身、游戏、休息、赏景、信息交流等各方面之需。由于各级公共绿地占地面积不一样，功能也不同，适宜布置在其中的设施和景观小品也不可能雷同，因此研究公共绿地中的景观设施和景观小品的设计是各级公共绿地设计的重点。

1. 体育运动场地与设施

居住区体育场地的规划设计和体育设施的配套建设可以提高居住区环境质量，为方便居民就地、就近参加经常性的体育锻炼创造有利条件。居住区体育运动场地与设施规划（图 7-20）的主要任务就是：根据各级公共绿地的场地规模，设计适合不同年龄层次及不同体育兴趣爱好者的室外场地与室内场馆，如足球场、篮球场、羽毛球场、网球场、乒乓球馆、健身馆等；设置老少皆宜的健身设施。

图 7-20　居住区体育运动场地与设施设计

各级公共绿地体育运动场地与设施的具体设计见表 7-12。

表 7-12　各级公共绿地体育运动场地与设施的设计

类　型	场地面积/m^2	位　置	场地面积千人指标	设　施
居住区级体育运动场地	8000~15000	位置适中，居民步行位置距离小于或等于 800m	200~300m^2/千人	设 400m 跑道及足球场的田径运动场 1 个，网球场 4~6 个，小足球场、篮球场及排球场各 1 个
居住小区级体育运动场地	4000~10000	结合小区中心布置，居民步行位置距离小于或等于 400m	200~300m^2/千人	设小足球场、篮球场和排球场各 1 个，网球场 2~4 个，羽毛球场与操场等
小块体育运动场地	2000~3000	服务范围在 100m 左右为宜		设成年人和老年人的练拳操场、羽毛球场、露天乒乓球场、门球场

2. 儿童游戏设施

居住环境的主要服务对象之一是儿童，儿童游乐设施在居住环境中占有一定比例，影响着环境景观的效果。儿童户外游戏的特点是年龄聚集性、季节性、时间性和自我中心性。儿童游乐设施必须结合儿童特点，在空间构成、形式、质感、材质、色彩的综合创造上，形成生动、鲜明、有趣的特色，以促进儿童身心健康与智力开发，有利于儿童意志和性格锻炼，满足儿童活动与交往要求。庭院场地位置离住宅楼较远且地块较大的，可设儿童游戏场地，设计多一点设施让他们尽情嬉闹，有利于身心健康，又不干扰住户的安宁。儿童游乐设施的主要内容有沙坑、涉水池、草坪、铺地、组合器械等，其中组合器械已经成为游乐设施的主体（图7-21）。现在儿童游戏器械广泛采用玻璃钢、充气橡胶等材料进行工厂化制作，色彩鲜艳、造型多样，应精心选择，既满足儿童游戏的需求，又与景观总体设计风格相协调，并且成为环境景观的重点。宅间庭院则可布置一些儿童喜爱的静态小品，设置儿童嬉戏的小品，如梯架、坑道、雕塑物和可钻爬、跳跃等小品，设计要有趣味性，美观耐用，并且一定要安全而不具伤害性。

图7-21　小区儿童游戏设施

3. 休息设施

居住环境中的休息设施主要是指露天的椅、凳，其造型要与环境中的其他设施统一设计，以相互协调，形成良好的居住气氛。椅、凳的布置可与花坛、草地、大树、水池、亭、廊、通道相结合，有利于居民休息中观赏环境。椅、凳的材质要结合不同环境，各种材料可以结合使用，其形式在传统风格的居住区中可以古朴、典雅，在现代风格的居住区中可以简洁、明快（图7-22）。椅、凳造型还应满足人体工程学的要求，宽窄、高低适度，连排椅、凳应有座位的划分，以提高利用率，如室外座椅与休闲活动空间的巧妙结合（图7-23）。

图7-22　小区环境与休闲椅

图7-23　室外座椅与休闲活动空间结合

4. 服务设施

服务设施包括电话亭、邮筒、垃圾箱、自行车库和汽车库等。服务设施为居民提供了多种便利条件，其中有的设施成为环境景观的点缀，有的则带来景观上的不和谐，需要结合不同的情况加以处理。

电话亭、邮筒等体量不大、占地小、造型多样、识别性强，通过精心选择、设计会成为环境的焦点，增强生活气息。垃圾箱虽然体量不大，但功能性强，容易污染，其位置应具有隐蔽性，并且便于居民使用，其造型的设计不能过于简陋，功能上要适用，以保持环境的卫生、整洁。垃圾箱可以结合绿化、花坛等进行设置和隐藏，或者结合其他小品、设施创造多功能的用途。自行车和汽车停车库要尽量设在地下，出入口的楼梯、坡道宜减小体量，造型要轻巧。自行车可分散布置在住宅地下室内，使用起来非常方便。汽车则应布置在小区集中绿地下面。小区出入口及住宅山墙前可考虑地面临时停车位，地面铺设植草砖，既是绿化又避免汽车对草坪的损害。

5. 其他设施

标识、指引设施是居住环境中的主要传播媒体，同时也是环境景观的重要构成要素。标识、指引设施有的单独设置，有的与灯具、雕塑、建筑等设施结合起来，由于其功能性较强，所以应该形象生动、色彩鲜明，但应注意体量适宜，减少商业气氛。标识、指引设施的规划布局要统筹考虑，融入居住环境的总体格局中去。

6. 小品景观设计

小品在居住区硬质景观中具有举足轻重的作用，精心设计的小品往往成为人们视觉的焦点和小区的标识。小品更多的具有精神上的作用，对控制环境秩序、强化景观形象、增强可识别性都有十分重要的意义，尤其是雕塑更是环境的点睛之景。环境雕塑从大的群雕到小的石作，其题材范围很广，但都应具备形式美和内涵美的两大特征，以其特有的艺术魅力与人们保持内在的情感沟通。雕塑作品从创意开始就是一种情感的宣泄，从作品中反映出人们在文化、心理和情感上的追求。雕塑艺术是环境景观设计中“借景抒情”的最佳选择。雕塑首先要注意其体量感、力度感和动感的创造，要成为富有生机、活力、希望的象征。雕塑的材料多种多样，可以是黏土、金属、石材、木材等。雕塑的表现形式千姿百态，有具象、有抽象、有立雕、有平雕，手法夸张变形，造型简洁生动。各类雕塑在居住环境中广泛存在，为居民生活平添了无穷乐趣。道路小品应是功能性的，同时也是小美术品，给人以美感。其体量要小巧，颜色切忌刺激，要融于环境中。小品的布置，对于车行、人行不能起阻碍作用，必须按线形布置恰当。起引导和阻挡作用的车挡、路障、回转铁栏杆等，必须注意其质地、高低、明显度，要明确提示，不允许对人、车造成伤害。

（1）雕塑小品　雕塑小品又可分为抽象雕塑（图 7-24）和具象雕塑，使用的材料有石材、钢材、铜、木材、玻璃钢。雕塑设计要同基地环境和居住区风格主题相协调，优秀的雕塑小品往往起到画龙点睛、活跃空间气氛的功效。同样值得一提的是现在广为使用的“情景雕塑”（图 7-25），其表现的是人们日常生活中动人的一瞬间，常能唤起人们温馨的回忆，使人心情无比放松或耐人寻味。

图 7-24　小区抽象雕塑

图 7-25　小区中的情景雕塑

（2）景观艺术小品　景观艺术小品是构成绿地景观不可缺少的组成部分。苏州古典园林景观中，芭蕉、太湖石、花窗、石桌椅、楹联、曲径、小桥等，是古典园林景观艺术的构成元素。当今的居住区景观绿地中，景观艺术小品则更趋向多样化，一堵景墙、一座小亭、一片旱池、一处花架、一块景石、一个花盆、一张充满现代韵味的座椅，都可成为现代景观艺术中绝妙的配景。其中有的是供观赏的装饰品，有的则是供休闲使用的“小区家具”（图 7-26～图 7-31）。

图 7-26　小区中心水景、雕塑景观

图 7-27　整形绿篱与法式水景

图 7-28　小区景观廊架

图 7-29　小区景观墙

（3）设施小品　在居住区中有许多方便人们使用的公共设施，如路灯、指示牌、信报箱、垃圾箱、公告栏、单元牌、电话亭、自行车棚等。例如，居住区灯具就有路灯、广场灯、草坪灯、水景灯、门灯、泛射灯、建筑轮廓灯、广告霓虹灯等，仅路灯又有主干道灯和庭院灯之分。这些灯具的造型日趋美观精致，还可和悬挂花篮及旗帜结合成为居住区精美的点缀品。上述小品如经过精心设计也能成为居住区环境中的闪光点，体现出“于细微处见精神”的设计。

图 7-30　绿化与置石小景

图 7-31　水池与铺地小景

三、宅旁绿地设计

宅旁绿地即位于住宅四周或两幢住宅之间的绿地，是居住区绿地的最基本单元，也是最接近居民的绿地，在居住区中分布最广，对居住环境质量影响最明显。通常宅旁绿地在居住区总用地面积中占 35% 左右，比小区公共绿地多 2～3 倍，一般人均绿地可达4～6m^2。

1. 宅旁绿地的功能作用

宅旁绿地的功能作用主要是美化生活环境，阻挡外界视线、噪声和灰尘，满足居民夏天纳凉，冬天晒太阳，就近休息赏景，以及幼儿就近玩耍等需要，为居民创造一个安静、卫生、舒适、优美的生活环境。

2. 宅旁绿地的布置形式

宅旁绿地布置因住宅建筑组合形式、层数、间距、住宅类型、住宅平面布置形式的不同而有差异，归纳起来，主要有以下几种类型：

（1）树林型　用高大乔木多行成排地布置，对改善小气候有良好的作用。树林型绿地大多为开放式，居民可在树荫下活动或休息。但缺乏灌木和花草搭配，比较单调，而且容易影响室内通风采光（图 7-32）。

图 7-32　宅旁绿地的树林型设计

（2）植篱型　用常绿或观花、观果、带刺的植物组成绿篱或花篱、果篱、刺篱，围成院落或构成图案，或者在其中种植花木、草皮（图 7-33）。

（3）庭院型　用砖墙、预制花格墙、水泥栏杆、金属栏杆等在建筑正面（南、东）围出一定的面积，形成首层庭院。在院内，居民可根据需要、爱好选种花木，安排晒衣、家务、游憩、休息场地，并且在围栏上布置攀缘植物（图 7-34）。

（4）花园型　在宅间以绿篱或栏杆围出一定的范围，布置乔灌木、花卉、草地和其他园林设施，形式灵活多样，层次、色彩都比较丰富，既可遮挡视线、隔声、防尘和美化环境，又可为居民提供就近游憩的场地。

（5）草坪型　以草坪绿化为主，在草坪的边缘或某一处种植一些乔木或花灌木、草、花之类。多用于高级独院式住宅，也可用于多层行列式住宅。

图7-33　宅旁绿地的植物组团

图7-34　宅旁绿地的庭院型设计

此外，除了以上五种主要类型，还有果园型、菜园型等。

3. 宅旁绿地的设计要点

（1）布置形式　宅旁绿地的布置形式有以下三种：

1）开放式。不以绿篱或栏杆与周围分隔，居民可以自由进入绿地内游憩活动。

2）半封闭式。用绿篱或栏杆与周围部分分隔，但留有若干出入口，居民可以进出。

3）封闭式。绿地以绿篱或栏杆与周围完全分隔，居民不能进入绿地游憩，只供观赏，可望而不可即。

（2）入口处理　开放式或半开放式绿地出入口，常拓宽形成局部休息空间，或者设花池、常绿树等重点点缀，引导游人进入绿地。

（3）场地设置　注意将绿地内游步道拓宽成局部休憩空间，或者布置幼儿游戏场地，便于居民游憩活动，切忌内部拥挤封闭，使人无处停留，导致绿地破坏。宅旁绿地设置的活动休息场地应有不少于2/3的面积在建筑日照阴影线范围之外。

（4）小品点缀　宅旁绿地内小品主要以花坛、树池、座椅、景观灯为主，重点处设小型雕塑、花架等。所有小品均应体量适宜，经济、实用、美观。

（5）设施利用　宅旁绿地入口处及游步道应注意少设台阶，减少障碍。道路设计应避免分割绿地和出现锐角构图，多设舒适座椅、桌凳、晒衣架、垃圾箱、自行车棚等，设施也应讲究造型，并且与整体环境景观协调。

（6）植物配置　植物配置要求如下：

1）各行列、各单元的住宅树种选择要在基调统一的前提下各具特色，成为识别标志，起到区分不同的行列、单元住宅的作用，使居民产生认同感和归属感。

2）宅旁绿地树木、花草的选择应注意居民的喜好、禁忌和风俗习惯。

3）住宅四周植物的选择和配置：一般在住宅南侧，应配置落叶乔木，以利夏季遮阴和冬季晒太阳，还应考虑东南凉风的导入；在住宅北侧，由于工程管线较多而又背阳，应选择耐阴花灌木和草坪配置，若面积较大，可采用常绿乔灌木及花草配置，既能起分隔观赏作用，又能抵御冬季西北寒风的袭击；在住宅东、西两侧，可栽植落叶大乔木或利用攀缘植物进行垂直绿化，有效防止夏季西、东晒，以降低室内气温，美化装饰墙面。

4）窗前绿化要综合考虑室内采光、通风、减少噪声、视线干扰等因素，一般在近窗种植低矮花灌木或设置花坛，便于室内采光、通风，避免行人临窗而过和树木病虫害侵入室内；通常在离住宅窗前 5~8m 之外，才能分布高大乔木，或者移竹当窗，以喻主人高雅、刚健、潇洒的风格。

5）在高层住宅的迎风面及风口应选择深根性树种，并且注意根据当地主导风向合理布置树丛、林带，借以加强气流速度（通风）或改变气流方向（挡风）。

6）绿化布置要注意庭园的空间尺度，选择合适树种，其形态、体量、色彩、季相变化与庭园的规模大小、建筑高度和色调等相称，使绿化与建筑相互衬托，形成相得益彰的完美绿化空间。

7）住宅附近地上、地下工程管线比较密集，植物配置要按规范预留足够间距，以免后患。

8）要注意把室内外绿化结合起来，将室外宅旁绿化与室内绿色装饰（插花、盆栽、盆景），通过门窗、敞厅、天井等连成一体，使居民虽居室内，却如置身于室外的绿色环境之中。

四、道路绿地设计

居住区道路和城市街道相比，不仅是车辆通行、职工上班、日常生活的必经通道，而且是居民游憩、散步的重要场所，因此，其绿化布置应不同于市区街道的气氛，使乔木、灌木、绿篱、花卉、草地相结合，形成绿树成荫、花团锦簇、层次分明、富于变化的景观效果。居住区道路绿化应根据道路级别、功能、断面组成、走向、地上与地下管线和两边住宅布置形式等情况进行布置。

1. 居住区（级）道路绿化

1）道路绿化应选择抗逆性强、生长稳定、有一定观赏价值的植物种类。

2）有人行步道的道路两侧一般应栽植至少一排行道树。行道树应以姿态优美、冠大荫浓、树干通直、养护便利的落叶乔木为主。行道树的定植株距应以其树种壮年期冠径为准，株行距应控制在 5~7m。行道树下既可采用树池式铺装，树池内径不应小于 1.2m×1.2m；也可设计为连续绿带，绿带宽度应大于 1.2m。植物配置宜采取乔木、灌木、地被植物相结合的方式。人行道绿带还可用耐阴花灌木和草本花卉种植形成花境，借以丰富道路景观；或者结合建筑山墙、路边空地采取自然式种植，布置小区游园和游憩场地。人行道与住宅建筑之间可采用多行列植或丛植乔灌木，以防止尘埃和阻挡噪声。中央分车绿带可用低矮花灌木和草皮布置。

3）居住区（级）道路绿化，同一路段应有统一的绿化形式，不同路段的绿化形式应有所变化。

4）道路交叉口及转弯处要依照安全三角视距要求留有安全视距。一般在道路转弯处半径 15m 内要保证视线通透，种植灌木时高度应小于 0.7m，其枝叶不应伸至路面空间内。

5）居住区（级）道路绿化树木应按有关规范与路灯和地上、地下工程管线保持适宜的间距，避免相互干扰。在特殊情况下，应采取技术措施处理。

2. 居住小区（级）道路绿化

居住小区（级）道路的绿化布置应着重考虑居民观赏、游憩需要。树种选择上可以多选观花或富于叶色变化的小乔木或灌木，如合欢、樱花、红叶李、红枫、乌桕、栾树等。每条道路选择不同树种、不同断面的种植形式，使其各有个性。在一条路上以某一两种花木为主体，形成特色，还可以主要树种给道路命名，如合欢路、樱花路、紫薇路等，以便于行人识别方向和道路。

3. 组团（级）道路绿化

居住区组团（级）道路一般以行人和通行自行车为主，绿化布置应重点考虑居民游憩、观赏等使用要求和防尘、降噪等生态防护功能。植物配置宜丰富多彩、生动活泼、特色鲜明、识别性强。组团（级）道路绿化还可以结合组团绿地、宅旁绿地等进行布置，以扩大绿地空间，形成整体效果。

4. 宅间小路绿化

宅间小路是联系各幢住宅的道路。其使用功能以行人为主，必要时可通行搬运车和救护车。绿化布置可以在路的一边种植乔木，另一边种植花灌、草坪；宅前绿化不能影响室内采光或通风；各幢住宅（单元住户）前面（或门前）应选用不同植物，采用不同形式进行布置，以利分辨方向、识别家门；在小路交叉口有时可以适当拓宽，与休息场地结合布置；在公共建筑前面，可以采取扩大道路铺装面积的方式与小区公建附属绿地、宅旁绿地结合布置，设置花台、座椅、活动设施等，创造一个活泼的活动中心。

【实例解析】

"都市森林花园"位于宁波市中心区核心地段，四明路以北，董山路、规划路以南，东临 20m 宽的河流，地形平整，如图 7-35~图 7-39 所示。

1. "和谐式住宅"社区的总体规划模式

和谐式住宅模式有着完整的功能性建筑和多样化的居住场所，社区规划有三个特色，一是"都市"，通过社区的配套、环境及物业管理，营造都市生活的舒心与惬意；二是"森林"，社区将从里到外、多层次地呈现一种树木的"绿"，环保的"绿"，体现生命之树常绿及对未水生活的呼唤；三是"花园"，人们栖息于生态的现代住宅，自由呼吸，窗外能看见蝴蝶，营造人与自然的和谐氛围。

2. "人性化社区"的塑造

充分考虑到人作为社区的主导力量，所以社区内环境设施的设计都应着重考虑尺度的大小，尺度时宜的街首空间和广场空间，可以成为人们在此驻足、休憩和交流的空间。

3. 层次丰厚的邻里空间

对"都市森林花园"的规划设计还体现了一种逐级递进的空间感：公共空间、半公共空间、半私密空间、私密空间，使社区空间层次更加丰富，居民生活更加自在。

图 7-35　总平面图

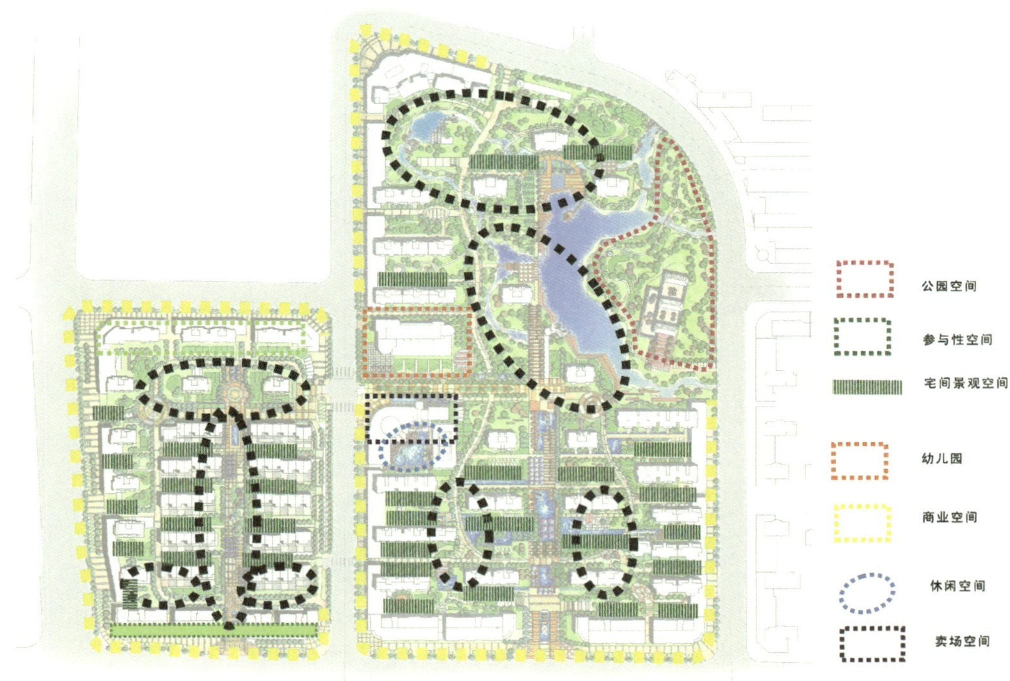

图 7-36　功能分析图

图 7-37　植物分析图

图 7-38　场景效果图 1

图 7-39　场景效果图 2

相关链接

湖南省建工集团 HC 新城景观设计说明

湖南省建工集团 HC 新城住宅小区（图 7-40～图 7-55）位于长沙市天心区新城区市畜牧农场谢家冲附近。长沙大道以西，友谊路以北，木莲冲路以南，东面与另一项目用地相连。总用地约 5. 8hm²。其中规划道路用地 0. 1129hm²，周边交通条件基本完善，市政配套设施齐全。

HC 新城东西方向宽约 239m，南北方向长约 348m，沿长沙大道长约 230m，小区总用地面积为 5. 8hm²，净用地面积为 54659. 78m²，总建筑面积 140180. 46m²，总景观面积 43630m²。

图 7-40　总平面图

图 7-41　总体鸟瞰图

图 7-42　景点分析图

图 7-43　交通流线分析图

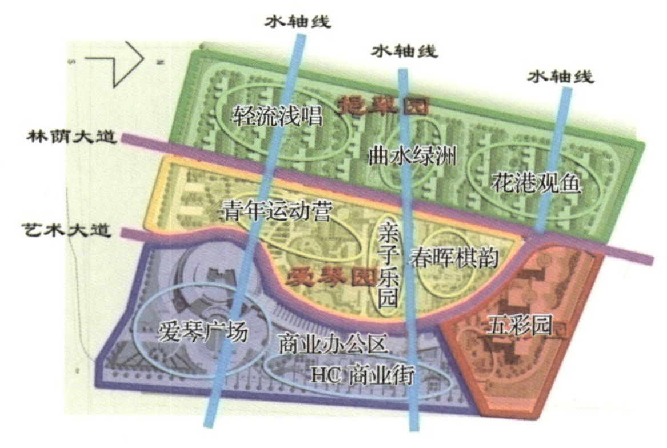

图 7-44 景观分区图

图 7-45 商业办公区平面图

图 7-46 商业街效果图

图 7-47 爱琴广场效果图

图 7-48 五彩园平面图

图 7-49 五彩雕塑广场效果图

图 7-50　青年运动营效果图

图 7-51　挹翠园平面图

图 7-52　曲水绿洲效果图

图 7-53　采光天井意向图

图 7-54 雕塑小品意向图

图 7-55 公共设施意向图

1. 设计主题——文化、时尚、生态、办公、温馨

1）把握时代脉搏，提高 HC 新城及周边环境景观品位。

2）营造时尚、简洁大方、舒适优美的办公、生活环境。

3）体现景观特色，与 HC 新城的建筑风格及功能定位相匹配，并且与小区的周边环境景观协调一致。

4）建设生态空间，注重资源的可持续发展。

2. 设计宗旨

（1）“重点突出，景观协调”的思想 强调形成富有特色美、韵律美的环境景观格局，建成集观赏性、生态性、实用性于一体的高起点、高标准、高水平、高质量的绿色 HC 新城环境。

（2）人本主义思想 强调以人为本，注意人的社会需求和精神需求，强调以人的尺度为基准进行设计。

通过景观设计改善居住区的光环境、通风环境、声环境、温度和湿度环境、嗅觉环境、视觉环境、人文环境。

3. 设计原则

（1）功能原则　以办公、居住、商业、文化、休闲为基本出发点。

（2）行为原则　尽可能满足 HC 新城活动主体——人流、车辆的行为规律。

（3）生态原则　以生态学理论为依据，运用源于自然而又高于自然的绿化手法来营造良好的生态环境。

（4）美观原则　充分运用环境景观艺术构图手法，尽量选用新颖、美观的植物品种，使得“点上绿化成景，线上绿化成荫，面上绿化成片”。

（5）经济原则　以长短效益兼顾的手法，用最小的投入取得最佳的生态效益、社会效益和经济效益。

（6）适宜原则　因地制宜、适地适树、景观协调、易于管理，体现长沙市的自然环境和植物特色。

4. 设计依据

1）《湖南省建工集团 HC 新城绿化景观设计》招标文件。

2）现场实地测量、勘查实际情况。

3）长沙市绿化管理条例。

4）《城市居住区规划设计规范》。

5. 总体构思

设计者赋予 H——Home（家）、C——Culture（文化）的含义，理解为文化家园，使用现代主义设计的表现手法，融入地中海风情和浓郁的文化要素，着眼于整体布局，综合考虑建筑和景观的和谐共生，并且凸显主体景观的标识性，使视觉上除了具有“冲击力”外，还要达到具有文化品位的“亲和力”。在其主导思想下还要恰如其分地表达现代设计思维的艺术造诣。总体构思的关键词：文化家园、秩序、人文特质、水文化、绿色氧吧、风雨连廊、运动营、音乐、雕塑。

6. 分项设计

根据 HC 新城环境绿化设计宗旨及原则，运用增、删、扩、并、引、借、对、衬等组景艺术，因地制宜创造优美的景观环境，形成疏林、草坪、广场、喷泉等不同的景致，营造良好的生态环境和优美实用的景观环境。在平面构图上采取“实则实之，虚则虚之”“虚中有实，实中有虚”的艺术手法，在立面构图上注意前后层次分明、远近浓淡有别、高低错落有致，以取得人工美和自然美二者兼得的景观效果。

设计根据 HC 新城的建筑空间结构与布局特点，将小区景观分为爱琴园、五彩园、挹翠园三大主题园区及一个商业办公区，这三大主题园区分别在东西方向形成了三条水轴线，在南北方向形成了两条绿轴线。在这“五轴一区”上形成了一组张弛有序的空间景观序列。本设计以绿色休闲为主旋律，力求通过景点序列的组合，创造出新的生活小区——HC 新城住宅小区。下面根据各景观分区特点进行分别阐述。

（1）商业办公区　小区的最东侧由一栋圆形的办公楼和一个曲线形的商业会所组成，沿着超过 200m 的沿街立面自然形成了爱琴广场、HC 商业街和五彩雕塑广场三个主要空间节点。平面上看，爱琴广场——HC 商业街——五彩雕塑广场，形如一个如意，爱琴广场的水景与五彩雕塑广场的石景对应如意的两端。

1）爱琴广场。爱琴广场为音乐水景广场，其包括叠水小涌泉、标识灯柱、音乐喷泉、爱琴桥、音乐大道、文化家园主题雕塑、生态停车场和怡心园等。

从高空俯瞰，它像一把可爱的小提琴在演奏着美妙的音乐。乐曲从小提琴的琴弦发出，飘入小区。从功能上看，五线谱的铺装带和上面的音符能起到引导视线和人车分流的作用。

人们站在小区主入口，眼前仿佛是一片音乐的海洋。正前方是小提琴形的水池，水池的两侧是音乐喷泉，伴随着优美的乐曲，小水柱有节奏地高低变化，让人心情愉快。

沿着五线谱，踏着乐符向右走，便是一座生态停车场，呈半圆形。它的前面是一个椭圆形的大花坛，花坛中央放着HC新城的标志，周围鲜花环绕，其后是一排法国冬青作为标志的背景。它与小区的入口相对，形成对景。停车场后面是一排高大的香樟树，将停车场环绕在树丛中。

广场的左侧是一个小游园即怡心园，主要是给办公大楼的人提供一处休息的静地。

2）HC商业街。商业街面向长沙大道，其后为小区的会所，会所的一、二层为大型商业场所，三、四层为会所。大型商业场所主要有银行、美容院、大型超市，这个功能分区决定了三个集中的入口空间。入口均面向长沙大道，方便人流来往。这里的整体构思是力求简洁、营造大型商业空间效果。通透且便于通行的商业广场，采用了蛇行线地面铺装，形成现代动感的流线，打破了建筑的方整。沿蛇形线，随形就势配置组团植物，并且在沿线点置花钵。蛇形线两边有秩序地布置了桂花树列，桂花树下都布置了花池，可供人们在此休息。

3）五彩雕塑广场。HC商业街的右端，顺着蛇形线一直通向五彩雕塑广场。五彩雕塑广场是小区的人行主入口空间。五彩雕塑广场由多组雕塑群组成，雕塑错落有致地分布在椭圆形的廊架中。$600m^2$ 的广场中培植了五颜六色的花卉和灌木。由于广场的前半部没有地下车库，所以种植了小乔木；广场的中间布局向南北两侧流淌的叠级流水，位于不同标高上的小天鹅正吐出股股清流，好像正唱着浪漫的歌。人们经过五彩雕塑广场时，沿路可以欣赏富有文化韵味的雕塑群，雕塑群提高了整个小区的品位。

（2）挹翠园　挹翠园位于林荫大道西侧。为了强化东西侧景观连续性，在第六、七栋之间设计有一条与东侧景观相联系的水轴线——花港观鱼；在第二、三栋之间设计有一条轴线——清流浅唱；在挹翠园的中部设计了一个场景最大的水系——曲水绿洲。在挹翠园西侧大道旁种植了高大的阔叶乔木樟树以遮挡西晒，对夏季降温有明显效果。

挹翠园以“小桥、流水、人家”为设计理念，运用现代景观设计手法，营造一处现代理想家园的景观形象。驳岸线处理以直线和优美的曲线为构景线条，岸上种垂柳，在每个私家花园后面各设一座小木桥跨过小溪，使这几处的住宅成为亲水住宅，实现宁静、独立的私家庭院生活。

1）曲水绿洲。景观中轴线由一条“S”形的水面形成，即赏心湖。它贯穿全园，将池畔咖啡台、桂花绿荫树阵和小桥等景点串联起来。湖最深处为0.8m，池壁和池底由深蓝色和浅蓝色两种马赛克混合拼铺而成，池中清水养金鱼。湖边自然放置几块塑石，石缝中种植一些水生花卉，如水仙、鸢尾、水葱及黄菖蒲等。

池畔咖啡台是湖边的一块小平台，由芬兰防腐木拼铺而成。台上设置了一组造型别致的张拉膜，膜下布置了一套咖啡桌椅。

桂花绿荫树阵由方格状花岗岩和卵石兼拼铺装而成，每隔3m有一道黑色花岗岩拉筋。方格中有规律性地种植金桂，每棵桂花树下布置一张木座椅，“八月桂花香”是其一景。小广场的临水边缘是一排八个小海螺喷水雕塑，生动可爱，与小海螺相对应的是湖中的小涌泉。

2）挹翠园植物配置。由于整个小区只有挹翠园没有地下车库，所以在设计上此处种植了许多高大的乔木，以香樟为主，形成宅前屋后的一道绿色屏障，调节了挹翠园的小气候，使全园拥有了清凉的夏季。

园区内还自然种植一些花草灌木，如葱兰、红花继木、含笑、小红枫等。在休息平台的周围种一些大的乔木，如广玉兰、桂花、乐昌含笑等。

（3）爱琴园　爱琴园由架空层空间与楼间的院落空间构成，架空层内部面积约 $900m^2$，层高为42m。三排小高层宅间景观与架空层景观连成一体，架空层内与室外空间景观互相渗透。设计时在架空层内种植了耐阴性的花草灌木，局部不通风的地段布置了枯山水景观。

根据建筑及环境空间布局特征，在景观设计时可分为五个景观区域：青年运动营、亲子乐园、旱喷户外沙龙、春晖棋韵园、千色园。

1）青年运动营。青年运动营位于综合办公区的北面，为了营造生态健康家园的舒适环境，设计时充分利用架空层空间，结合宅间环境将运动的概念融入优美的景观园林中，达到小区景观不但可观可赏且可参与的设计目的，最大限度地体现小区的景观价值，从而提升和发掘住宅的商业价值。青年运动营由两个羽毛球场、两个篮球场（方案二为游泳池）、攀岩墙、十项功能健身器械及热带雨林沙袋练习场组成。

2）亲子乐园。根据小区居民不同年龄层次、兴趣、爱好等特征，设计时在第二栋小高层下形成小孩的娱乐天地，同时也为业主提供一处享受天伦之乐的室外环境空间，给小区住户提供亲近自然、享受自然的条件。亲子乐园里布置了一些儿童娱乐设施，如沙池、玩具等。结合儿童的心理特征及空间造景要求，设计时应用优美的曲线，将阴生植物渗入架空层里，并且通过点缀石景作为内外的衔接过渡，使内外景观有机地融合为一体。

3）旱喷户外沙龙。为了满足小区居民聚会活动及邻里交流的需要，在第二栋与第三栋小高层之间设计了旱喷户外沙龙广场，面积约 $400m^2$。广场以圆形构图，其中局部抬高约 30cm，其周边点缀花钵及景观柱，丰富其立面效果。由于旱喷广场东西两侧各有两个采光通风井，为了使其与周边优美的景观相协调，设计时通过应用水景塑造蓝韵走廊，精美景点使之成为小区景观主轴线上的一大亮点。

4）春晖棋韵园。小区内院景观布局，从南到北采取从动区逐渐过渡到静区的格局分布，到第三栋架空空间主要是文化休闲区，在此区域里处处充满人文气息，使丰富的人文景观融入自然景观中，增强了景观的“观读性”，令人回味，并且步移景异的设计手法丰富了整个小区的景观形象。

架空层西面综合运用艺术手法营造一处充满艺术氛围的空间环境，并且命名为艺术空间。架空层中部及东部主要塑造一处迎合中老年人休闲的空间，分别设置有太极拳场、棋盘广场等。

5）千色园。小区北面设有千色园，是此处入口的主要景点。为了更好地营造生态家园景观形象，小区静区部位主要是以丰富的植物造景为主，营造四季春意盎然的美丽景观，在绿色植物造景中穿插健康按摩步道，让业主能“不出闹市而得山林之趣”。

（4）小区南北向轴线　小区南北向轴线主要设计了林荫大道和艺术大道。

1）林荫大道。林荫大道贯穿小区的南北。林荫大道的西侧用香樟作为行道树，使林荫大道成为一个天然的氧吧。林荫大道的节点有挹翠园和爱琴园等。

2）艺术大道。艺术大道是爱琴园与商业会所之间的一条南北向干道。沿艺术大道设计较高的树池以栽种较大的灌木和小乔木，利用小乔木和灌木构成绿色的屏障，以保持小区安静。艺术大道串联了爱琴广场、蓝韵走廊、千色园、五彩园等诸多艺术景点，因此得名。

项目 8 公园景观规划设计

项目导言与学习目标

项目导言

公园是城市景观的重要组成部分，是城市重要的公共活动空间，也是市民休闲、娱乐、锻炼、交往等日常生活不可或缺的场所。在城市化程度日益提高，城市生活节奏日益加快的今天，城市公园在城市的生态建设中扮演着重要角色。公园景观规划设计离不开合理的出入口设计、丰富的景色分区和功能分区及新颖、美观、实用的各景观元素的设计。

知识目标

1. 了解公园的类型及特征。

2. 了解植物园、动物园、儿童公园、主题公园、纪念性公园、湿地公园等各类公园的景观规划设计方法。

3. 掌握公园中各类组成要素的规划设计，重点掌握景观建筑小品与景观植物的设计。

能力目标

1. 通过对附近某个公园的参观学习，了解该公园设计的主题。

2. 学会分析公园中某个景区或景点的设计手法和设计优缺点。

3. 掌握公园的景观设计，能绘制公园景观设计平面图。

图 8-1 为某公园平面布局图，总体布局已完成，现要求完成公园的植物种植设计。

通过对图 8-1 的认真分析，要完成公园植物种植设计，需要掌握公园景观规划设计的方法和技能，涉及公园景观规划设计的原则、各类公园的设计特点、公园空间的营造等。

1）具体要解决以下问题：

① 公园主题明确，设计新颖，体现地方特色和文化内涵。

② 公园空间丰富，满足人们休憩、娱乐、运动等的需要。

③ 公园植物种植形式合理，植物种类丰富，具有很好的生态功能和观赏功能。

④ 公园铺装样式美观、丰富。

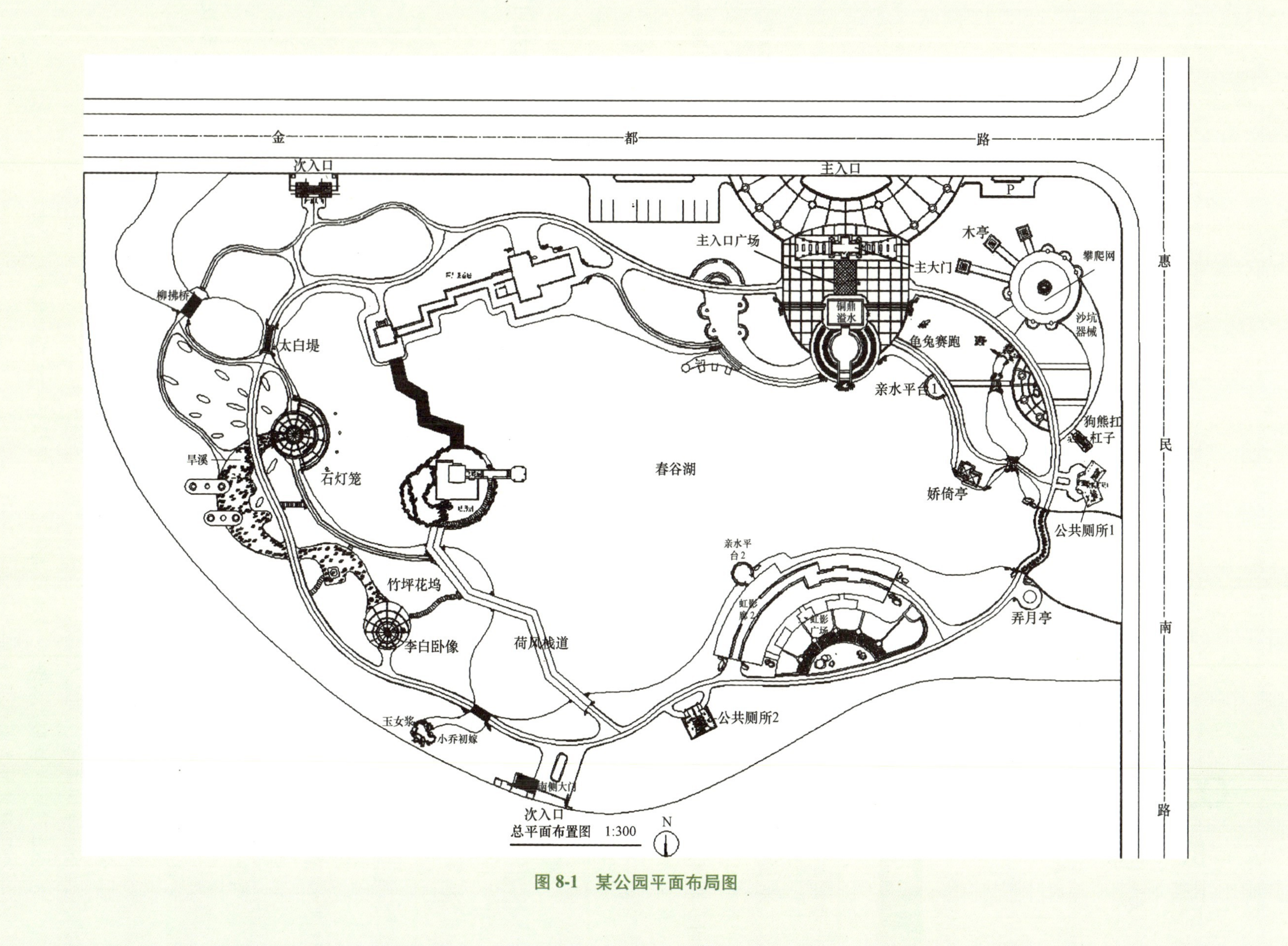

图 8-1 某公园平面布局图

⑤ 公园景观小品新颖，满足需求。

2）将任务分解为以下五个方面：

① 现场调查研究，包括现场勘察测绘，调查气候、地形、土壤、水系、植被、建筑、管线等；环境条件调查，包括四周景观特点、发展规划、环境质量状况和设施情况等；设计条件调查，包括基地现状图、局部放大图、现状树木位置图、地下管线图、主要建筑物的平面图和立面图等。

② 公园景观总体规划设计（需完成植物种植设计部分）。总体规划设计是指总平面图设计，包括功能分区、园路、植物种植、硬质铺装、比例尺、指北针、图例、尺寸标注、文字标注等。

③ 景观详细设计，包括剖面图、立面图、局部节点详图、效果图等。

④ 文本制作，包括封面、封底、目录、页码、设计说明、总平面图、效果图、分析图、局部节点详图、意向图等。

⑤ 项目汇报，制作项目汇报文件。

素质目标

1. 通过公园实地考察，提高学生团队合作精神，培养学生分析问题和解决问题的能力。
2. 通过完成公园实地考察报告，培养学生独立学习、分析总结和解决问题的能力。
3. 通过完成公园景观设计方案，培养学生创新意识和创新能力。

任务 1 公园出入口设计

任务描述：通过任务的完成，能分析公园出入口设计是否合理。

任务目标：能合理设计公园出入口。

综合公园规划设计

【工作任务】

1. 认真阅读图 8-1 某公园平面布局图，分析其出入口设计是否合理。
2. 调查附近某公园，分析其出入口设计是否合理。

【理论知识】

公园出入口位置的选择和处理是公园总体设计中的一项主要工作。它影响到游人是否能方便地进出公园，影响到城市道路的交通组织，还影响到公园内部的规划结构、分区和活动设施的布置。

一般公园规划时可以确立一个主要出入口，一个或若干个次要出入口及专用出入口。主要出入口应设在城市主要道路和有公共交通的地方，但要尽量减少外界交通的干扰。次要出入口是辅助性的，它的任务是为主要出入口分担人流量，避免附近游人绕弯路入园，也可形成道路系统的回环，避免游人走回头路。专用出入口是根据公园管理工作的需要而设立的，为方便管理和生产及不妨碍园景的需要，其多选择在公园管理区附近或偏僻处。专用出入口不供游人使用。

公园出入口设计要充分考虑到它对城市街景的美化作用及对公园景观的影响。出入口作为游人进入公园的第一个视线焦点给游人第一印象，其平面布局、立面造型、整体风格应根据公园的性质和内容来具体确定。一般公园大门造型都与其周围的城市建筑有较明显的区别，以突出其特色。

【实例解析】

［例1］ 如图8-2所示，武汉南湖幸福湾公园在其主要出入口前后规划小型广场供游人集散，入口前广场同时作为非机动车停车使用，入口后广场是从园外到园内集散的过渡地段，与主路直接联系，布置公园导游图和游人须知等。

［例2］ 如图8-3所示，深圳“世界之窗”入口广场供游人集散，其中设置喷泉作为主要景点，形成视觉焦点，丰富景观。

图8-2 南湖幸福湾公园主要出入口设计

图8-3 深圳“世界之窗”入口广场

任务2 公园分区规划

任务描述：通过任务的完成，能分析公园分区规划是否合理，能合理进行公园分区规划。
任务目标：能合理规划公园景色分区和功能分区。

【工作任务】

认真阅读图8-1某公园平面布局图，分析其景色分区和功能分区是否合理。

【理论知识】

分区规划是指将整个公园分成若干个小区，然后对各个小区进行详细规划。根据分区规划的标准、要求的不同，其可分为景色分区和功能分区两种形式。

一、景色分区

景色分区是将公园中自然景色与人文景观突出的某片区域划分出来，并且拟定某一主题进行统一规划，它是我国古典园林景观中最常用的分区规划方法。我国古典园林景观中常利用意境的处理方法来形成景区特色，一个景区围绕一定的主题展开，构成主题的因素有山水、建筑、动物、植物、民间传说、匾额、对联等，如圆明园的40景、避暑山庄的72景都是较好的范例。在现代公园规划时仍然有采用景色分区这一方法的，尤其对面积大、功能比较齐全的公园和风景游览区，它们的主题因素比较复杂，规划时可设置多个景区。

二、功能分区

公园用地按活动内容和功能需要来进行分区规划，这就是公园规划中的功能分区，通常分为游览休息区、文化娱乐区、儿童活动区、老年人活动区、体育活动区、公园管理区等。

1. 游览休息区

游览休息区主要作为游览、观赏、休息、陈列用，是游人最喜爱的区域，因此本区在公园内占的面积较大，是公园的重要组成部分。本区应广布全园，往往选择地形起伏或视野开阔之处，并且应植被丰富、风景优美。本区应与公园内喧闹的地方隔离，以防止受其他区域声响的干扰。

2. 文化娱乐区

文化娱乐区是人流集中的活动区域，在区内可开展较多的文化娱乐活动，如跳舞、溜冰、唱歌等，因此需要有一些设施或场所来满足这些活动的需要。一般根据公园的规模大小和内容要求因地制宜地规划一些活动场所，布置一些必要设施。这些场所可以是俱乐部、游戏广场、露天剧场、影剧院、音乐厅、舞池、溜冰场、戏水池、科技活动场地等，一些必要的生活服务设施包括供水、供电、供暖、圆桌、圆椅等。

文化娱乐区的规划有两点需要注意：一是要组织好交通，尽可能地在规划条件允许的情况下接近出入口，以快速集散游人；二是应尽可能利用地形特点，创造出景观优美、环境舒适、投资小、效果好的景点和活动区域。例如，可利用缓坡地设置露天剧场或演出舞台，利用下沉地形开辟技艺表演或集体活动场所、游戏场等，利用较大水面开展水上活动等。

3. 儿童活动区

儿童活动区是为促进儿童的身心健康而设立的专门活动区。在区内可设置学龄前儿童及学龄儿童的游戏场、戏水池、少年宫、运动场、科技活动园地等。儿童活动区用地最好能达到人均 $50m^2$，并且按照用地面积的大小确定所设置内容的多少。用地面积大的在内容设置上与儿童公园类似，用地面积较小的只在局部设游戏场。

儿童活动区规划设计应注意以下四个方面：

1）区内的建筑小品和一切设施都要考虑到少年儿童的尺度，形式要活泼，富有教育意义。

2）区内道路的布置要简捷明确，容易辨认，主要路面要能通行童车。

3）花草树木的品种要丰富多彩、颜色鲜艳，引起儿童对大自然的兴趣，不要种有毒、有刺、有恶臭的浆果植物，不用铁丝网。

4）规划时要考虑成人的休息和成人照看儿童时的需要，区内需设置厕所、小商亭等服务设施。

4. 老年人活动区

随着人口老龄化速度的加快，老年人在城市人口中所占比例日益增大，公园中的老年人活动区在公园绿地中的使用率是最高的，所以公园中老年人活动区的设置是不可忽视的问题。老年人活动区要根据老年人的心理和生理等特点，进行合理布局、精心设计。

首先是老年人活动区的位置选择，要从以下三个方面来考虑：一是此区宜设在交通方便的公园主要出入口附近，这样方便老年人出入公园，并且尽快到达老年人活动区；二是此区宜设在儿童活动区和安静休息区之间（或有大片林木的安静环境），这样既可解决老年人喜静又怕静这一对立的矛盾，又能满足老年人与儿童交往或带孙辈同去游玩的要求；三是应选择地形种类多、地势较平坦的园林用地。

其次是老年人活动区的活动内容和设施的规划要具有主动性、服务性和多样性的特点，要充分考虑到老年人的特点而作些特殊的安排。例如，在活动区中应多设些舒适的椅子和扶手等，并且以木制和藤制的为宜；在水池和位置较高的亭台处、道路旁应设安全保护栏杆以防意外；园中道路应平坦而稳当，一般以草路和砖路为好，不宜太滑或起伏多变。再如老年人活动区的建筑设施主要是供点景和游赏之用，在活动区内可安排一些造型别致又兼有避风躲雨功能的“蘑菇亭”“躲雨棚”“避风阁”等，供老人休息赏景，设置茶室、活动室、林中桌椅等供老人饮茶、聊天、开展各项活动。

最后是老年人活动区的园林植物规划的主要任务，即创造一个使老年人心情舒畅，能修身养性、锻炼身体的良好环境。一般要注意到以下三点：第一，以自然式为主，多用自由曲线，少用直线，以增加轻松、愉快的感觉；第二，多用花灌木和季相明显的色叶木及松、竹、梅等韵味足、观赏价值高的树种，以增添诗情画意的情趣，少用柏类等色深、厚重、沉闷的树种；第三，在种植方式上，多样种植比纯林效果要好，阔叶树比针叶树效果要好，落叶树比例应占老年人活动区园林植物总面积的 2/3 较合适。

5. 体育活动区

随着我国城市发展及全民健身意识的增强，在城市的综合性公园宜设置体育活动区。比较完整的体育活动区一般设有体育场、体育馆、游泳池及各种球类活动设施和场地、健身场地及器材等，较小的体育活动区也应设置一些健身器材及小球活动场地。本区是属于相对较闹的功能区域，应与其他各区有相应分隔，以地形、树丛、丛林进行分隔较好。

6. 公园管理区

公园管理区是为公园经营管理的需要而设置的专用区域，一般设置有办公室、仓库、苗圃、宿舍等。本区一般设在既便于公园管理，又便于与城市联系的地方。规划布局时要考虑适当隐蔽，不宜过于突出影响游人的景观视线。

【实例解析】

杭州花港观鱼公园面积 18hm^2，共分为六个景区，即鱼池古迹区、大草坪区、红鱼池区、牡丹园、密林区、新花港区。每个景区都有一个主题，如牡丹园以种植牡丹为主，园中筑有土丘假山，山顶置牡丹亭，十多块牡丹种植小区在山石、红枫和翠柏的衬托下显得格外突出（图 8-4）。

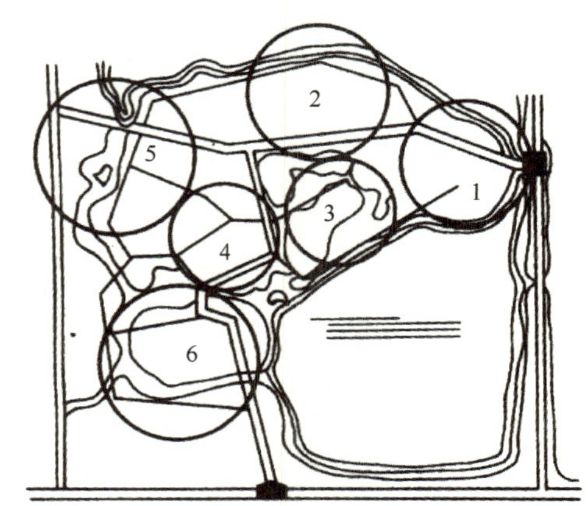

图 8-4　杭州花港观鱼公园景色分区示意图

1—鱼池古迹区　2—大草坪区　3—红鱼池区　4—牡丹园　5—密林区　6—新花港区

任务 3　公园中景观要素设计

任务描述：通过任务的完成，能合理设计公园各景观要素。

任务目标：能合理设计公园地形、道路系统、铺装场地、建筑及景观小品、植物景观。

【工作任务】

参观学校所在城市某公园，分析公园地形、道路系统、铺装场地、建筑及景观小品、植物景观，完成调查报告。

【理论知识】

公园中的景观要素包括地形、道路系统、铺装场地、建筑与景观小品、植物景观等，它们各自在公园景观形成中发挥不可替代的作用。单独研究每一类景观要素的设计方法，进而研究它们之间的协调关系，是公园设计的重要思路。

一、公园中的地形处理

地形是公园的骨架，其处理效果直接影响到园景质量和投资效益，因而是公园建设中较为重要的一个问题。

地形处理时应同时考虑下列因素：

（1）要看原有地形的情况 设计时应充分利用原有地形，地形改造只是辅助手段。设计师要因地制宜，尽量减少土方量，建园时最好达到园内填挖的土方平衡，节省劳动力和建设投资，但对有碍景观功能发挥的不合理地形则应大胆地加以改造。例如，坡度太陡或同一坡面延伸过长时，就需要对坡度加以处理，以避免水土流失。

（2）要看公园与城市道路的关系 这里是指出入口的地形处理问题。公园出入口需要有广场和停车场，因而公园出入口应设计平坦地形，这样与城市道路才能合理衔接。

（3）公园中的地形处理要满足游人的功能活动要求和观景的要求 群众文体活动需要平坦的用地；拟利用地形作观众看台时，就需要有一定大小的平地和适当的坡地；安静休息的地段和利用地形分隔空间时，常需要有山岭坡地；进行水上活动时，就需要有较大的水面等。再如，从审美的角度看，平坦的一览无余的地形显得平淡无奇，此时就需要对地形加以处理，人工形成微地形的变化和人工开挖池沼都是不错的选择。

（4）地形设计时要考虑到植物种植的要求 地形设计应与全园的植物种植规划协调进行。由于植物有喜光、耐阴、水生、沼生、耐旱、耐湿及宜生长在平原或山地或水边等生态习性，处理地形时应考虑到植物的这些生态习性，符合植物生长环境要求。例如，古树、大树要保持它们原有地形的标高，以免造成露根或被掩埋而影响植物的生长和寿命，公园中的密林和草坪应在地形设计中结合山地、缓坡创造地形，山林坡度应小于33%，草坪坡度不应大于25%等。

二、公园中的道路系统规划

公园中的道路就是公园的导游线，它不仅引导游人进行游览，同时有些道路也是公园的一景。公园中道路的布局要根据公园绿地内容和游人容量大小来定，设计上要求主次分明，便于游人识别方向，同时要因地制宜，与地形密切配合。因此，公园道路有主干道、次干道、游步道和小径的区别，如主干道是通往全园各大景区和主要景点的道路，游人量大，单从宽度来说与其他道路就有明显区别；游步道的线形和铺装设计比较灵活自由，只需容纳少部分人流。再如山水公园的园路要环山绕水，但不应与水平行，因为依山面水，活动人数多，设施内容多，道路与水平行存在一定的安全隐患；平地公园的道路要弯曲柔和，密度可大一点，但不要形成方格网状，以免游人迷路；山地公园的道路纵坡应在12%以下，弯曲度大，密度要小，可形成环路，以免游人走回头路。

导游线的布置不是简单地将各景区、景点联系在一起，而是要把众多的景区、景点有机协调组合在一起，使之具有完整统一的艺术结构和景观展示程序。好的导游线布置应有起景——高潮——结景这三个方面的处理，具体来说包括序景——起景——发展——转景——高潮——结景。例如，北京颐和园从东宫门进入，以仁寿殿为起景，穿过牡丹亭转入昆明湖边豁然开朗，再向北转西通过长廊的过渡到达排云殿，再拾级而上直到佛香阁、智慧海，到达主景高潮，然后向后山转移再游后湖谐趣园等园中园，最后到东宫门结束。这是一组完整的公园景观动态展示序列，而此种展示，主要是依靠道路系统的导游职能来完成的，因此道路系统的布置就显得非常重要。多种类型的公园道路系统为游人提供了动态游览的条件，因地制宜的园景布局又为动态序列的展示打下了基础。

三、公园中的铺装场地设计

公园中必须设计一定的铺装场地供游人集散、观景、开展各种活动和休息。公园中的下列地方必须设计一定面积的铺装场地：第一，公园的主要出入口内，游人进入公园后，一般都要进行短暂的停留，此处设计铺装场地，可供游人集散、观看导游牌、辨别方向；第二，公园的主要景点周围，主要景点如主题雕塑、大型喷泉周围应该设计铺装场地供游人观景、休息，这些地方的人流量较大，游人停留的时间较长，因此应根据景点质量来估算人流量大小和游人停留时间，进一步确定合适的铺装场地面积。此外，公园中为开展各种群众活动也可以在适当的地方设计各种铺装场地，如在靠近主要出入口附近设计演出场地和舞池等，方便游人集散。公园中铺装场地设计的形式有自然式和规则式两种。自然式场地较为常见，一般作为游憩场地；规则式场地在一些纪念性公园或公园中的纪念性景区中较为常见，一般供游人驻足瞻仰英雄人物的雕像或烈士纪念碑等。

四、公园中的建筑与景观小品规划

公园中的建筑与景观小品是公园景观的组成要素，供开展文化娱乐活动、创造景观和防风避雨等用，虽占地比例很小（约占公园陆地面积的1%~3%），但它们关系到是否能与公园空间和环境建立有机和谐的整体关系，同时在提高功效、节省空间、减少噪声和污染、加强安全感、方便人们的游憩活动等方面发挥重要作用。

公园中建筑和景观小品的类型多样，包括亭、廊、水榭、舫、厅堂、楼阁、塔、台、桌椅、栏杆、景观墙、景观灯等，它们在设计和布局上有一些共同的特点，概括起来有如下四点：

1）公园建筑设计的基本原则是“巧于因借，精在体宜”。要结合地形、地势，“随基势之高下”宜亭则亭、宜榭则榭，并且在基址上作风景视线分析，“俗则屏之，嘉则收之”。设计时可根据自然环境、功能要求选择建筑的类型、基址的位置。

2）在建筑造型的处理上，包括体量、空间组织、细部装饰等，不能仅就建筑自身考虑，还必须注意与周围环境是否协调、景观功能是否能满足要求等问题。一般来说，景观建筑体量要轻巧，空间要通透，如遇功能较复杂、体量较大的建筑物时，可化整为零，按功能的不同分为厅、堂等，再以廊架相连，院墙分隔，组成庭院式的建筑群，可取得功能景观两相宜的效果。

3）在建筑风格上，全园应保持统一，既要有浓郁的地方特色，又要与公园的性质、规模、功能相适宜。新建公园要尽可能选用新材料、采用新工艺、创造新形式，达到只有现代景观设计才能具备的质感、透明度、光影等特征。

4）景观小品在布局上多处于交通方便、风景视线开阔的地方，有些建筑小品在公园中常成为艺术构图的中心。对于一组建筑物来说，要注意建筑物的朝向与空间组合的关系，个体之间要有一定变化对比等。

五、公园中的植物景观设计

公园中的植物景观设计是公园规划时较为重要的一项内容，其对公园整体绿地景观的形成、良好的生态环境和游憩环境的创造起着极为重要的作用。一般要注意以下五个方面的内容：

1）植物景观设计首先要满足分区规划的要求，并且与山水、建筑、园路等自然环境和人工环境相协调。这方面的例子很多，如公园中的文化娱乐区的人流量大，节日活动多，四季人流不断，要求绿化能达到遮阴、季相明显等效果；儿童活动区的植物要求体态奇特，色彩鲜艳、无毒无刺；游览休息区应以生长健壮的几个树种为骨干，突出周围环境季相变化的特色，一般采用自然式配置方式，在林间空地中可设置草坪，在路边或转弯处可设月季园、牡丹园、杜鹃园等专类园；体育活动区宜选择快长、高大挺拔、冠大而整齐的树种，以利夏季遮阴，不宜用易落花、落果、种毛散落的树种，球类场地四周的绿化要离场地5~6m，树种的色调要求单纯，以便形成绿色的背景；公园中的主要干道绿化可选用高大、荫浓的乔木和耐阴的花卉植物在两旁布置花镜；公园中的休息广场四周可植乔木、灌木，中间则布置草坪、花坛，既不影响交通，又能形成景观；公园中的展览室、游艺室等建筑物内可设置耐阴花卉，门前则宜种植浓荫大冠的落叶乔木或布置花台；公园中的水体可以种植荷花、睡莲、水葱、芦苇等水生植物以创造水景，沿岸可种植耐水湿的草本花卉或点缀乔木和灌木以丰富水景。总之，公园中的植物造景首先应满足基本的功能需要，以此为前提，形成植物景观与人工景观的融合。

2）植物景观设计要以乡土树种作为公园的基调树种。公园在树种选择上，应该有一个或两个树种作为全园的基调树种，分布于整个公园中。在数量上和分布范围上占优势的树种一般是乡土树种，这样植物的成活率高，既经济又有地方特色。例如，湛江海滨公园的椰林、广州晓港公园的竹林、长沙橘洲公园的橘林等，都取得了基调鲜明的良好效果。

3）植物景观设计要注意全园的整体效果。公园除了应该配置 1~2 种基调树种外，还应在不同的景区配置不同的主调植物和配调植物，形成不同景区的植物主题。这样全园既统一又有变化，以产生和谐的艺术效果。主调植物可以有 1~2 种，配调植物不宜太多，以免杂乱，其主要起到烘云托月、相得益彰的陪衬作用。例如，杭州花港观鱼公园，按景色分为六个景区，在植物选择时，牡丹园景区以牡丹为主调，杜鹃为配调；鱼池景区以海棠、樱花为主调；大草坪区以合欢、雪松为主调；新花港区以紫薇、红枫为主调；密林区保存原有树木，增加常绿阔叶树；而全园又以广泛分布着的广玉兰为基调植物。这样全园因各景区主调植物不同而丰富多彩，又因基调植物一致而协调统一。再如，北京颐和园以油松、侧柏（乡土树种）作为基调树种遍布全园每一处，但在每一个景区中都有其主调树种，后山湖区夏天以海棠，秋天以平基槭、山楂作为主调树种，并且结合丁香、连翘、山桃、柏等一些少量的树种作为配调树种，使整个后山湖区四季常青，季相景观变化更替。

4）植物配置应重视植物的造景特点。植物造景艺术不同于建筑艺术、绘画艺术等，植物是有生命的材料，它随着季节的变换产生不同的景观艺术效果，“四时之景不同，而乐亦无穷也”。利用植物的这种特性，设计师可根据不同的景区、景点的主题创造不同的美景。

5）植物配置应确定种植类型和各类植物的种植比例，如乔木与灌木的比例、常绿植物与落叶植物的比例、密林与疏林的比例、草地与花卉的比例等。由于公园的大小、性质及所处地理环境的不同，所以公园规划时所采用的种植类型和植物的种植比例也不相同，从而形成不同的植物群落景观。

【实例解析】

［例 1］　地形设计：建园时尽量利用原有地形，因地制宜（图 8-5）。另外，设计师还应创造多种地形，满足人们不同的功能需求（图 8-6）。

图 8-5　建园时尽量利用原有地形

图 8-6　通过设置台阶改造原始坡地

［例 2］　道路规划：道路规划应分级，主干道应贯穿全园（图 8-7），形成环路。游步道设计应蜿蜒曲折，灵活自由，方便人们的使用（图 8-8）。

图 8-7　公园的主干道贯穿全园

图 8-8　游步道的线形和铺装设计灵活自由

［例 3］　铺装场地设计：例如，武汉江滩公园的入口广场设计较大面积的铺装场地可作为集会和休憩场地（图 8-9），体育运动区则运用色彩鲜艳的脸谱造型的塑胶铺地（图 8-10）。

图 8-9　武汉江滩公园广场区

图 8-10　武汉江滩公园体育运动区

［例 4］　建筑与小品规划：公园中的园林建筑既要与周围的环境相协调，还要体现出建筑单体设计感（图 8-11）。公园水边设计的船型雕塑，形象丰富与环境融合，趣味性和故事性兼顾（图 8-12）。武汉黄鹤楼公园《黄鹤归来》铜雕，由龟、蛇、鹤三种吉祥动物组成，蛇缠绕龟身，龟驮鹤奋力向上，两只鹤踏龟蛇俯瞰人间。黄鹤、神龟、巨蛇形象生动，鹤的羽毛、脚爪的纹线及龟背上的花纹、蛇斑清晰可辨。该铜雕高 5.1m，重 3.8t，系纯黄铜铸成，融神话传说和祝福之意为一体，已经成为武汉市的一个文化符号。

图 8-11　园林建筑与景观相协调

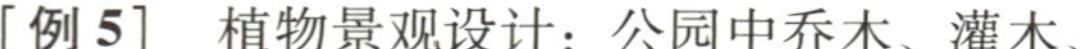

［例 5］　植物景观设计：公园中乔木、灌木、

地被植物合理搭配形成舒适的林间空间（图 8-14）。昆明世博园东方明珠景观，在主要建筑小品的前面是花卉形成的色块，背景是高大的常绿植物，这种布局充分体现了植物作为有生命的材料的造景特点（图 8-15）。

图 8-12 公园水边小品设计

图 8-13 黄鹤归来铜雕

图 8-14 乔木、灌木、地被植物合理搭配

图 8-15 昆明世博园东方明珠景观

公园中不同的植物群落类型营造丰富的景观空间（图 8-16、图 8-17）。

图 8-16 公园中的疏林草地景观

图 8-17 公园中的植物群落景观

任务4 各类公园景观规划设计

任务描述：通过任务的完成，掌握各类公园景观规划设计方法。

任务目标：能区分植物园、动物园、主题公园、纪念性公园、湿地公园景观规划设计的异同。能合理分析身边的植物园、动物园、主题公园、纪念性公园、湿地公园景观规划设计的优劣。能合理设计植物园、动物园、主题公园、纪念性公园、湿地公园。

【工作任务】

参观学校所在城市若干公园，重点分析1~2类公园，分析其不同的设计方法，并且完成调查报告。

【理论知识】

如前所述，公园的类型多样，它们都以精彩独特的内容吸引着人们游览观光，本项目介绍其中比较常见的几种公园类型的景观规划设计方法，分别是植物园、动物园、主题公园、纪念性公园和湿地公园。

一、植物园景观规划设计

植物园景观规划设计

植物园，顾名思义是种植植物的园地，它不仅是植物学的研究基地，也是植物品种保存、展出的基地，还是城市居民参观和游览的重要场所。植物园内有各种山水地貌，植物景观丰富多彩，同时还设置了一些必要的设施和点景类建筑，因此一般将植物园作为城市公园绿地来对待。

1. 植物园的选址

植物园的选址主要应考虑两方面的问题，即植物园的位置和自然条件。

植物园的位置选择应根据所建植物园的类型、属性、目的和主要研究对象，以及植物园所需面积的大小等问题来确定。例如，侧重于科学研究的科学院系统的植物园，主要服务对象是科学工作者，它的位置可以设在交通比较方便的远郊区。中国科学院华南植物研究所附设的华南植物园就设在广州东北郊龙眼洞，距市区8km。对于一些有特殊生态要求的植物，要按照其生境选择园址，如热带植物园选在云南西双版纳，沙生植物园选在甘肃民勤等。

植物园自然条件的选择应考虑地形条件、土壤条件、水利条件、气候条件等。对于地形和土壤条件，植物园所在地最好是背风向阳，园内既有平地又有起伏的坡地，而不是丘壑满园或高低起伏、变化很大的山地；土壤选择的基本条件是能适合大多数植物的生长，具体来说，要求土层深厚、土壤疏松肥沃、石砾少、腐殖质含量高、呈微酸性或中性、地下害虫少、旱涝容易控制等。对于有特殊生态要求的植物如盐生植物、钙土植物等可采用土壤改良的措施。对于水利条件，植物园要有充足的水源，这不仅因为植物需要灌溉，而且植物园其他的研究、管理、生活设施等都需要用水。因此，选址时必须调查、勘测当地的水利条件，并且预知全年的变化幅度，特别要保证在旱季有足够的用水量。例如，杭州植物园有玉泉涌出的泉水，水量充沛，在种植管理上大大节省了人力和物力。对于气候条件，植物园园址所在地的气候要能代表附近比较广泛的地区，因为植物园的主要任务之一是植物引种驯化工作，它是在“相对固定”的气候条件下，使大量不适应的植物变得适应，然后，引种驯化成功的植物还要被引出植物园，面向推广的新天地。所以，植物园一般不应处在一个十分特异的或艰难的气候条件下。至于处在特殊自然条件或生态环境下的植物园（如高海拔的山区、海滨、盐碱地等），因其研究的内容和引种的植物都是为了达到一些特殊的目的，故对气候条件有特殊的要求，选址时应格外注意。

2. 植物园的分区规划

在植物园的规划中，分区规划和景观规划是最重要的两个内容，其他如出入口规划、道路和建筑规划等与一般公园类似，所以以下重点介绍前两点。关于植物园的分区规划，世界各国均不一致，有的根据其工作任务和自然条件分得很细，有的则只进行几个大区的划分。下面就以四个大区的划分为主，结合部分小区规划加以介绍。

（1）展览区　展览区是各植物园均具备的重要分区，但其展出内容也各不相同，一般主要有以下五种类型：

1）属于理论植物学的展区，如树木园、植物分类区、植物地理区、植物生态区、植物形态区、水生、湿生、沼泽、岩石等植物区。

2）属于应用植物学的展区，如经济植物区、药用植物区、果树植物区、有用野生植物区等。

3）属于城市园林植物的展区，如绿篱植物区、花园、庭院示范区、花期不断示范区、草坪植物区、专类花园、花灌木搜集区等。

4）属于新的分支学科的展区，如植物遗传进化区、栽培植物历史区、民族植物展览区（基于民族植物学内容建立的）。

5）属于植物保护性研究的展区，这里主要展出一些珍稀及濒危植物，例如，成都市植物园中已经收集保存有 3000 余种（含品种）植物，建有一个珍稀濒危植物专类园，收集展示了峨眉拟单性木兰、五小叶槭、南川木波罗等急需抢救性保护的植物。

后四类的展区大量出现在近几十年建立的植物园中。这些植物园不仅重视理论性的分区，而且在应用植物学方面增加了许多新的内容，丰富了植物利用的途径，活跃了植物园的群众性，增添了现实生活的气息，这在现代化的植物园规划中是值得参考的（图 8-18、图 8-19）。

图 8-18　加拿大蒙特利尔植物园——迎宾园

图 8-19　英国皇家植物园——邱园

此外，展览区一般建有温室，展出当地气候条件下露地不易栽培的植物。有条件的植物园可以建立“植物博物馆”，普及植物学知识。同时，展览区还需要建一些点景休息类的建筑和小品。

（2）研究试验区　研究试验区是研究引种驯化理论与方法的主要场所，一般设有试验地、苗圃、原始材料圃、繁殖温室、人工气候室、阴棚、冷室、冷藏库、病虫防治室、消毒室、工具室、储藏室等。这里不对外开放，规划时试验区的布置可采取与展览区既相邻又相隔的办法。例如，上海植物园、苏联总植物园都是相隔一条公路将两区分开。

（3）图书、标本馆　在全园比较安静的角落建立图书馆、标本馆，供植物学工作者学习与研究之用。这一区有时也包括实验室、检疫站和行政办公室等。

（4）生活区 植物园一般离市区较远，大部分职工需住在园内。因此，要有比较完善的生活设施，如宿舍、食堂、商店、幼儿园等。规划时，这一区要与其他各区保持一定的距离，如有可能，最好不设在园内。国外植物园的工作人员及家属均住在附近的城镇或园外的居民点，所以总体规划时很少考虑生活区的建立。

3. 植物园的景观规划

植物园的景观是在满足分类展示功能的前提下，以绿色植物为主体而形成的一种景观，如果处理简单，就会变成苗圃式的树林。因此，只有精心地从功能分区和植物空间的动态设计上下功夫，方可获得理想的景观效果。

植物空间的动态设计应重点抓面和线的景观变化，至于点的景观（主要是大的庭荫树），由于运用较少，则不必过多考虑。此外，还应考虑近、中、远期景观的发展变化。

（1）以植物分类为主的群体林相景观 许多植物园在植物展出时是按照植物分类学的科、属、种进行栽植的，这种展出方式往往比较呆板。为了改善景观效果，可从“量”的方面加以调整，即对观赏价值高的“属”收集和种植的面大一些，体现“量大为美”。例如，庐山植物园的松柏区占地面积2hm^2，从国内外引种栽培裸子植物共11科41属248种，其中包括优良的经济树种松科云杉属10种、松属20余种、落叶松属5种。不仅有中国特有的“活化石”——水杉，还有美国的花旗松，日本的罗汉松和冷杉，北美的大叶香柏，世界著名的庭院树种金松，国家保护树种秃衫、银衫、红豆杉、金钱松等，是庐山植物园主要的特色之一。

（2）以植物生态为主的景观 植物园景观规划应在满足植物生态条件的前提下进行景观栽植，也可形成较好的景观效果，如岩石园、水景园、旱生植物园、耐盐植物园等都是根据植物的适生环境创造的不同形式的植物景观。

（3）岩石植物景观——岩石园 岩石园是以岩石及岩生植物为主，结合地形选择适当的沼泽、水生植物，展示高山草甸、牧场、碎石陡坡、峰峦溪流等自然景观的园区，全园景观别致，富有野趣。岩石园在欧美各国常以专类园出现，规模大的可占地1hm^{2}左右，如英国爱丁堡皇家植物园内的岩石园。

岩石园的设计中最重要的要数岩石园中的植物配置了，因为从总体上看，岩石园是以岩石植物为主体的，岩石本身只是一种基础，这与我国传统的假山园有着本质的差别。岩石园中的植物配置要模拟高山植物景观，下列做法可供参考：

1）在较大岩石之侧，可种植矮小松柏类植物、常绿灌木或其他观赏灌木，如紫杉、粗榧、云片柏、黄杨、瑞香、十大功劳、常绿杜鹃、六道木、箬竹、南天竹等；在石的缝隙与穴处可种植石韦、书带蕨、铁线蕨、虎耳草、景天等。

2）在较大石隙间可种植匍地植物与藤本植物，如铺地柏、络石、常春藤、石松等，使其攀附石块上。在较小石隙间可种植白芨、石蒜、桔梗、沙参、酢浆草、水仙及各种石竹等；在高处冷凉小石隙间可植龙胆、报春花、细辛、重楼等。

3）在阴湿面可种植苔藓、卷柏、苦苣苔、岩珠、斑叶兰等；在旱阳面可种植石吊兰、垂盆草、红景天、远志等。

4）在较阴面可种植荷包牡丹、玉簪、玉竹、八角莲等；在低湿溪涧边可种植半边莲、通泉草、唐松草、落新妇、石菖蒲、湿生鸢尾等。

（4）水生植物景观——水景园和沼泽园 水生植物可以为水景增加色彩和生气，因此，在植物园中常利用低洼地或水面集中种植水生植物，以形成各类有水生植物点缀的水景园。

各类水生植物种类繁多，漂浮植物如浮萍、凤眼莲等，浮叶植物如荷花、睡莲、菱角、王莲等，沉水植物如水草类等，沼生植物如菖蒲、水生鸢尾、水蜡烛、芦苇等。在进行水生植物配置时，要充分表现植物的立面效果、水面的平面效果和倒影效果，才有可能获得好的水景。因此，水景园植物配置时，多以高大乔木作为背景，以造成水中的倒影效果。同时，在水面的边沿以沼生植物或浮叶植物作为水和树之间的过渡带，使之在形态、质感、色彩及气氛上造成深远的意境。为了提高水景园的风景价值，还应设置一些小桥、汀步、水榭等，并且可利用大水面开展划船、采莲等活动，有时也可人工堆山置石，形成以水生植物为主的小山水园。

（5）阴生植物景观——阴棚区　阴生植物主要指耐阴和半耐阴植物，这部分植物常年生长在林中或林下，往往只有少量光线或散射光线，从而形成自己的生存特性。在人工栽培的环境中，多采用阴棚创造散射光的环境，并且进行人工喷雾，以获得阴湿的小气候。阴棚组群一般用花廊、小径相连，把园地分隔为大小不同、内外异趣的几个小景区，周围用树丛、花径、草地加以衬托，使阴棚区的环境更加优美。透过棚柱与花廊眺望棚内暗空间和棚外的明空间，色彩对比，光影变幻，层层叠叠，有无限幽深之感。

（6）其他植物生态景观——旱生植物园、耐盐植物园　这些植物园是我国科研、教学、生产和国内学术交流的重要活动场所。

甘肃民勤沙生植物园是我国创建的第一座具有北方荒漠地区特色的植物园，它以沙生、旱生植物引种驯化、栽培选育为中心，是直接为治沙造林服务的科研机构。江苏如东耐盐植物园是我国沿海滩涂地区第一个耐盐植物园，它的任务是保存、繁育耐盐植物，改良滨海盐土，挽救濒危耐盐植物等。

（7）以地域性植物群落为主的景观　地域性植物群落景观随着纬度、海拔、土壤母质、气候、地貌等一系列因素而有明显的差别，一些植物群落景观具有强烈的美感效应，如将这些群落景观再现于所在区域的植物园中，则能获得较高的美学欣赏价值。下面略举几例加以说明。

1）华南、西南棕榈林景观。棕榈科植物大部分生长在亚热带和热带，主干独立挺拔、叶大而簇生顶端，常成纯林分布，其中尤以海滨的椰林最具南国风光特色。

2）华中与华东樟、苦槠、木荷常绿阔叶林景观。华中、华东次生林发展演替的稳定阶段多为常绿阔叶林类，此起彼伏的球形树冠组成的林层，构成柔美的林相，浓淡变化的绿色给人以亲切之感。

3）东北、华北杨桦林景观。以白杨、白桦为纯林或混交林的喜光先锋树种，构成树干直立疏朗、以灰白色环纹树干为基调的群体景观，冬季为典型的北国风光。

4）华中、华东落羽杉、水杉沼生群落景观。在缓坡的湖、池畔和浅水滩中种植落羽杉、水杉，由于泥土稀松，树木要支撑树冠，以最佳的力学结构来适应其环境，从而在其基部长出许多板状根，造成森林群体极富力感的艺术效果，入秋一片淡黄，碧湖秋染的景色非常吸引人。

二、动物园景观规划设计

动物园景观规划设计

动物园是在人工饲养条件下，移地保护野生动物，供观赏、普及科学知识、进行科学研究和动物繁育，并且具有良好设施的景观公园。动物园不仅是展出动物的场所，也是人们喜爱的城市公园之一。动物园的产生与存在为普及野生动物的知识、研究野生动物的生活习性及稀有动物物种的异地繁殖保存起到了很重要的作用。动物园的规划设计主要应从两个方面考虑，即既要考虑动物保护的需要，给野生动物的生存营造一个适宜的环境，又要考虑到游人观赏的需要，让游人有回归自然的感觉。

1. 动物园的选址

动物园的选址应综合考虑到地形、卫生、交通等方面。

由于动物园中动物种类繁多，并且来自不同的生态环境，为了保持动物的原有生境，故地形宜高低起伏，有山岗、平地、水体等，以便于安排各种动物笼舍。又由于动物的狂吼和恶臭及多种疾病的发生均影响人类，因此动物园应远离城市的居民区，并且在居民区的下游、下风地带。为了不影响动物的生长，该地带内不应有污染工厂、垃圾场、屠宰场、畜牧场等，周围要有卫生防护地带。至于交通方面，由于动物园游人量大且集中，货物运输量也较多，因此需要有较方便的交通联系。另外，动物园还应有良好的水电条件和较好的地基条件，以便于动物笼舍的建设和开挖隔离沟及水池等。

为满足上述要求，通常大、中型动物园都选择在城市近郊，如上海动物园离静安区中心 7~8km；南京市动物园位于西北郊，离市中心 5km。

2. 动物园分区规划

动物园总体规划中必须首先考虑的是动物园应有明确的功能分区，做到不同性质和类型的动物有不同的区域，以便于动物的饲养、管理和繁殖，同时也便于动物的展出。大、中型动物园，一般可分为以下四个区：

（1）科普馆　科普馆是全园科普科研活动的中心，馆内可设标本室、解剖室、化验室、研究室、宣传室、阅览室、录像放映厅等。一般布置在出入口地段，使其用地宽敞、交通方便。

（2）动物展区　动物展区是动物园用地面积最大的区域，动物展览顺序的安排是体现动物园设计主题的关键。一般动物园的设计中动物的展出顺序有以下五种形式：

1）按动物的进化顺序安排。我国大多数动物园都以突出动物的进化顺序为主，即由低等动物到高等动物，经历无脊椎动物——鱼类——两栖类——爬行类——鸟类——哺乳类。在此顺序下，结合动物的生态习性、地理分布、游人爱好、地方珍贵动物、建筑艺术等，作局部调整。

2）按动物的地理分布安排，即按动物生活的地区，如欧洲、亚洲、非洲、美洲、大洋洲等来安排展出顺序。这种安排有利于创造不同景区的特色，给游人以明确的动物分布概念。但这种展览顺序投资大，管理水平要求较高。

3）按动物生态安排，即按动物生活环境安排。动物园设计中应模拟动物的生长环境，如水中、高山、疏林、草原、沙漠、冰山等，让动物在这些模拟的生长环境中成长，这样布置对动物生长有利，园容也自然生动。

4）按游人参观的形式安排。大型的动物园可以按游人参观的形式分为车行区和步行区，两区完全隔离。车行区内以放养式观赏野生动物方式为主，一般占地面积较大，并且不允许游人步行，以免产生危险；在步行区游览中，游客也可以乘电瓶车，因为有些动物园的步行区占地面积也较大。

5）按游人爱好、动物珍贵程度、地区特产动物安排，如我国珍稀动物大熊猫是四川的特产，成都动物园为突出熊猫馆，将其安排在入口附近的主要位置。一般游人喜爱的猴、猩猩、狮、虎等多安排在主要位置上。

（3）服务休息区　服务休息区包括科普宣传廊、小卖部、茶室、餐厅、摄影部等。

（4）办公管理区　办公管理区包括饲料站、兽疗所、检疫站、行政办公室等，其位置一般设在园内隐蔽偏僻处，并且要有绿化隔离，但要与动物展区、动物科普馆等有方便的联系。此区应设专用出入口，以便运输与对外联系。有的动物园将兽医站、检疫站等设在园外，这也是可行的。

此外，有些动物园还设有苗圃、饲料加工厂、药厂及动物隔离区等。为了避免干扰及卫生防疫的要求，动物园职工生活区一般设在园外。

3. 动物笼舍设计

动物笼舍设计是动物园规划设计中的核心问题之一，它的设计好坏不仅关系到动物的生存与生活状态，而且影响游人的游赏方式和游赏兴趣，因此，动物笼舍设计应综合考虑动物的生存与游人的观赏这两方面。

（1）动物笼舍建筑的基本造型　动物笼舍可分为建筑式、网笼式、自然式和混合式等。建筑式笼舍主要适用于不能适应当地生活环境，饲养时需特殊设备的动物，如天津水上公园熊猫馆等；网笼式笼舍是将动物活动范围以铁丝网或铁栅栏相围，如上海动物园禽笼等；自然式笼舍，即在露天布置动物室外活动场，并且模仿动物自然生态环境，布置山水、绿化，考虑动物不同的弹跳、攀爬等习性，设立不同的围墙、隔离沟、安全网，将动物放养其内，自由活动，这是大型野生动物如大象、河马等常见的展览方式；混合式笼舍即以上三种笼舍建筑造型的不同组合，如广州动物园的海狮池等。

（2）动物笼舍设计重点　动物笼舍设计重点如下：

1）动物笼舍属于多功能性建筑，它必须满足动物的生活习性，以及饲养管理和参观展览等方面的要求，而动物的生活习性是起决定性作用的，它包括动物对朝向、日照、通风、给水排水、活动器具、温度等的要求。

2）保证人与动物的安全。在动物园中，许多猛兽会危及人们的安全，同时动物之间也常相互残杀殴斗、传染疾病。因此，在笼舍设计时应使人与动物、动物与动物之间保持适当隔离，要使铁栅间距、隔离网孔大小适当，防止动物伤人，同时也采取相应措施避免动物越界逃跑。

3）因地制宜，创造动物原产地的环境气氛（图 8-20）。例如，大象、河马要配合热带雨林和河流的环境，孔雀要配合疏林竹楼的南疆风貌，猴子要配合悬崖绝壁的山林环境等。此外，笼舍的建筑造型还应考虑被展出动物的脾性、体形等，如鱼、鸟类笼舍应玲珑轻巧，大象、河马的生活环境应厚实稳重，熊舍应显粗壮有力，鹿苑宜自然古朴等。

图 8-20　杭州动物园游禽湖

4. 动物园绿化规划

动物园绿化除应满足一般公园的绿化功能外，还应配合动物自然生长环境创造不同的意境，同时可为动物提供部分饲料。

（1）绿化布局　动物园的绿化布局可采用“园中园”和“专类园”等方式。由于动物园一般具有明显的功能分区，每个功能区饲养着性格和生态习性相同和类似的动物，人们进入动物园除了观赏动物，还应了解和熟悉与动物生长发育有关的环境。因此，可将每个功能区视为具有相同内容的“小园”和“专类园”，在各“小园”和“专类园”之间以过渡性的绿带、树群、水面、山丘等隔离。例如，展览大熊猫的地段可视为一个“专类园”，其间栽植多品种竹子，既反映熊猫的生活环境，又可供游人观赏休息；大象、长颈鹿产于热带，因此在此展览区可构筑棕榈园、芭蕉园等景观。

（2）树种选择　绿化的总体布局确定后，在具体选择树种上，要综合考虑到组景和动物的生态习性等要求。好的植物造景不仅能让游人了解动物的生存环境，而且还可以使人产生各种联想。例如，杭州动物园在猴山周围种植桃、李、杨梅、金橘、柚等，以营造“花果山”景致，在鸣禽馆栽桂花、茶花、碧桃、紫藤等营造出鸟语花香的画面；上海动物园在天鹅湖配植密林背景，以衬托水面上的游禽，不仅符合动物的生态习性，而且构筑了一片美妙绝伦的生态环境。另外，树种选择时还要考虑到给动物提供饲料，很多树叶可作为动物的饲料。例如，在笼舍旁及路边空地可种植女贞、水蜡、四季竹、红叶李等，为熊类、部分猴类和小动物提供饲料。图 8-21 为上海动物园植物大象雕塑。

图 8-21　上海动物园植物大象雕塑

三、主题公园景观规划设计

1. 主题公园概述

主题公园也称为主题游乐园或主题乐园，它是以一个特定的内容为主题，人为建造出与其氛围相应的民俗、历史、文化和游乐空间，使游人能切身感受、亲自参与一个特定内容的主题游乐地，是集特定的文化主题内容和相应的游乐设施为一体的游览空间，其内容给人以知识性和趣味性。

主题公园是现代旅游发展的主体内容和未来旅游发展的重要趋势之一，它所具有的一些特征是区别于其他公园的。首先主题公园具有商业性，它自产生之日起就带有明显的功利色彩，赢利是其存在的目的和意义；其次它具有虚拟现实性，即主题公园的创造是一种复制和拼贴的过程，它复制了一个人们在日常生活中无法实现的幻梦，让人们在畅游中获得一种“超现实”的体验；再次，它具有信息饱和性和高科技性。主题公园是万花筒，包罗万象，又不失快乐和幽默，同时，在科技时代，高科技的应用成了某些主题公园的“卖点”，科技与娱乐的完美结合是主题公园吸引游人、体现商业价值的重要手段。

2. 主题公园的类型

主题是一个主题公园的核心和特色，是主题公园区别于其他公园的关键所在，也是一个主题公园进行策划、构思、规划设计的第一步。主题公园中内容的选择和组织都是围绕着该公园的特定主题进行的。优秀的主题是使游乐园富于整体感和凝聚力的重要手段，主题的选择和定位对主题公园的环境形象、整体风格都会产生重要的影响。

目前，主题公园大致可以分为文化类、康健类、高科技类、自然生态类、婚庆类、军事类、综合类等（表 8-1）。

表 8-1 主题公园分类表

主题类别		典型实例
文化类	民俗风情	锦绣中华民俗文化村、中国渔村（宁波）、西双版纳傣族园（云南）
	历史文化	大运河源头遗址公园（北京）、清明上河园（开封）、大唐芙蓉园（西安）、宋城（杭州）、西游乐园（淮安）
	微缩景观	锦绣中华（深圳）、世界之窗（深圳）、大明遗址公园（西安）
	童话故事	史努比开心世界（香港）、HelloKitty 乐园（杭州）、安徒生童话乐园（上海）
	雕塑	北京国际雕塑公园（北京）、愚自乐园（桂林）、白马石刻公园（南京）
	古迹	铁塔公园（开封）、盘龙城遗址公园（武汉）海瑞公园（海口）
康健类	游乐场	方特乐园、欢乐谷、融创乐园、华侨城乐园
	体育	滨河运动公园（北京）、奥林匹克公园（北京）、大运河亚运公园（杭州）、张之洞体育公园（武汉）
高科技类		“碳中和”主题公园（北京）、中华恐龙园（常州）、横琴星奇塔无动力世界（珠海）、星空主题乐园（深圳）
自然生态类	主题动物园	长隆海洋王国（珠海）、海洋公园（香港）、长隆野生动物世界（广州）
	观光农业	水稻国家公园（三亚）、天府农博岛（成都）、袁夫稻田（武汉）、云上花开生态农业观光园（云南）
婚庆类		太子湾公园（杭州）、情侣园（南京）
军事类		航母公园（天津）、海霞主题公园（温州）、熊廷弼公园（武汉）
综合类		迪士尼（上海）、环球影城（北京）、欢乐谷（深圳）

3. 主题公园的规划

只有基于准确的主题选择、恰当的园址选择、独特的主题创意和深度的主题产品开发，主题公园才能脱颖而出，而这些也正是主题公园与市场结合的要点。

（1）准确的主题选择　一个主题公园的成功与否，其主题的选择是至关重要的，其中最应注意题材的新鲜感和创造性。一般从以下三个方面来考虑：

1）主题公园所在城市的地位、性质、历史和文化。一个城市的地位和性质决定了建在该城市的公园是否具有充足的客源，该公园是否可以持续经营、健康发展。一座城市的历史记载着这个城市的发展历程，人们希望了解这座城市的人文风情和历史文化，相应的主题公园的选材则要从这些方面进行考虑。例如，北京作为全国的政治文化中心，人们到北京后希望也能了解到世界各地的风土人文，北京世界公园（图 8-22、图 8-23）的建设则顺应了这些要求；同理，云南作为一个民族大省，民族风情独具特色，相应的云南民族村的建设让人们感觉到这才是原汁原味的民族风情；大连作为一座海滨城市，大连海洋世界的建设吸引了大批的游人；深圳作为我国改革开放的前沿阵地，深圳世界之窗满足了游人透过乐园看世界的愿望；南京的明城、杭州的宋城、香河的天下第一城、武汉的楚城等则是依托各城市的历史文明而兴建的。

图 8-22　北京世界公园“悉尼歌剧院”微缩景区

图 8-23　北京世界公园“圣彼得大教堂”微缩景区

2）从人们的心理游赏要求出发，结合具体条件选择主题。游人的游赏心理要求主题项目常看常新，具有刺激性、冒险性，因此主题公园的主题选择首先要求有创意，力求与众不同。例如，中华恐龙园的独到之处就在于它另辟蹊径，紧紧抓住“恐龙”这一科学性的主题做文章。这一主题满足了人们特殊的好奇心，也赋予了恐龙园丰富深刻的科学内涵，因此产生了较好的经济效益。另外，我国的旅游者已从以前单纯的观光旅游逐渐转到要求参与到乐园项目中，从被动转为主动，并且要求在娱乐中达到健身的目的。近几年出现的以健康娱乐为主题的水上乐园、游乐园、阳光健身广场等通过引进国外先进游乐设备和高科技技术，帮助游客在休闲娱乐中达到锻炼身体的目的，迎合了当前中国国民普遍追求高生活质量和身体素质的需求，因此这类主题公园同样在市场上很受欢迎。

3）注重参与性内容。参与性是主题公园规划设计时应重点考虑的因素之一。随着生活节奏的加快，游客尤其是青少年，更喜欢参与性强、互动性强的游乐，这才是主题公园发展的方向。闻名世界的迪士尼乐园在设计构思时就把游人也当作表演者，设计者认为如果观众不参与，那么主题公园中精心设计的各种表演都将徒劳，起不了太大的作用；又如深圳欢乐谷，就是一个以游客参与为主的主题项目；各地新建的一些农业观光园，也鼓励游客参与其中从事养花、摘果和垂钓等活动，使人们在简单的劳作中尽享大自然的气息，同时感受到尊重自然、保护环境的重要性。

（2）主题公园的景观创意　主题公园的主题需要借助形象的景观来表达，因此，园内的景观设计十分重要。现代主题公园的景观设计，应重点围绕动态景观和动静结合的景观来做文章。

1）动态的景观设计。主题公园静态人造景观一旦建成后具有一定的稳定性，后续可塑空间毕竟有限，而动态的景观设计却可随专业人员的主观创造性的发挥得到无尽的开发和更新。

2）动静结合的景观设计。我国早期主题公园建造的景观大多是静态景观，游客进行的是走马观花的纯观光型活动，比较容易感到乏味。因而，建造以观赏性为主的主题公园，设计时在布局上应讲究动静结合，纯粹静态景观在建造上应注重它的实用性，并且预留出后期改造空间。对于已建的静态型主题公园，可以对园内的静态景观进行适当的改造，设法在静态景观中注入动态元素（图8-24）。

（3）主题公园的空间设计　主题公园的空间设计包括空间造型、空间序列与流线组织、空间组合等方面。

1）空间造型。主题公园应通过优美的空间造型创造出丰富的视觉效果，赋予园景以美好的形象特征。形成游乐空间的元素有建筑物、铺装材料、植物、水体、山石等，这些元素的不同组合可产生或亲切质朴、或典雅凝重、或轻盈飘逸、或欢快热烈的空间效果。

图8-24　武汉磨山楚城（近景为《凤标》雕塑，远景为楚天台）

2）空间序列与流线组织。任何一种空间序列都应包含序景、高潮及结景阶段，有节奏地组织环境韵律，可以使游人长时间地保持体力和激情。主题公园的基本流线结构有四种：环线组织、线性组织、放射性组织、树枝状组织。另外，环线组织与其他流线结构又可以组合出三种复合流线组织。

3）空间组合。空间组合包括递进式组合、轴线组合、互含式组合和并列组合等。

① 递进式组合是以层层递进的环境关系产生对比、渐变而达到主题环境的高潮的。递进手法是一种丰富景观层次的方法，其常与过渡环境相对应，在过渡空间设计中运用较为普遍，有时也与轴线手法同时运用，以增强主题环境的魅力。例如，上海迪士尼乐园的空间组合通过巧妙的布局和连接，将各个功能区域和景点融合在一起，为游客提供流畅而丰富的游览体验。上海迪士尼乐园的空间组合注重整体性和连贯性，整个乐园以主题区域为单位进行划分，每个主题区域都有其独特的主题和氛围，如奇幻童话城堡、探险岛、明日世界等。这些主题区域之间通过精心设计的景观和道路相连，形成一个完整的游览线路，使游客能够顺畅地从一个区域过渡到另一个区域。乐园的设计充分考虑了与周边自然和人文环境的融合，通过绿化、景观和建筑设计等手段，营造出一个和谐统一的整体。

② 轴线组合是一种常见的空间组合手法。从轴线的地位分析，有全园性轴线和区域性轴线，前者如北京奥林匹克公园，后者如常州恐龙园。轴线的实现手法有多种，如轴线与主交通线、中心广场重合，用一系列景点、标志物等的序列关系构成轴线，以水系、绿化等地貌特征形成轴线。

③ 互含式组合是指两个以上的空间区域相互穿插形成共同体，共同拥有某一环境。例如，深圳的中国民俗文化村中的侗寨、独龙寨、音乐喷泉区、石林景观等若干主题区域共用一片水系，各自的环境特征在水面上得到延伸，形成空间环境的延伸。

④ 并列组合是指将若干环境因素并不接触而并列放置，以产生相互之间的关系。其组合方式有集锦式组合、尺度组合。集锦式组合如迪士尼乐园，将各种不同时代、地域的环境、建筑片段高度密集地布置在一个大环境中，形成犹如拼贴画或蒙太奇的艺术效果。尺度组合如深圳的锦绣中华、世界之窗，它们将一些环境元素的尺度缩小或放大，然后组合于环境中。

四、纪念性公园景观规划设计

纪念性公园是人类用技术和物质手段通过形象思维而创造的一种精神意境，它是以纪念性为主，结合环境效益和群众的休息游憩要求进行规划的，它的主要任务是供人们瞻仰、凭吊、开展纪念性活动和游览、休息、赏景等。

1. 规划设计要点

1）纪念性公园的平面布置多采用规则式（至少在纪念区是如此），有明显的中轴线，呈对称布局，主要景物（如纪念碑、纪念馆、纪念塑像等）布置在轴线端点或两侧，以突出纪念性的主题。

2）纪念性公园多以纪念性的雕塑或建筑作为主景，以此渲染和突出主题，而且多采用主景升高和动势向心等组景方法来表现英雄人物的风范。

3）地形多选山岗丘陵地带。地形处理时多采用逐步上升且以台阶的形式接近纪念性主景，使游人产生仰视的观赏效果，以突出主体的高大。

4）植物配置常以规则式的种植为主，纪念碑周围多植花灌木以形成花环的效果，碑后常植松柏，寓意万古长存。

2. 功能分区

面积较大的纪念性公园一般至少分为两个功能区，即陵墓区和风景游憩区，面积较小的纪念性公园也可能只设陵墓区。

（1）陵墓区　陵墓区多安排烈士史料陈列馆、烈士纪念碑、烈士雕塑等。不论是主体建筑群，还是纪念碑、雕塑等在平面构图上均用对称的布置方法，其本身也多采用对称均衡的构图手法来表示主体形象，创造严肃的纪念性意境。

（2）风景游憩区　风景游憩区多结合地形安排一些游憩性的活动内容，全区地形处理、平面布置都要因地制宜、自然布置，亭、廊等建筑小品的造型均采取不对称的构图手法，创造活泼愉快的游乐气氛。例如，长沙烈士公园的东半部为风景游览区，水面宽阔的浏阳河老河湾成为游憩区的主题，沿岸布置有朝晖楼、游船码头、红军渡、羡鲜餐厅、水上运动乐园等，湖心岛堤曲绕、廊桥浮架、游船点点，呈现出独特的水面景观。西岸山脚还有溪塘、藤桥、亭等景点及儿童游乐场、露天电影场、浮香艺苑等活动场所。

3. 空间组织与过渡

由于陵墓区与风景游憩区的环境、气氛、功能各不相同，因此在规划时还应进行空间的过渡及处理。处理的手法多是利用地形的变换，结合植物的配置从一个空间逐步过渡到另一个空间。例如，长沙烈士公园利用丘陵山地建纪念区，利用水面和山水之间的平地开辟游览区，两区之间用大面积的纯松林加以过渡，空间转换较为自然。

4. 绿化布置

纪念性公园的绿化是根据“纪念”与“园林”的功能要求进行规划设计的。

（1）出入口　因出入口要集散大量游人，所以需要视野开阔，多用水泥、草坪广场来配合，而出入口广场中心的雕塑或纪念形象周围可以用花坛来衬托主体。主干道两旁多用排列整齐的常绿乔木、灌木配植，创造庄严肃穆的气氛。

（2）陵墓区　陵墓区多采用规则式的布置，如规则的草坪、花坛、对称布置的行道树等，以渲染庄严肃穆的陵墓气氛。在树种的选择上多选用树形规整、枝条细密、色泽暗绿的常绿针叶树种，如松柏类、雪松等。

（3）风景游憩区　风景游憩区多采用自然式的布置，由自然式的道路、不规则的水面等组成自然的、错落有致的、生动活泼的景观空间（图 8-25）。植物种类可以丰富多彩，多由常绿阔叶树种、竹林及各种花灌木组成郁郁葱

图 8-25　广州起义烈士陵园风景游憩区

葱、疏密有致、层次分明的林木景观，以渲染革命胜利后的今天，到处山花烂漫、满园莺歌燕舞的美好情景。

五、湿地公园景观规划设计

1. 湿地公园的概念与特点

湿地公园景观规划设计

要了解湿地公园的特点，首先必须了解什么是湿地。湿地，按照《关于特别是作为水禽栖息地的国际重要湿地公约》（简称《湿地公约》）中的定义，是指天然的或人工的、永久或暂时的沼泽地、泥炭地或水域地带，带有或静止或流动的淡水、半咸水及咸水体，包括低潮时水深不超过6m的水域。湿地具有涵养水源、净化水质、调蓄洪水、控制土壤侵蚀、补充地下水、美化环境、调节气候、维持碳循环和保护海岸等极为重要的生态功能，是生物多样性的重要发源地之一，因此也被誉为"地球之肾""天然水库"和"天然物种库"。湿地与森林、海洋并称为全球三大生态系统。湿地公园是一种独特的公园类型，是指纳入城市绿地系统规划的、具有湿地的生态功能和典型特征的，以生态保护、科普教育、自然野趣和休闲游览为主要内容的公园。湿地公园与其他类型的公园的不同之处在于它的建设以不破坏湿地的自然良性演替为前提，旨在坚持生态效益为主，维护生态平衡，保护湿地区域内生物多样性及湿地生态系统结构与功能的完整性与自然性。它与湿地自然保护区也是有区别的，区别之处在于湿地公园强调了利用湿地开展生态保护和科普活动的教育功能，以及充分利用湿地的景观价值和文化属性丰富居民休闲游乐活动的社会功能。

中国现有两种类型的湿地公园，即湿地公园和城市湿地公园，前者分为国家湿地公园和省级湿地公园两个等级。这里所指的湿地公园是指城市湿地公园。

2. 湿地公园景观规划设计原则

湿地公园规划设计应遵循系统保护、合理利用与协调建设相结合的原则，在系统保护湿地生态系统的完整性和发挥环境效益的同时，合理利用湿地具有的各种资源，充分发挥其经济效益、社会效益，以及在美化城市环境中的作用。

（1）系统保护的原则

1）保护湿地的生物多样性，为各种湿地生物的生存提供最大的生息空间；营造适宜生物多样性发展的环境空间，对生境的改变应控制在最小的程度和范围；提高湿地生物物种的多样性并防止外来物种的入侵所造成的灾害。

2）保护湿地生态系统的连贯性，保持湿地与周边自然环境的连续性；保证湿地生物生态廊道的畅通，确保动物的避难场所；避免人工设施的大范围覆盖；确保湿地的透水性，寻求有机物的良性循环。

3）保护湿地环境的完整性，保持湿地水域环境和陆域环境的完整性，避免湿地环境的过度分割而造成的环境退化；保护湿地生态的循环体系和缓冲保护地带，避免城市发展对湿地环境的过度干扰。

4）保持湿地资源的稳定性，保持湿地水体、生物、矿物等各种资源的平衡与稳定，避免各种资源的贫瘠化，确保湿地公园的可持续发展。

（2）合理利用的原则

1）合理利用湿地动植物的经济价值和观赏价值。

2）合理利用湿地提供的水资源、生物资源和矿物资源。

3）合理利用湿地开展休闲与游览。

4）合理利用湿地开展科研与科普活动。

（3）协调建设原则

1）湿地公园的整体风貌与湿地特征相协调，体现自然野趣。

2）建筑风格应与城市湿地公园的整体风貌相协调，体现地域特征。

3）公园建设优先采用有利于保护湿地环境的生态化材料和工艺。

4）严格限定湿地公园中各类管理服务设施的数量、规模与位置。

3. 湿地公园的规划功能分区与基本保护要求

湿地公园一般应包括重点保护区、湿地展示区、游览活动区和管理服务区等区域。

（1）重点保护区　针对重要湿地或湿地生态系统较为完整、生物多样性丰富的区域，应设置重点保护区。在重点保护区内，可以针对珍稀物种的繁殖地及原产地设置禁入区，针对候鸟及繁殖期的鸟类活动区设立临时性的禁入区。此外，考虑生物的生息空间及活动范围，应在重点保护区外围划定适当的非人工干涉圈，以充分保障生物的生息场所。

图 8-26　香港湿地公园的重点保护区

重点保护区内只允许开展各项湿地科学研究、保护与观察工作。可根据需要设置一些小型设施，为各种生物提供栖息场所和迁徙通道。本区内所有人工设施应以确保原有生态系统的完整性和最小干扰为前提（图 8-26）。

（2）湿地展示区　在重点保护区外围建立湿地展示区，重点展示湿地生态系统、生物多样性和湿地自然景观，开展湿地科普宣传和教育活动。对于湿地生态系统和湿地形态相对缺失的区域，应加强湿地生态系统的保育和恢复工作（图 8-27）。

（3）游览活动区　对于湿地敏感度相对较低的区域，可以划为游览活动区，开展以湿地为主体的休闲、游览活动。游览活动区内可以规划适宜的游览方式和活动内容，安排适度的游憩设施，避免游览活动对湿地生态环境造成破坏。同时，应加强游人的安全保护工作，防止意外发生（图 8-28）。

图 8-27　北京海淀翠湖湿地公园展示区

图 8-28　武汉金银湖湿地公园游览活动区

（4）管理服务区　在湿地生态系统敏感度相对较低的区域设置管理服务区，尽量减少对湿地整体环境的干扰和破坏。

【实例解析】

［例 1］　武汉植物园植物类型丰富，共建有珍稀植物区、观赏植物区、水生植物区、阴生植物区、药用植物区、猕猴桃园、松柏园、树木园、竹园等十多个专类园区和园林景区，共引进各类植物近 4000

种，是我国华中地区最大的植物资源收藏中心和中国北亚热带植物研究保护基地（图 8-29、图 8-30）。

图 8-29　武汉植物园水生植物区

图 8-30　武汉植物园阴生植物区

［**例 2**］ 1989 年，香港中旅集团和华侨城集团在深圳投资兴建了“锦绣中华”微缩景区（图 8-31），开创了中国主题公园的先河，后来深圳又兴建了“中国民俗文化村”（图 8-32）、“世界之窗”等主题公园，在全国旅游行业产生了震撼性影响，使全国各地掀起主题公园建设的热潮。

图 8-31　深圳锦绣中华“西藏布达拉宫”微缩景区

图 8-32　深圳中国民俗文化村“侗寨风雨桥”景区

［**例 3**］ 广州起义烈士陵园的主景区以纪念碑（图 8-33）作为主景，整个布局显得庄严肃穆，寓意深远。武汉施洋烈士陵园将纪念碑（图 8-34）设置在台阶顶端的广场，营造庄严肃穆的空间意境。

图 8-33　广州起义烈士陵园纪念碑

图 8-34　武汉施洋烈士陵园

相关链接

嘉祥石雕艺术公园景观设计说明

21 世纪我国旅业发展面临许多机遇与挑战，传统的静态休憩模式受到冲击，繁忙的城市生活所带来的紧张感和压迫感，迫使人们有回归自然的渴望，嘉祥石雕艺术公园的设计正符合人们的这一心理需求，遵循“以人为本”的设计理念，做到“虽由人作，宛自天开”的观赏效果（图 8-35~图 8-37）。

图 8-35　嘉祥石雕艺术公园景观规划总平面图

图 8-36　嘉祥石雕艺术公园东区景观绿化效果图

图 8-37　嘉祥石雕艺术公园二期景观规划效果图

1. 项目概况

（1）石雕艺术公园建设的起因 该公园位于山东省嘉祥县。嘉祥县在山东省西南部，属于济宁市辖，是中国古代“四大圣贤”之一曾子的故里，是麒麟的发祥地。据《左传》记载，春秋时期，鲁哀公西去狩猎，在此获一麒麟，取其嘉美祥瑞之意，而得嘉祥名。

嘉祥不仅历史悠久，而且文物众多，是国家命名的“中国石雕之乡”。著名的国家一级文物——汉武氏祠墓群石雕画像就坐落在嘉祥。嘉祥有得天独厚的青石资源，有悠久的石雕石刻传统，现已开发平雕、线雕、浮雕、画雕和圆雕5大类，10大系列，2000多个品种，石雕产品销售全国20多个省、市、自治区，并且出口美国、日本、韩国等许多国家。结合嘉祥县的总体发展目标，为进一步把石雕艺术发扬光大，需要一处对外集中展示嘉祥石雕艺术的窗口，石雕艺术公园的建设成为必然。另一方面，随着经济的增长，人们在满足物质需求的基础上更多地去追求生活品质，因此户外休闲活动的需求逐渐增大，但是嘉祥目前还没有一个能够充分满足这一需要的综合性休闲娱乐场所，迫切需要建设公园来解决假日休闲的问题。基于这些原因，石雕艺术公园项目提上了议事日程。

（2）公园设计的依据

1）《公园设计规范》（GB 51192—2016）。

2）《中华人民共和国环境保护法》。

3）《中华人民共和国森林法》及其他相关法律、法规。

4）项目业主提供的相关文件。

（3）公园定位和规划原则 在功能上，石雕艺术公园是具有休闲、游赏、娱乐功能的雕塑艺术公园。在形象上，该公园以青山、绿水、树林、雕塑和文化点（获麟台）为主。市场方面，该公园面对以休闲、娱乐为目的的市内消费群体，以及以观光、参展为目的的国内消费群体。

规划原则：利用公园的区位优势，使公园成为嘉祥县生活区与工业新区的连接点。处理好环境效益、社会效益和经济效益的平衡关系，以可持续发展思想指导公园的规划与设计。突出嘉祥“麒麟之乡”“曾子故里”“石雕之乡”“唢呐之乡”的地方特色及文化特色，创造独具个性的园林景观。围绕“生态”为主线的设计指导思想，强调“植物造景”的建园理念。设计从游客的多样化的心理需求出发，充分体现其行为习惯的特点，营造舒适、安全、优美的游览环境。

（4）规划范围及现状 项目占地700亩㊀，需占用农田500亩。北接呈祥大道，南靠萌山，西临萌山路，东濒护山引河，交通便利，区位优越。公园范围内最高点与最低点高差约62m，北部区域地势较为平坦，适合建设，土壤肥沃，利于植物生长。

2. 项目概念规划内容

（1）规划内容 从功能上看，整个公园分为入口区、办公管理区、石雕艺术展示区、滨水休闲区、儿童游乐区、山林景观区和健身活动区七个功能分区。

1）入口区是整个公园与城市的过渡区域，也是城市配套功能比较齐全的集中场所，主要包括北入口、西入口两大主要入口及其他次要入口。

北入口接呈祥大道，由入口内广场、外广场、生态停车场组成。具备人流、车流集散功能，同时也是嘉祥县城区形象的对外窗口，所以在设计时注重现代、简洁、大气风格的营造。入口广场中心绿地立意取自当地青石材的天然巨石，篆刻“嘉祥石雕艺术公园”，点明主题。广场以雕塑柱围合外向式空间，雕塑柱高8m，直径1.5m，成弧形排列。柱体采用含蓄的形式设计，通过浮雕等艺术手段，表达嘉祥“麒麟之乡”“曾子故里”“石雕之乡”“唢呐之乡”四大主题。广场四周配置树形直立美观的阔叶

㊀ 1亩≈666.7m^2。

乔木作为背景，强化广场的气势。西入口紧邻萌山路，与昌盛街相接，由内、外广场和停车场组成。除满足人流、车流聚散功能以外，还提供商业售卖服务。西入口广场主要由一排错落式二层商业建筑、石牌坊围合，广场上种植阔叶乔木，局部形成林荫广场空间供行人休息停留，并且增加广场的生态性。内广场中心是一组大型石雕，取名“雕塑者”，表现几个老工匠雕琢一块山青石粗坯的场景，山青石局部已雕琢出形，呈现麒麟的外形，老工匠有的举臂凿石，有的精心细刻，形象逼真，栩栩如生。除西入口、北入口以外，还另设专用入口直接通向公园茶室。另外，鉴于公园的开放性，园区道路直接与昌盛街相接。

2）办公管理区与西入口相临，主要包括办公建筑和广场，具备办公管理、服务等功能。

3）石雕艺术展示区是公园最重要的部分，主要由石雕园和石雕艺术轴线组成。石雕艺术轴线与北入口相接，是北入口和石雕园的过渡。轴线中心为花池，种植整形模纹植物，每两花池之间是不同造型的麒麟吉祥图案石刻铺装，轴线两侧为树池座椅林下广场，终点是演出活动广场，利用高差再结合山石处理形成山水瀑布的景观效果。演出活动广场的演出台命名为获麟台，获麟台高出地面 1m，结合自然环境布置大型组雕《西狩获麟》。山石题刻篆字“嘉美祥瑞”及嘉祥的历史渊源等，颇有文化意蕴。总的来说，石雕艺术轴线的景观设计极具嘉祥县的地域特色。

石雕园是嘉祥本地及世界各地不同材质、风格、类型石雕艺术的集中展示区。从地域上讲，石雕园主要分为国际石雕展区和国内石雕展区；从风格上讲，石雕园设置抽象雕塑展区和情景雕塑展区；从石雕类型上讲，石雕园分为平雕类展区、圆雕类展区、浮雕类展区、画雕类展区；从材质上讲，石雕园有青石、砂石、花岗岩、大理石等雕塑展区。

嘉祥本地的石雕艺术主要结合曾子文化来展示，结合碑廊、浮雕墙设计室内展区。室内展区是由主厅、配厅、曲廊围合而成的内向空间，主要摆放曾子相关著作论述、生平介绍等。

石雕园除以石雕集中展示为重心外，还通过微起伏小地形、层次丰富的植被群落围合出适宜停留休息的空间，并且通过色叶植物、花灌木的运用创造出优美的植物景观供人游赏。同时，借用常绿乔木、灌木的合理搭配分割空间，为不同类型雕塑提供不同的背景，使石雕展彼此独立，互不干扰。

石雕园的设计除注重植物景观的营造以外，还在适宜停留的地方分别设置休息林下广场，布置花架、售卖点，满足游人的行为心理需求。除此以外，原靶场改造为健身广场，种植大冠幅的落叶乔木，形成林下空间，设置各种健身器械，满足嘉祥市民健身、锻炼的需求。

4）滨水休闲区依萌山将公园范围内护山引河段扩大成为约 200 亩的大水面，一方面利于景观的创造，另一方面利于良好小气候的营造，并且可满足防洪排汛工程的需要。滨水两岸植物郁郁葱葱，故命名为澄碧湖。

滨水休闲区主要分为动区和静区两个部分。动区位于湖面的北部区域，与儿童游乐区、北入口相邻，主要沿湖设置游览路线、码头广场、茶舍、亲水平台。茶舍依水而建，局部建筑伸入水中，建筑平面布局自由活泼，立面构图均衡稳定，是沿湖最主要的一组建筑，也是公园内比较重要的经营性建筑。游览路线主要有步行道、栈道、滨水休息广场等多种形式，能带给游客不同的游览感受。植物配置突出季相变化，地被也选择耐水湿且固土能力强的品种，如石蒜等。动区主要运用不同的表现手法来诠释水的各种形态，让游人体会到步移景异的美妙意境，并且形成荷花池、桃花溪、岛屿等景观。荷花池中碧绿的荷叶和清澈的潭水，仿佛将游人带入李清照诗词“常记溪亭日暮，沉醉不知归路。兴尽晚回舟，误入藕花深处。争渡，争渡，惊起一滩鸥鹭”的意境。桃花溪中，蜿蜒曲折的溪水，自然石块组成的驳岸，自然石的汀步，争相吐艳的桃花，为游人营造出一个清幽的滨水环境。柳堤春晓，仿效古人依堤植柳、架板为桥的原则，在河堤上种植垂柳，形成天然的绿色屏障。

静区位于湖面的南部区，与山林游赏区相接，主要包括生态岛、观景岛、垂钓区及局部的湿地景观。湖边主要种植香蒲、菖蒲、芦苇等水生植物，这些植物根系发达，地下茎和根茎形成纵横交错的地下茎网，与水体接触面积大，形成密集的过滤层，起到过滤作用，而且湿地植物发达的通气组织不断向地下部分运输氧，提供了不同的适宜的小生境，利于微生物大量繁殖，促进污染物的降解转化，可以进一步净化水质，提高水体透明度。静区还逐步引入动物，建立水—植物—动物—微生物之间的物质和能量循环系统，形成多级食物链网络。水生植物为鸟、鱼等水生动物提供了栖息的场所，而鸟、鱼等水生动物为水生植物提供了营养条件，自然界中，植物与动物相互依赖、共同生存的方式形成了有序的生态环境，为景观增添了野趣。

5）儿童游乐区与滨水休闲区相临，是专为儿童设计的游乐空间，主要包括售卖点、花架、休息小广场和各种游乐设施，布置景亭。沿游线布置深受儿童喜爱的卡通或动物造型的石雕作品，增加游赏的趣味性。其中游乐设施的设置针对不同年龄阶段的儿童，分别设有秋千、滑梯等小型游乐设施及快乐杯、动感飞船等电动游乐设施。

6）山林景观区，利用山体地形建设山林景观区，加强原有林地的培育保护，改造丰富林相，创造优美的森林植物景观。萌山西侧临水的山坡大面积种植秋色叶植物，如五角枫、银杏、乌桕等，使景区秋天景色更加绚丽多姿，每逢金秋，红叶满山，倒映湖中，自成一景，同时还补植、引种各种常绿植物，保证公园四季常绿，季相变化优美，不同区域形成不同植物风格的植物景观。利用现场山头分别布置亭、阁，将人的景观视线拉远，从视觉上起到拓宽公园范围的作用，沿山脊线设计步行游路，可停处设置休息空间，沿路布置山石题刻，石刻以曾子语录为主要表现内容。除此以外，还可利用山林游赏区的自然地势开展青少年野营、模拟军事演习等素质训练活动。

7）健身活动区，利用萌山西侧平坦腹地开辟林下空间，安置健身器械，并且通过雕塑、小品的不同分别形成棋盘广场、太极广场和休息广场。在健身活动区分别设路直接通向薛仁贵墓和纪念碑。在通向纪念碑的道路两侧对称式布置革命烈士石雕，增强人们对革命烈士的了解，并且可作为青少年爱国教育基地。与健身区相邻，靠近萌山西北侧建餐饮建筑。建筑以一层为主，局部为二层，建筑依山势而建，与山体大环境相和谐。

（2）竖向设计

1）总体原则。在满足土方平衡的原则下，遇有山体的地方尽量不动土方，保持原有地形，平坦的绿地区域可进行微起伏地形塑造，营建错落有致、地形起伏的园林空间，地形的改进要有利于绿地的自然排水。

2）竖向设计重点区域。石雕艺术展示区主要利用挖人工湖产生的土方，进行空间的营造，形成优美的微起伏地形，从而构成景观变化丰富的园林空间，同时实现良好的地表排水。滨水休闲区竖向设计主要是为满足驳岸处理的需要而进行的，同时满足景观需要。

其他景观区竖向设计依据总体规划设计构思具体进行布置，在满足景观的前提下，主要实现微起伏地形的营造和实现良好的地表排水。

（3）种植规划 植物景观设计在整个环境景观规划设计当中处于极其重要的地位，是整个景观设计的重点。植物景观应以生态学理论为指导，以园林绿化的系统性、生物发展的多样性、植物造景为主题的可持续性为使命，达到平面上的系统性、空间上的层次性、时间上的相关性，构建“以人为本”的环境空间，形成层次丰富的植物生态景观群落，为整个公园营造幽雅、宜人、舒适的组团景观。

1）入口区的林荫大道种植银杏，两侧以常绿树木如云杉、龙柏等作为背景林，结合紫薇、棣棠、海棠等花木种植，形成热闹绚丽的空间氛围。

2）办公管理区的植物选择主要有龙柏、云杉、西府海棠、紫薇、法桐等。

3）石雕艺术展示区主要以龙柏、桧柏、大叶女贞形成背景林，成片栽植樱花、金银木、连翘等花灌木，大面积草坪上孤植合欢，形成视野开阔、让人轻松的休闲空间。

4）滨水休闲区大面积种植荷花、鸢尾、黄鸢尾、凤眼莲、睡莲等挺水浮水植物，同时水中种植金鱼藻、水蕨等沉水植物，养殖各种观赏鱼，水边种植水杉、垂柳、碧桃、馒头柳、黑松等植物，局部片植花灌木形成有益于招引鸟类的鸟语林植物群落。

5）山林景观区的植物种植以秋色叶树种结合常绿树种为主，如桧柏、黄栌、元宝枫、苦楝、火炬树等。

6）儿童游乐区的植物种植以无毒、无刺的开花结果的植物为主，如核桃、柿树、石榴、忍冬、玉兰、丁香、山楂、垂丝海棠等。

7）健身活动区的植物种植以落叶乔木、花灌木、常绿乔木形成层次丰富的植被群落，主要植物有龙柏、黑松、迎春、连翘、碧桃、栾树等，同时形成有益于身心健康的保健植物群落，如松柏林、刺槐林等。

（4）建筑设施规划　严格控制建筑的体量和面积，景观建筑设计以单层为主，材料选用玻璃、木材和石材等朴素的天然材料；建筑景观与植物景观互为依托，实现建筑与环境的和谐共生。

建筑规划严格执行以下原则：

1）建筑严格控制用地边界，加大用地范围以内的绿化覆盖率，并且与原有植物景观相协调。

2）每一处建筑产生的污水都有自己相应的污水处理设备（或管网），严禁向水库中排放。

3）严格规范游人的活动轨迹、活动范围，注意森林防火安全。

（5）基础建设规划　风景区内道路的断面、线形和路旁绿化按国家标准设计，在保证交通顺畅的前提下，注重环保和生态原则，兼有防火通道的功能，保护原有植物景观，强化道路的景观游赏功能。区内道路依据使用功能和使用对象的不同，分为主干道、次干道、人行道三个级别。主干道宽7m，为区域之间的连接线路，彩色水泥路面；次干道宽3.5m，次干道为旅游景点之间连接线路，彩色水泥路面；人行道宽1.8m，主要为游赏路、山路和沿湖栈道，采用石材、吸水砖、木板路面。风景区交通旅游组织主要用电瓶车、自行车等无污染交通工具完成，将人类活动带来的环境污染影响降低到最低程度。

北入口和西入口区分别设置公共停车场，停车场应与环境相协调，并且对其周围进行景观设计处理。

岛、茶舍、码头、亲水广场之间开设水上游览线路。

给水由市政供水管线直接接入园区使用，水源及供水管道由用水管理部门统一管理、协调，各用水点的用水仍应本着节约用水的原则使用。最高日生活用水量为360m^3/天。

污水采用雨水、污水分流制。由于园区无地表污染，雨水顺势排入就近水体，污水必须经管道统一收集后排入市政污水管道。

供电方面，整个园区拟设两座变电所，分两个区域供电，埋设10kV高压电缆，布置送电线路就近接市网，总计算负荷约450kVA。

通信方面，接入市通信系统，预留150门容量，区内线路一律采用4孔PVC管穿管埋地敷设至各用户，并且在各服务区内设IC卡电话。

2011年西安世界园艺博览园概念性规划

1. 规划范围

2011年世园会选址为西安市浐灞生态区广运潭生态公园，园区规划总面积达到265hm^2，其中园内水域面积83.3hm^2；北侧是读书村等村落，已规划拆迁；西侧临陇海铁路，南侧为灞河水面和两条滨河景观路，东侧为西安市东三环路。

2. 区位分析

西安世园会会址位于西安市东北浐灞生态区广运潭生态公园，浐河和灞河交汇处，浐河和灞河具有悠久的历史文化背景，广运潭是唐朝漕运的终点站，繁华热闹盛极一时。会址距市中心7km，紧靠东三环，与多条交通主干线交会。

根据现状条件，西安世园会到达交通主要依赖公路。周边过境的陇海线能否承担到达交通流量，尚需进一步沟通，规划中的城市轨道3号线预计通车时间为2013年，也无法为世园会提供便利。水路条件仅限于灞河两岸的通行。

因此，城市公路将作为西安世园会的交通主动脉。目前世园会周边的路网结构已基本成形，但仍然存在着主要道路通行能力无法满足交通需求、个别交叉口形式影响通行能力、公交路线供给不足以及停车场需求量大等问题，需要从整合交通疏散路线、配置多元化交通方式、改造道路基础设施以及场站、制定交通管控措施等方面入手，保障世园会交通安全、畅通。

3. 现状分析

世园会园区作为规划中广运潭生态公园的一部分，目前正按照景区施工图进行施工，一级园路已全部修成，总长5.93km。园区规划桥梁29座，其中一级园路共10座，全部建成，二、三级园路共19座，已完成16座，码头共6座，已完成5座，亲水平台共8座，主体全部完成，溢流坝共16座，全部完成，已建亭子2处，已建小广场3处。场地目前仍处在施工阶段，局部已栽植苗木。

园区东南部为在建的园内接待设施，环境相对独立，南部最大半岛的北侧现状为一个机械厂，目前还在使用中，规划搬迁。总体来讲，园区土地现状利用比较单一，需要根据世园会要求，按照规划进行建设。

4. 功能分区

西安世园会园区在会展期间分为世博园区和生态商务休闲区。

（1）世博园区　世博园区是本次世园会的展览区域。按照参展主体和展览主题划分为五个组团，以园区的五个岛为基本单元：

1）长安岛：主题为“人文山水．生态休闲”，以长安文化为载体，展现西安深厚底蕴和陕西的生态文化与发展。

2）创意岛：主题为“人文山水，生态休闲”，以园艺环境为基础，打造人文山水意境，提供独特休闲游乐产品。

3）科技岛：企业为主的展园片区，以展示绿色科技为主，还包括农业技术和未来展望。

4）华夏岛：国内城市展园，以展示城市生态文明建设成果为主，并体现城市文明传承、城市特色、城市园艺的发展。

5）国际岛：外国城市展园，以展示国家及城市的特色、园艺发展为主，并展现丰富多彩的世界风情。

（2）生态商务休闲区　生态休闲区是指世园会期间面向公众开放的区域，共分为五大板块：

1）商业小镇板块：为游客提供购物、餐饮、客栈住宿、酒吧、咖啡、书吧等休闲服务，是西安世博园最大的休闲商业集聚区。

2）休闲商业板块：国际商业小镇、高端奢侈品专卖、品牌Outlets、特色餐饮、休闲娱乐会所及高端俱乐部等。

3）贵宾接待板块：即世园村，主要功能为顶级花园酒店和行政官邸，引入世界项级的酒店管理与服务理念，成为西安市的贵宾接待中心。

4）漕运风情休闲板块：各类特色餐饮、酒吧、咖啡厅、船坊及露天休闲空间等，形成西安市著名的文化风情休闲集聚区。

5）商务办公板块：主要功能为生态办公、后勤管理、商务接待。

5. 空间布局

世博园区的空间布局可以概括为“一轴两环五岛”。“一轴”是指世博园区的景观主轴，包括大门、花园大道、世界园艺坛标志性景观、温室、空中花园等重要节点；“两环”是指世博园区的内外两个交通环线；“五岛”是指五个展园板块：长安岛、创意岛、科技岛、华夏岛、国际岛。

生态休闲区的空间布局可以概括为“一镇、一村、一片、两带”。“一镇”：入口商业小镇；“一村”：世园村；“一片”：服务管理与接待配套片区；“两带”：灞柳休闲商业带与漕运风情休闲带。西安世界园艺博览园概念性规划如图 8-38～图 8-42 所示。

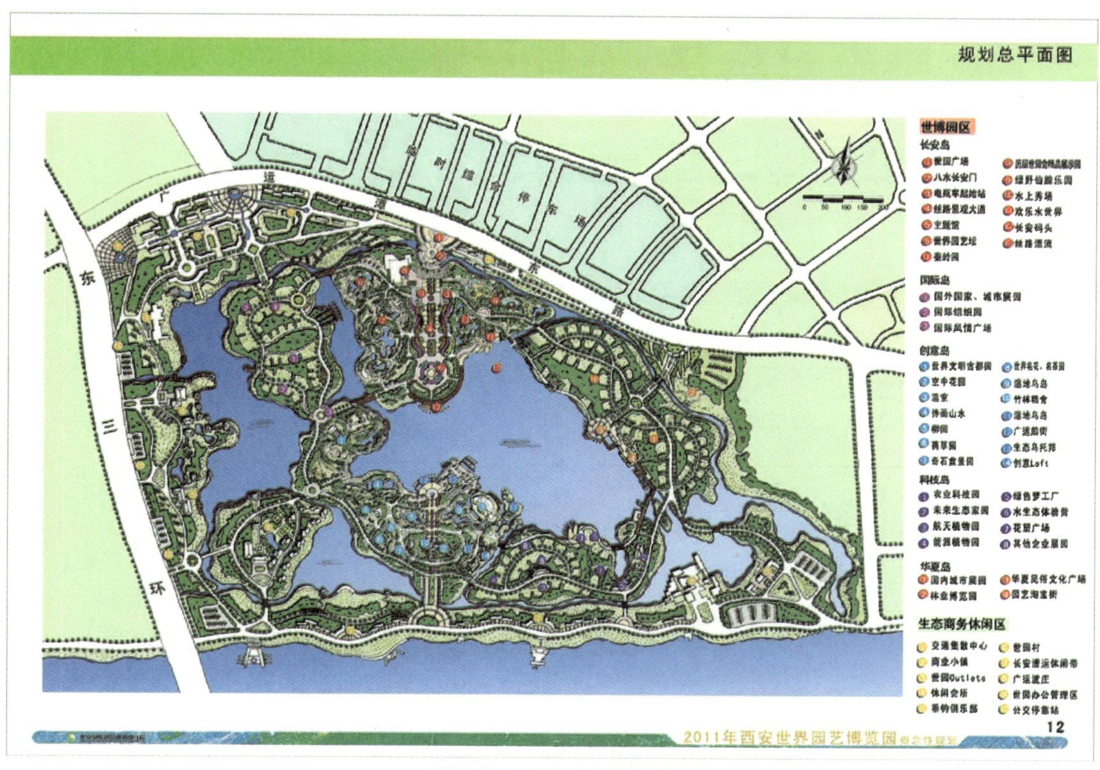

图 8-38　规划总平面图

图 8-39　鸟瞰图

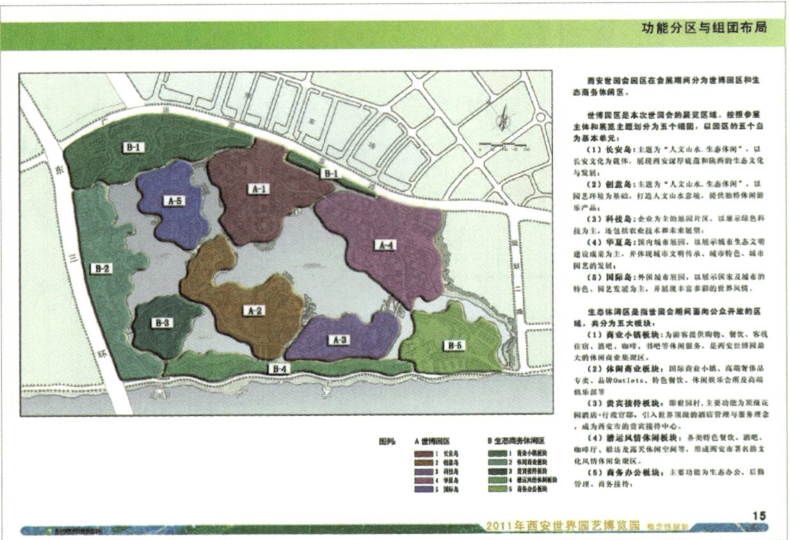

图 8-40　功能分区与组团布局

图 8-41　空间布局

图 8-42　秦岭园效果图

参考文献

[1] 刘滨谊. 现代景观规划设计 [M]. 南京：东南大学出版社，2005.
[2] 彭一刚. 中国古典园林分析 [M]. 北京：中国建筑工业出版社，2018.
[3] 朱建宁. 西方园林史 [M]. 北京：中国林业出版社，2013.
[4] 王晓俊. 风景园林设计 [M]. 3 版. 南京：江苏科学技术出版社，2009.
[5] 王晓俊. 西方现代园林设计 [M]. 南京：东南大学出版社，2001.
[6] 冯炜，李开然. 现代景观设计教程 [M]. 杭州：中国美术学院出版社，2002.
[7] 王绍增. 城市绿地规划 [M]. 北京：中国林业出版社，2012.
[8] 董晓华. 园林规划设计 [M]：北京：高等教育出版社，2021.
[9] 俞孔坚，等. 景观设计：专业、学科与教育 [M]. 北京：中国建筑工业出版社，2016.
[10] 尹安石. 现代城市景观设计 [M]. 北京：中国林业出版社，2006.
[11] 苏雪痕. 植物造景 [M]. 北京：中国林业出版社，1994.
[12] 呙智强. 景观设计概论 [M]. 北京：中国轻工业出版社，2006.
[13] 公伟. 景观设计基础与原理 [M]. 北京：中国水利水电出版社，2013.
[14] 王长俊. 景观美学 [M]. 南京：南京师范大学出版社，2002.
[15] 胡先祥，肖创伟. 园林规划设计 [M]. 北京：机械工业出版社，2007.
[16] 王珂，夏健，杨新海. 城市广场设计 [M]. 南京：东南大学出版社，1999.
[17] 白德懋. 城市空间环境设计 [M]. 北京：中国建筑工业出版社，2002.
[18] 马库斯，弗朗西斯. 人性场所 [M]. 俞孔坚，等. 译. 北京：中国建筑工业出版社，2001.
[19] 杨・盖尔. 交往与空间 [M]. 何人可，译. 北京：中国建筑工业出版社，1992.
[20] 姚翔. 城市广场规划设计探析 [D]. 保定：河北农业大学，2005.
[21] 王枫. 生态观念的城市广场 [D]. 天津：天津大学，2004.
[22] 王超. 面向市民的现代多功能城市广场设计手法探析 [D]. 西安：西安建筑科技大学，2004.
[23] 林奇. 城市意象 [M]. 方益，何晓军，译. 北京：华夏出版社，2001.
[24] 胡长龙. 园林规划设计：上册 [M]. 2 版. 北京：中国农业出版社，2002.
[25] 徐卓恒，陈元甫. 景观设计环境小品 [M]. 杭州：浙江人民美术出版社，2010.
[26] 武小慧. 南京雨花台烈士陵园纪念区植物景观配置赏析 [J]. 中国园林，2004 (5).
[27] 王向荣，林箐. 现代景观的价值取向 [J]. 中国园林，2003 (1).
[28] 奥斯汀. 植物景观设计元素 [M]. 罗爱军，译. 北京：中国建筑工业出版社，2005.
[29] 张吉祥. 园林植物种植设计 [M]. 北京：中国建筑工业出版社，2001.